尼尔基水利枢纽配套项目黑龙江省引嫩扩建骨干一期工程生态环境影响预测与评价

张建军　东迎欣　闫　莉
赵　蓉　石文甲　郝岩彬　著

黄河水利出版社
·郑州·

内 容 提 要

尼尔基水利枢纽配套项目黑龙江省引嫩扩建骨干一期工程是黑龙江省重大水资源优化配置工程。本书在详细调查一期工程引水区嫩江,受水区水库、灌区和扎龙等湿地,引水线路两侧,以及退水区地表水与地下水水环境、陆生生态环境、水生生态环境现状的基础上,就工程建设、运行对调水区、受水区可能造成的生态环境影响开展了预测评价,重点分析了对自然保护区影响、水生生态环境影响、陆生生态环境影响、地表水环境影响、地下水环境影响,提出了减缓工程建设运行对引水区、受水区生态环境影响的对策措施。

本书可供水利部门、环境保护部门从事生态环境影响研究的专业技术人员,环境管理、水资源管理人员,以及大专院校环境科学相关专业的师生阅读参考。

图书在版编目(CIP)数据

尼尔基水利枢纽配套项目黑龙江省引嫩扩建骨干一期工程生态环境影响预测与评价/张建军等著. —郑州:黄河水利出版社,2015.10
ISBN 978 - 7 - 5509 - 1261 - 8

Ⅰ.①尼… Ⅱ.①张… Ⅲ.①水利枢纽 - 区域生态环境 - 环境生态评价 - 黑龙江省 Ⅳ.① TV632.35 ②X821.235

中国版本图书馆 CIP 数据核字(2015)第 237463 号

出 版 社:黄河水利出版社
地址:河南省郑州市顺河路黄委会综合楼 14 层　　　　邮政编码:450003
发行单位:黄河水利出版社
发行部电话:0371 - 66026940、66020550、66028024、66022620(传真)
E-mail:hhslcbs@126.com
承印单位:河南新华印刷集团有限公司
开本:787 mm × 1 092 mm　1/16
印张:17
字数:420 千字　　　　　　　　　　　　　　印数:1—1 000
版次:2015 年 10 月第 1 版　　　　　　　　印次:2015 年 10 月第 1 次印刷

定价:45.00 元

前　言

　　黑龙江省是我国重要的商品粮基地,也是国家重要的能源工业基地。黑龙江省西部松嫩平原腹地,嫩江左岸低平原区,北起讷河市,南抵肇源县,东至北部引嫩总干渠,西以嫩江干流为界,地理坐标北纬46°20′~48°29′,东经123°43′~125°45′,是黑龙江省重要的经济中心和粮食主产区,区内的大庆市是我国重要的石油化工生产基地。嫩江是松嫩平原工农业用水的主要水源,20世纪70年代,我国建设完成了北部引嫩、中部引嫩工程,在区域供水中发挥了极为重要的作用。但由于天然径流的时空分布不均,受引嫩工程引、供水能力制约,嫩江水资源得不到充分开发利用,区内灌溉农业发展缓慢,工业生产及居民生活用水不足,造成局部地下水超采。由于缺水,生态环境质量下降,水资源已成为国民经济发展的制约因素。2005年,北引渠首上游28 km处建成大型水利枢纽工程——尼尔基水利枢纽,承担嫩江流域水资源优化配置作用,对嫩江流域水资源进行分配和细化。

　　2004年,黑龙江省水利厅提出了尼尔基水利枢纽配套项目黑龙江省引嫩扩建骨干一期工程(简称引嫩一期工程),包括北部引嫩、中部引嫩和配套灌区三部分的改扩建工程,主要在现有北部引嫩、中部引嫩和灌区工程基础上进行改扩建。主要建设内容为:扩建北引总干渠、红旗干渠和中引总干渠部分工程;新建北引渠首、友谊干渠和富裕干渠;建设灌区19处,其中续建配套灌区9处,补水灌区10处,设计灌溉面积223.21万亩,其中水田79.98万亩,旱田120.46万亩,牧草22.77万亩。工程主要任务是城市供水、农牧业灌溉及改善区域生态环境。工程主要任务为城市供水、农业灌溉及改善生态环境等。一期工程建设工期4年,估算总投资57.06亿元。一期工程建成后,将解决松嫩平原水资源紧缺问题,促进松嫩平原工农业的快速发展,提高和改善脆弱的生态系统对社会经济活动的支撑强度与能力,全面推动黑龙江省西部地区国民经济的快速发展。

　　引嫩一期工程是黑龙江省重大水资源优化配置工程,工程建设和运行将对调水区和受水区生态环境产生一定的不利影响。本书根据引嫩一期工程方案以及区域生态环境状况,对工程建设运行的环境影响尤其是生态方面的影响开展分析、预测和研究工作,提出避免、减缓生态环境影响的工程和非工程措施,旨在做到开发与保护并重,正确处理工程建设与流域的生态环境稳定、河流水环境承载能力的关系。

　　全书共分为8章。第1章,简要介绍了一期工程的背景、工程设计方案以及工程所处区域的环境概况。第2章,回顾了已有工程主要生态环境影响,识别了一期工程特点,确定了研究范围,对主要生态环境影响进行了初步分析,明晰研究内容。第3章,明确了一期工程与自然保护区关系,对自然保护区生态环境影响进行了预测评价,提出了自然保护区保护对策与措施。第4章,开展了水生生态现状调查评价,主要开展了对生态环境水量、水生生境及鱼类等影响预测评价,研究提出了过鱼通道、鱼类增殖放流站等水生态保护及恢复措施。第5章,调查评价了研究范围陆生生态现状,开展了对陆生植物、动物、水土流失和生态完整性等陆生生态影响预测评价,提出了避免和减缓不良影响的陆生生态保护与修复措施。第6章,进行了区域地表水环境现状调查评价,对引水区和受水区的水文情势、水环境质量等影响进行了重点分析,研究提出了施工期和运行期区域点源、面源治理及水源地保护等水环境保护与治理措施。第 7 章,建立了区域地下水模型,对水位、水质等进行了预测评价,重点提出了控制区域地下水位、土壤次生盐渍化防治措施等。第 8 章,对研究成果进行了总结,为改善和保护工程建设区、引水区、受水区自然生态系统提出了若干建议。

在课题研究和本书编写过程中,得到了黑龙江省引嫩工程建设管理局、哈尔滨市环境监测站、中国科学院黑龙江水产研究所、河海大学、黑龙江省环境保护厅、黑龙江省林业厅、大庆市环境保护局、齐齐哈尔市环境保护局、扎龙国家级自然保护区管理局、乌裕尔河自然保护区管理局、明水自然保护区管理局等单位的大力帮助。在此对上述关心、支持与帮助本项目工作的单位和领导表示衷心的感谢!

在本书的编写过程中,黄河水资源保护科学研究院原所长曾永教授、原总工程师黄锦辉教授及院长彭勃教授,黑龙江省水利水电勘测设计研究院张正哲教授、总工程师王志兴教授、韩晓君教授倾注了大量的心血,给予了悉心的指导和帮助,课题组成员张军锋、刘忠熳、杨玉霞、刘波、边延辉、刘新星、邓国立、程伟、张世坤等付出了辛勤的劳动,黑龙江省水利水电勘测设计研究院彭璇、管功勋、刘明岗、安清平、于宁、张野等提供了必要的基础数据和初步研究成果,在此表示最诚挚的感谢!

引调水工程的生态环境影响非常复杂,且具有长期性、累积性的特点,由于时间及研究水平有限,难免存在一些不足和错误之处,敬请专家、领导以及各界人士批评指正。

作 者

2015 年 6 月

目　录

第 1 章　工程及区域环境概况

1.1　工程概况

1.1.1　项目背景

黑龙江省是我国重要的商品粮基地,黑龙江省西部松嫩平原腹地是黑龙江省重要的经济中心和粮食主产区,区内的大庆市是我国重要的石油化工生产基地,区内闭流洼地、沼泽湿地及湖泊洼地分布,集中有扎龙国家级自然保护区、乌裕尔河省级自然保护区等生态敏感区。

嫩江左岸低平原区过去为闭流区,无天然河道,区内形成大面积的沼泽湿地和湖泊,大水年洪涝灾害严重,洪水无排泄出路,干旱年湖泊和泡沼湿地大部分干涸,形成大面积的盐碱地和沙丘。嫩江是松嫩平原工农业用水的主要水源,为解除本区域干旱、洪涝、盐碱等自然灾害,自新中国成立初期开始,本区陆续修建了大量水利工程,形成了较为完善的供水体系、排水体系和防洪体系,对促进区域经济发展、提高灌区作物产量和保护湿地起到了重要作用,发挥了巨大效益。随着引嫩工程运行,近年来现有引嫩工程引水能力严重不足、灌区水资源浪费现象严重的问题愈来愈突出,难以满足经济社会发展对水资源的需求。此外,区域局部地下水超采,湿地尤其是扎龙湿地干旱缺水,大庆市周边水域污染,已成为国民经济发展的制约因素。

尼尔基水利枢纽是嫩江干流上的大型控制性工程,2005 年建成,为增加和提高引嫩供水量及保证程度提供了有利条件。为了有效发挥尼尔基水利枢纽的效益,以水资源可持续利用支持经济社会的可持续发展,尽快扩建现有引嫩工程是必要的。2004 年 6 月,水利部以水总〔2004〕197 号文发布《关于尼尔基水利枢纽配套项目黑龙江省引嫩扩建骨干工程规划报告书的批复》,同意引嫩扩建骨干工程的主要任务是城市供水、农业灌溉及改善生态环境等综合利用,远期多年平均引用水量 28.89 亿 m³。工程分两期实施,一期工程建设内容为:新建北引渠首工程、友谊干渠、赵三亮子闸、东城水库,扩建北引总干渠、东湖水库、红旗泡水库及东湖水库引水干渠,适当改造中引总干渠部分工程。

2008 年 3 月,国家做出了"实施粮食战略工程,加快建立粮食核心区"的重要战略决策,国务院审议通过了《国家粮食安全中长期规划纲要(2008—2020 年)》,批复《全国新增 1 000 亿斤粮食生产能力规划(2009—2020 年)》、《黑龙江省粮食生产能力建设规划》。《全国主体功能区规划》、《黑龙江省八大经济区规划》明确要建设哈大齐工业走廊建设区,振兴老工业基地的核心区和全面实现建成小康社会目标的先行区。

为保障黑龙江省大庆市老工业基地调整、改造顺利进行,建设国家商品粮基地、保证黑龙江省粮食生产能力安全,改善和逐步恢复嫩左低平原地区生态环境,2004 年黑龙江省水利厅提出尼尔基水利枢纽配套项目黑龙江省引嫩扩建骨干一期工程(简称一期工程,下同),2011 年 2 月,国家发展和改革委员会以发改农经〔2011〕410 号文对项目建议书进行了批复。2011 年,水利部松辽水利委员会以松辽水资源〔2011〕120 号文发布《关于尼尔基水利枢纽配套项目黑龙江省引嫩扩建骨干一期工程水资源论证报告书审查意见的函》,明确工程多年平均供水量 22.55 亿 m³。

1.1.2　现有工程概况

1.1.2.1　供水体系

现有北部、中部引嫩工程(简称北中引)建成于 20 世纪 70 年代,承担着黑龙江省西部地区的主要供水任务,包括北部引嫩工程及其反调节水库(简称北引)、中部引嫩工程及其反调节水库(简称中引)。

1.北部引嫩工程及其反调节水库

1)北部引嫩工程

北部引嫩工程主要任务是为大庆市工业及生活供水,农业灌溉供水。渠首位于讷河市拉哈镇西北约 5 km 处嫩江干流上、尼尔基水库坝下约 28 km 处,为无坝引水工程。设计多年平均引水量 4.92 亿 m³,渠首设计流量 50 m³/s。北引干渠现状无衬砌,坍塌渗漏较为严重。总干渠自进水闸经讷河、富裕、依安、林甸、明水、青岗、安达等 7 个市(县),并跨越通南沟、乌裕尔河和双阳河,到达安达市北部太平庄镇附近,全长 203.2 km,分布有大小建筑物115 座。

2)反调节水库

反调节水库有大庆水库、红旗泡水库(现名红旗水库)、东湖水库(原任民镇水库)和东城水库。其中,大庆水库位于大庆市北部,为土坝围筑天然洼地而成的平原水库,土坝长37.13 km。红旗泡水库位于安达市境内,为利用天然洼地四周筑坝而成的平原引水式水库。东湖水库位于安达市东北约 26 km 的洼地,控制面积为 808.0 km²,是一座依靠北引工程供水的平原中型水库。东城水库为从红旗干渠引水的蓄水水库,位于大庆市东风新村(主城区)东北部天然洼地。

2.中部引嫩工程及其反调节水库

1)中部引嫩工程

中部引嫩工程主要任务是为富裕、齐齐哈尔市郊区、林甸和杜蒙等市(县)农田灌溉、芦苇灌溉和养鱼,大庆石油管理局居民及工业和湿地供水。渠首位于富裕县塔哈乡附近的嫩江干流黄鱼滩、齐齐哈尔市上游约 40 km,上距北引渠首 100 km,为无坝引水工程,1970 年建成,渠首设计引水流量 80 m³/s,设计多年平均引水能力 10.2 亿 m³。中引总干渠自进水闸开始自北向南沿嫩江滩地至塔哈河(乌裕尔河北支),过塔哈河后穿过齐富堤防,渠道走向转向东南过乌裕尔河下游九道沟湿地到林甸东升水库,总干渠长 48.8 km,布设 9 条输水干渠,渠道无衬砌,分布有建筑物 19 座。

2)反调节水库

反调节水库有东升水库和龙虎泡水库,库容分别为 4.0 亿 m³ 和 4.5 亿 m³。其中,东升水库位于林甸县三合乡境内的乌裕尔河龙安桥下游 12 km 处,以灌溉和水产养殖为主。龙虎泡水库位于大庆市主城西南,由天然洼地改造而成,水库主要供大庆市西城区工业和生活用水。

3. 2008 年引用水量

2008 年北中引引水量 10.56 亿 m^3，北引引水量为 4.29 亿 m^3，其中输水和蓄水损失 1.59 亿 m^3，实际供水量为 2.70 亿 m^3；中引引水量为 6.27 亿 m^3，输水和蓄水损失 1.75 亿 m^3，实际供水量为 4.52 亿 m^3。见表 1.1-1。

表 1.1-1　2008 年北中引供水量　　　　　（单位：亿 m^3）

项目	城市工业	城市生活	城市环境	农牧业	渔业及湿地生态	输蓄损失	合计
小计	3.79	0.10	0.06	1.79	1.48	3.34	10.56
北引	2.00	0.05	0.03	0.62		1.59	4.29
中引	1.79	0.05	0.03	1.17	1.48	1.75	6.27

1.1.2.2　灌区工程

现有灌区 15 个，其中北引、中引控制范围内灌区分别有 11 个、4 个。2008 年灌溉面积 75.34 万亩（1 亩 = 1/15 hm^2，下同），其中水田 67.78 万亩。北引、中引地表水实灌面积 26.52 万亩。其中，北引灌溉面积 54.82 万亩，全部为水田，地表水实灌面积 13.56 万亩；中引灌溉面积 20.52 万亩，其中水田 12.96 万亩。

1.1.2.3　存在的主要问题

（1）引嫩工程引水能力严重不足，北引、中引总干输水和反调节水库蓄水损失较大，地表水利用率较低。现状可供水量无法满足需水要求，大庆市供水保证率达不到 90%，富裕县城市地下水开采已经接近超采的边缘。北引区水田供水保证率仅为 52%，遇枯水年份农业供水破坏深度达 80%；中引区农业供水保证率为 75%，最大破坏深度 50%。

（2）灌区现有渠系工程配套率低，尤其是田间工程配套率几乎为 0，北引工程自 1976 年通水以来，实灌面积仅 13.56 万亩，大水漫灌、串灌串排的浪费现象比较严重，多数建筑物布置疏密不均、规模偏小、老化退化破损严重，影响灌区的正常灌溉和排水，灌溉工程效益难以发挥。

1.1.3　一期工程地理位置、任务及规模

1.1.3.1　工程地理位置

引嫩扩建骨干一期工程是尼尔基水利枢纽配套项目，包括北部引嫩工程（简称北引，下同）、中部引嫩工程（简称中引，下同）和灌区工程。工程位于黑龙江省西部嫩江干流中游左岸松嫩低平原区，北起讷河市，南至安达市，东至北部引嫩总干渠，西以嫩江干流为界，地理坐标北纬 46°20′ ~ 48°29′，东经 123°43′ ~ 125°45′。涉及讷河、富裕、林甸、大庆、齐齐哈尔、明水、青冈、安达、依安、杜蒙和肇东等 11 个市（县）。

1.1.3.2　工程任务

工程主要任务为城市供水、农业灌溉及改善生态环境等综合作用。其中，北引主要是供给大庆市及富裕县城市生活和工业用水，沿途各市（县）农牧业用水、渔业及湿地生态用水；中引任务是保证大庆市工业和生活用水，基本保证农牧业、渔业和湿地生态用水。

（1）城市供水：为大庆市及富裕县提供城市用水，解决当地用水需求，满足老工业基地改造、哈大齐工走廊建设和城市生活用水的需求。

（2）农业灌溉：为讷河市、富裕县、林甸县、明水县、青冈县、安达市（北引灌区），以及富裕县、齐齐哈尔郊区和林甸县（中引灌区）提供农业灌溉水，提高现有灌区灌溉定额。

（3）改善生态环境：为扎龙国家级自然保护区、九道沟其他湿地，大庆地区青肯泡、王花泡、北二十里泡、中内泡和库里泡等湿地，以及大庆市的153个湖泡提供补水。

1.1.3.3　设计水平年及供水保证率

现状水平年为2008年，设计水平年为2020年。

城市供水保证率95%，农牧业灌溉供水保证率为75%，湿地生态及渔苇业供水保证率为50%。

1.1.3.4　引水规模

1. 引水方案

1）引水总量

一期工程实施后，2020年北中引多年平均供水量22.55亿m³，其中北引引水量15.18亿m³，占总引水量的67.3%；中引引水量7.37亿m³，占32.7%。北中引多年平均总引水量见表1.1-2。

表1.1-2　北中引多年平均总引水量　　　　　　（单位：亿m³）

项目		北引	友谊干渠			中引	合计
			用水	补水	小计		
城市		5.93	0.2		0.2	3.77	9.9
农牧业		6.56	0.19	0.02	0.21	1.89	8.66
渔业			0.08	0.48	0.56	0.83	1.39
生态环境	大庆环境	0.38					0.38
	湿地	0.71		0.62	0.62	0.89	2.22
	小计	1.09		0.62	0.62	0.89	2.60
合计		13.58	0.27	1.32	1.59	7.38	22.55

注：友谊干渠是北引、中引的连接工程，其主要任务除满足友谊干渠本身的农业和渔业用水需求外，还承担由北部引嫩向中部引嫩补水的作用。

2）引水时间、过程及原则

北引、中引引水期为4月下旬至10月中旬，共计183天，引水期的5～8月为农牧业用水高峰期，9、10月主要供给湿地用水和反调节水库蓄水。北引渠首为有坝自流引水枢纽，渠首正常引水位176.20 m，闸坝上游没有调蓄调节能力，其引水原则是调节泄洪闸，维持进水闸上游水位不超过北引总干渠正常引水位176.20 m；当总干渠进水闸上游水位超过176.20 m时，开启主江道上泄洪闸，维持渠首水位在176.20 m；当总干渠进水闸上游水位低于176.20 m时，可逐渐关闭主江道上泄洪闸；维持最小下泄流量42 m³/s，以满足下游河道环境用水要求。

中引在每年的4月下旬至10月中旬引水，以满足大庆市工业、居民生活和中引灌区农业灌溉、湿地生态在引水期内的用水,同时将反调节水库充满。

友谊干渠与北引联合调度,增加中引多年平均引水量,补充中引枯水年、特枯水年的供水量,使得中引区供水达到规划的保证率,在每年的 4 月下旬至 10 月中旬输水。北中引多年平均总引水过程见表 1.1-3。

表 1.1-3　北中引多年平均总引水过程

时间		北引	中引	友谊干渠
流量（m³/s）	4 月	下旬	79.5	33	6.75
	5 月	上旬	104.3	54.8	11.02
		中旬	109	55.4	10.78
		下旬	110	55.2	9.43
	6 月	上旬	106.8	53.4	9.89
		中旬	108	52.9	11.51
		下旬	107.4	51.9	9.99
	7 月	上旬	103.7	54.7	9.70
		中旬	107.2	55.8	9.34
		下旬	108.4	55.4	8.94
	8 月	上旬	105.1	45.1	8.86
		中旬	101.3	43.5	8.82
		下旬	86.5	40.6	10.21
	9 月	上旬	78.9	39.6	8.97
		中旬	77.6	37.3	9.24
		下旬	76.1	35.7	10.89
	10 月	上旬	79	37.5	11.97
		中旬	77.6	35.7	12.29
水量（亿 m³）			15.18	7.37	1.58

2. 供水量

2020 年一期工程北引及中引多年平均分水闸供水量 19.37 亿 m³,工程末端供水量 14.23 亿 m³,其中,城市供水 6.43 亿 m³,农牧业 4.51 亿 m³,生态环境 2.07 亿 m³。详见表 1.1-4。

3. 受水区水资源配置

2020 年受水区总供水量 26.63 亿 m³,供水水源以嫩江水为主,其次为地下水和当地径流,污水处理回用量较小。供水区各行业以城市用水量为最大,其次是农牧业和湿地生态用水。受水区多年平均供水量及供水比例见表 1.1-5、表 1.1-6。

表 1.1-4 2020 年一期工程引嫩水量分配成果表　　　　（单位：亿 m³）

项目		北引	友谊干渠			中引	合计
			用水	补水	小计		
工程末端供水量	城市（出库）	3.62		0.14	0.14	2.67	6.43
	农牧业（田间）	3.21	0.12	0.01	0.13	1.17	4.51
	渔业（干渠末端）		0.08	0.41	0.49	0.73	1.22
	生态环境（干渠末端）　大庆环境	0.28					0.28
	湿地	0.52		0.48	0.48	0.79	1.79
	小计	0.80		0.48	0.48	0.79	2.07
	合计	7.63	0.20	1.04	1.24	5.36	14.23
分水闸供水量	城市	4.64		0.18	0.18	3.72	8.54
	农牧业	5.14	0.19	0.01	0.20	1.87	7.21
	渔业		0.08	0.43	0.51	0.82	1.33
	生态环境　大庆环境	0.30					0.30
	湿地	0.56		0.55	0.55	0.88	1.99
	小计	0.86		0.55	0.55	0.88	2.29
	合计	10.64	0.27	1.17	1.44	7.29	19.37

表 1.1-5 2020 年不同水源供水量成果表

项目	供水量（亿 m³）	比例（%）	项目		供水量（亿 m³）	比例（%）
引嫩水量	19.37	72.76	城市城郊	小计	10.11	37.98
				引嫩	8.54	
				其他	1.57	
地下水	2.87	10.76	农牧业	小计	8.05	30.24
				引嫩	7.21	
				其他	0.84	

续表 1.1-5

项目	2020 年		项目		2020 年	
	供水量（亿 m³）	比例（%）			供水量（亿 m³）	比例（%）
污水处理回用	0.92	3.45	湿地	小计	6.63	24.91
				引嫩	2.29	
				其他	4.34	
当地径流	3.47	13.03	农村生活	小计	0.5	1.88
				引嫩		
				其他	0.5	
			渔业	小计	1.33	4.99
				引嫩	1.33	
				其他		
合计	26.63	100	合计	小计	26.62	100
				引嫩	19.37	
				其他	7.25	

1.1.4　工程总布置及主要建筑物

1.1.4.1　总布置

一期工程由"两首"、"三线"、"六库"、"十九灌"组成,包括北引供水工程、中引供水工程、友谊补水工程、灌区及配套工程。供水工程由引水口工程、总干渠工程、引水干渠工程、灌区工程、反调节水库和排水干渠组成。详见表 1.1-7,"两首"为北引、中引两个渠首,北引引水口由原有无坝引水口改建为有坝引水口,并配套建设相关工程;中引取水口原有规模能满足一期工程需要,维持现状。"三线"为北引总干渠、中引总干渠、友谊干渠。其中,北引总干渠拓宽,输水能力为 116 m³/s;中引总干渠维持现状,仅扩建塔哈节制闸、第一节制闸及周三桥、理建桥、团结桥,重建赵三亮子闸,加高培厚渠道末端 7 km 堤防;新建友谊干渠26.7 km。"六库"包括北引的大庆水库、红旗泡水库、东湖水库、东城水库,中引的龙虎泡水库、东升水库,全部利用现有工程,仅扩建红旗干渠。灌区 19 个,其中北引 15 个、中引 4 个,灌区不再新开垦土地,9 个为续建配套农田水利设施灌区,10 个为补水灌区。

表1.1-6　2020年分区供水量成果表

（单位：万m³）

分区		北引						中引				总计
		合计	I区讷富农牧区	II区依富农牧区	III区林甸农牧区	IV区大庆工农业区	V区安达工农业区	合计	I区齐齐哈尔东农牧区	II区九道沟湿地区	III区杜蒙渔业区	
总供水量		182 698	16 989	25 472	19 387	117 428	3 422	83 588	21 948	51 607	10 033	266 286
城市供水	生活 小计	100 415	2 964	0	0	97 072	379	0	0	0	0	100 415
	生活 地下水	1 594	199			1 285	110					1 594
	生活 引嫩水量	8 602	180			8 422						8 602
	工业 地下水	12 812	1 114			11 437	261					12 812
	工业 引嫩水量	76 025	1 068			74 957						76 025
	环境 地下水	150	13			129	8					150
	环境 引嫩水量	854	12			842						854
	工业 中水	378	378									378
农村供水	小计	4 949	676	944	622	1 561	1 146	678	387	258	33	5 627
	生活 地下水	2 751	380	375	334	1 305	357	475	270	185	20	3 226
	牲畜 地下水	2 198	296	569	288	256	789	203	117	73	13	2 401
农牧业	小计	59 137	13 349	23 713	18 765	1 413	1 897	21 418	19 061	2 357	0	80 555
	水田 引嫩水量	36 996	9 968	11 548	13 961	322	1 197	17 554	15 352	2 202	0	54 550
	旱田 引嫩水量	16 320	1 564	9 993	3 404	913	446	1 246	1 246	0	0	17 566
	水田 地下水	5 821	1 817	2 172	1 400	178	254	2 618	2 463	155	0	8 439
	旱田 地下水	0	0	0	0	0	0	0	0	0	0	0
	草原 地下水	0	0	0	0	0	0	0	0	0	0	0
渔业	引嫩水量	815		815				12 500	2 500		10 000	13 315
湿地生态供水	小计	17 382	0	0	0	17 382	0	48 992	0	48 992	0	66 374
	当地地表水	0						34 700		34 700		34 700
	污水处理后回用	8 800				8 800		0				8 800
	引嫩水量	8 582				8 582		14 292		14 292		22 874

表1.1-7 黑龙江省引嫩扩建骨干一期工程总布置

工程项目	北引供水工程			中引供水工程			友谊补水工程		
渠首工程	北引渠首枢纽工程	新建	拆除原有无坝引水工程，新建有坝引水枢纽，枢纽轴线长5.59 km，包括泄洪闸、进水闸、溢流坝和固滩等	中部引嫩渠首工程	已有	由引水口、引渠、进水闸组成			—
总干渠工程	乌北引嫩总干渠	扩建	扩建89.74 km干渠（底宽加大、堤顶加高），由底宽为28～16 m扩大到底宽32 m，设计流量由50 m³/s扩大到114 m³/s；布置建筑物83座，新建9座，利用4座，改扩建11座	中部引嫩总干渠工程	扩建	总干渠全长48.80 km，维持现状，仅扩建5座建筑物，重建起三亮子闸，加高培厚7 km堤防	友谊干渠	新建	新建26.7 km，新建28座建筑物
	乌南引嫩总干渠	扩建	扩建113.47 km干渠（底宽加大、堤顶加高），底宽由16～9.5 m扩大到30 m³/s加大到109 m³/s；布置建筑物42座，新建5座，维修2座，改扩建3座						
反调节水库	东城水库	已有	设计库容0.65亿m³，供水工程、泄水坝工程四部分组成，土坝全长18.09 km	龙虎泡水库	已有	设计库容4.02亿m³，水库内修有长1 180 m的隔堤			—
	大庆水库	已有	设计库容1.75亿m³，由进水闸及引水渠、水库围堤、水厂三部分组成，土坝长37.13 km	东升水库	已有	维持现状			
	红旗泡水库	已有	设计库容1.16亿m³，由土坝、进水闸、泄水闸及泵站组成，坝长4.1 km						
	东湖水库	已有	设计库容0.30亿m³，由引水渠、灌溉闸、泄洪闸、土坝和泄水渠组成，土坝长9.4 km						

续表 1.1-7

工程项目	北引供水工程			中引供水工程			友谊补水工程		
灌区	兴旺灌区	扩建	维持灌区现有水田灌溉面积6.86万亩,配套建设灌区设施	江东灌区 西塔哈灌区	补水灌区	维持灌区现有水田灌溉面积1.13万亩	友谊灌区	扩建	维持灌区现有水田灌溉面积2.23万亩,增加旱田灌溉面积6.04万亩,配套建设灌区设施
	富西灌区	扩建	维持灌区现有水田灌溉面积3.17万亩,增加旱田灌溉面积4.8万亩,配套建设灌区设施	东塔哈灌区	补水灌区	维持灌区现有灌溉面积1.00万亩	—		
	富裕基地灌区	补水灌区	维持灌区现有水田灌溉面积0.5万亩,增加旱田灌溉面积1.5万亩	四干灌区	补水灌区	维持灌区现有灌溉面积3.09万亩			
	富裕牧场灌区	扩建	维持灌区现有水田灌溉面积2.39万亩,增加旱田灌溉面积1.54万亩,配套建设灌区设施	五干灌区	补水灌区	维持灌区现有牧草灌溉面积5万亩			
	富路灌区	扩建	增加旱田灌溉面积5万亩,配套建设灌区设施	六干灌区	补水灌区	维持灌区现有水田灌溉面积19.34万亩,增加牧草2.64万亩			
	富南灌区	扩建	维持灌区现有水田灌溉面积18.17万亩,增加旱田灌溉面积6.13万亩,配套建设灌区设施	胜利灌区	补水灌区	维持灌区现有水田灌溉面积0.5万亩			
	依安灌区	扩建	维持灌区现有水田灌溉面积44.48万亩,增加旱田灌溉面积34.65万亩,配套建设灌区设施	南岗灌区	补水灌区	维持灌区现有水田灌溉面积2.06万亩			
	林甸灌区（北片）	扩建	维持灌区现有水田灌溉面积13.97万亩,增加旱田灌溉面积20.02万亩,配套建设灌区设施	建国灌区	补水灌区	维持灌区现有水田灌溉面积0.6万亩			

续表 1.1-7

工程项目			北引供水工程	中引供水工程	友谊补水工程
灌区	林甸灌区（南片）	补水灌区	维持灌区现有水田灌溉面积 3.13 万亩	—	—
	马场灌区	补水灌区	维持灌区现有水田灌溉面积 1.00 万亩		
	隆山灌区	补水灌区	维持灌区现有水田灌溉面积 0.9 万亩		
	明青灌区	扩建	维持灌区现有水田灌溉面积 0.5 万亩，增加旱田灌溉面积 2.43 万亩，牧草灌溉面积 4.16 万亩，配套建设灌区设施		
	任民镇灌区	补水灌区	维持灌区现有水田灌溉面积 1.00 万亩		
	中本灌区	补水灌区	维持灌区现有水田灌溉面积 1.00 万亩		
其他	红旗干渠	扩建	扩建 39.4 km 渠道（在基本保持现有断面基础上调整纵向坡降），设计流量由现状 19 m³/s 加大至 30.80 m³/s，布置建筑物 13 座（重建 10 座、利用 1 座、新建 2 座）		
	富裕引水干渠	新建	新建 9.9 km 渠道，新建 20 座建筑物		

1.1.4.2　北引供水工程

北引供水工程由北引渠首工程、北引总干渠（全长 203.2 km）、反调节水库（大庆水库、红旗泡水库、东城水库、东湖水库），以及北引总干渠沿线 15 个灌区（总面积 187.85 万亩）和灌区配套工程组成。北引沿途跨越通南沟、乌裕尔河和双阳河，总干渠以乌裕尔河为界，划分为乌北与乌南两大段。

北引渠首位于黑龙江省讷河市拉哈镇西约 5 km 处。总干渠自拉哈渠首进水闸后，依次从北向南分水至乌北段的兴旺灌区、富西灌区、友谊干渠、富裕城市供水、富裕基地、富裕牧场灌区，乌南段的富路灌区、富南灌区、依安灌区、林甸灌区、马场灌区、隆山灌区、大庆干渠、明青灌区，最终到达安达市北部太平庄镇附近，全长 203.2 km。总干渠末端为红旗干渠分水闸和东湖干渠分水闸，其中红旗干渠分水至红旗泡水库和东城水库，东湖干渠分水至任民镇灌区、中本灌区和东湖水库。

黑龙江省引嫩扩建骨干一期工程北引规模详见表 1.1-8。

表 1.1-8　黑龙江省引嫩扩建骨干一期工程北引规模

项目	分水口	桩号	现状过流能力				一期工程完成后过流能力			备注
			流量（m³/s）	边坡	马道宽（m）	渠道底宽（m）	流量（m³/s）	边坡	渠道底宽（m）	
乌北	乌北渠首	0+000	50	3.9,3	17.2,16.5	18	114	3	32	
	兴旺北灌区	11+350								农业
	兴旺中灌区	12+050		2.8,2.6	10,7.5	20				农业抽水站
	兴旺南灌区	23+100	50				142	3	32	农业
	富西灌区	30+700	50	1.8,2.2	0,0	18	140.6	3	28	农业
	友谊灌区	49+325	50	1.8,1.9	4.7,4.8	27	112	3	28	农业及中引补水
	富裕城市供水	51+000		2,2.5	0,0	35				城市
	富裕基地	57+900	50				106	3	26	农业
	富裕牧场灌区	75+300		1.6,1.6	0,2	21				农业
	乌裕尔河交叉	89+720	50	1.3,1.2	30,4	21	104	3	26	
	小计	89.72								
乌南	乌南	0+000	30				109	3	26	
	富路灌区	8+392		1.7,1.3	7,6	26	109			农业
	富南北灌区	9+855	30				109			农业
	依安灌区	10+655	30				98	3	25	农业
	富南南灌区	19+550	30				97	3	25	农业
	林甸北灌区	54+470	30	1,1	0,0	29.1	97	3	24	农业、湿地
	林甸南灌区	63+000	30				86	3	23	农业
	马场灌区	67+300	30	1.3,1.5	6,7	18	75	3	20	农业
	大庆水库分干	75+484		2.2,2	8,6.5	6				农业、城市湿地
	明水灌区	84+500	30				63	3	15	农业
	太平庄灌区	104+000	30	1.4,1.4	7,7	14	63	3	15	
	红旗干渠	113+472	30				63	3	15	城市、湿地
	小计	113.48								
合计		203.2								

1. 北引渠首

北引渠首由土坝、进水闸、预留船闸、泄洪闸、溢流坝、固滩、堤防等组成,土坝线总长5.59 km,两侧分别与左侧黑龙江省讷河市拉哈堤防、右侧内蒙古汉古尔堤防衔接,嫩江主流靠近左岸。其中,现有引渠、分流鱼嘴经多年运用证实分流可靠,可进行利用。预留船闸在主江道左岸处。北引渠首枢纽工程采用50年一遇洪水设计,200年一遇洪水校核,渠首水位176.0 m,闸上正常引水位为176.20 m,壅水高度低于20 cm,回水长度约7.65 km。

2. 北引总干渠

北引总干渠全长203.2 km,由总干渠渠道、排水建筑物、河渠交叉建筑物、控制性建筑物和路渠交叉建筑物组成。干渠在原基础上扩建,位置、走向不变,只是底宽加大,堤顶加高,扩建后干渠设计流量达到145 m³/s。总干渠渠道乌北段位于嫩江滩地和嫩江与乌裕尔河阶地前缘,全长89.72 km,沿途经讷河市、富裕县,于89.74 km附近过乌裕尔河,49 km附近布设友谊干渠分水闸和节制闸,64 km附近过乌北段最大坡洪沟通南沟。乌南段全长113.47 km,在54 km附近过双阳河,76 km附近为大庆水库引水渠分水闸和节制闸,灌区大都布设在乌南段右侧,其分水口也都位于右侧,总干渠末端113.47 km处为红旗干渠分水闸和东湖干渠分水闸,东湖干渠分水闸前为总干渠末端,进水闸后为东湖干渠起点。

排水包括拉哈镇坡水区、十里河坡水区、新兴坡水区、二道湾坡水区、小榆树坡水区、通南沟坡水区、八家子坡水区、西北排水区、西南排水区及明青截流沟。北引总干渠道上(包括截流沟及排水沟道)共布设建筑物125座。其中,乌北段83座,乌南段42座,包括交叉建筑物、节制闸、泄水闸、公路桥、农道桥、分水闸、倒虹吸等。

3. 红旗干渠与富裕引水干渠

反调节水库由现有大庆水库、红旗泡水库、东湖水库和东城水库组成,一期工程维持现有规模不变,其中红旗干渠引水能力扩大,其他大庆干渠、八干渠等维持现状。由现设计流量19 m³/s扩大到30.80 m³/s。富裕引水工程干渠为新建渠道,主要任务是满足富裕县工业用水及生活用水、环境用水需求。渠线长度9.8 km,设计流量1.7 m³/s,采用明渠输水。

1.1.4.3 中引供水工程

现状由无坝取水工程、中引总干渠和反调节蓄水工程,以及中引总干渠沿线的灌区组成。中引取水口处河道比较稳定,规模也能满足一期工程需要,仍维持现状无坝引水;干渠上布设有节制闸3座,农业灌溉分水闸7座,城市工业供水分水闸1座,扎龙湿地分水闸1座。一期工程只扩建塔哈节制闸、第一节制闸及周三桥、理建桥、团结桥等5座卡口建筑物,重建为扎龙湿地供水的赵三亮子闸(分水闸)。

中引工程引水规模见表1.1-9,卡口建筑物主要工程参数见表1.1-10。

1.1.4.4 友谊补水工程

随着北引引水条件的全面改善、引水量增加,中引的可供水量明显减少,尤其是枯水年和特枯水年,因受嫩江来水水量和水位限制,中引无坝引水无法自身调剂,因此新建友谊干渠为中引补水,实现北中引联合调度,可以增加多年平均引水量,补充枯水年、特枯水年的供水量。

友谊补水工程由乌北总干友谊干渠分水闸、友谊干渠,以及友谊干渠沿线的灌区(总面积10.55万亩)和灌区配套工程组成。友谊干渠自北引总干渠桩号49+325起,在小登科附近中引进水闸下进入中引总干渠,渠线长26.7 km。干渠上布设28座建筑物。

表 1.1-9　一期中引总干渠各段设计流量　　　　　（单位：m³/s）

分水口	桩号	总干渠		引渠流量	备注
		设计流量	现状过流能力		
中引渠首	0+000	74.96	90		
西塔哈	15+657	73.95		1.37	农业抽水站
东塔哈	16+114	73.15	80	1.22	农业抽水站
四支渠	21+676	71.85	80	2.25	农业
五支渠	23+876	71.76	80	2.02	农业
六支渠	30+474	60.05	80	21.61	农业、湿地
七支渠	34+448	59.90	60		
八支渠	41+686	35.39	60	37.00	城市用水
东升水库	48+800		60	21.53	农业、湿地

表 1.1-10　中引总干渠建筑物水力要素

建筑物名称	桩号	设计流量 (m³/s)	设计水位(m)		渠底高程(m)		底宽 (m)	边坡系数	比降 i	堤顶高程(m)	
			上游	下游	上游	下游				上游	下游
塔哈节制闸	15+711	99.35	151.74	151.59	148.57	148.42	34	3.00	1/15 000	152.74	152.59
周三桥	25+520	98.11	150.84	150.81	147.69	147.66	34	3.00	1/15 000	151.84	151.81
理建桥	30+139	98.11	150.51	150.48	147.36	147.33	34	3.00	1/15 000	151.51	151.48
第一节制闸	34+644	78.07	150.22	150.07	147.44	147.29	34	3.00	1/15 000	151.22	151.07
团结桥	37+827	78.07	149.86	149.83	147.08	147.05	34	3.00	1/15 000	150.86	150.83

赵三亮子闸	设计流量 (m³/s)	设计水位(m)		闸底板高程 (m)	沟道上游(m)		沟道下游(m)		防洪水位(m)	
		上游	下游		底宽	底高程	底宽	底高程	$p=2\%$	$p=0.2\%$
	25	149	148.8	147.5	28	147.51	28	147.31	149.8	150.56

1.1.4.5　灌区及工程

1. 总体布置

灌区范围为北起讷河市，南抵安达市，东至北部引嫩总干渠，西以嫩江干流为界，主要是北引灌区和中引灌区。规划灌区范围行政区划主要有讷河市、富裕县、依安县、林甸县、杜蒙县、明水县、青冈县、大庆市、齐齐哈尔市郊区、齐齐哈尔农场局、安达市、肇东市。

一期共建设灌区 19 个，包括北引灌区 15 个和中引灌区 4 个，北引大部分灌区分布在北引右侧，为自流灌区，北引左侧岗坡地为抽水灌区，中引灌区大部分分布在中引右岸。设计总灌溉面积 223.21 万亩（水田 79.98 万亩，旱田 120.46 万亩，牧草 22.77 万亩），其中北引 187.85 万亩（水田 54.82 万亩，旱田 120.46 万亩，牧草 12.57 万亩），中引 35.36 万亩（水田 25.16 万亩，牧草 10.20 万亩）。各灌区设计灌溉面积见表 1.1-11。

表 1.1-11　各灌区灌溉面积及灌区工程

性质	灌区名称	现状灌溉面积（万亩）			一期设计灌溉面积（万亩）				排水去向	灌区工程（km）				建筑物		
		小计	水田	旱田（牧草）	小计	水田	旱田	牧草		引水工程 总长	引水工程 现状	排水 总长	排水 现状	重建	新建	利用
	合计	90.18	79.98	10.2	223.21	79.98	120.46	22.77		448.65	221.56	438.61	307.17	246	513	15
	其中：补水灌区	42.89	32.69	10.20	44.39	32.69	1.50	10.20								
	扩建	47.29	47.29		178.82	47.29	118.96	12.57		448.648	221.56	438.61	307.17	246	513	15
扩建	兴旺灌区	6.86	6.86		6.86	6.86			嫩江	30.3	2	22.74	3.06		52	
扩建	富西灌区	3.17	3.17		7.97	3.17	4.8		西排干	13.32	1.38	14.4	14.4		24	
扩建	友谊灌区	2.23	2.23		10.55	2.23	6.04	2.28	西排干	15.91	0	1.75	1.91		19	3
补水	富裕基地灌区	0.5	0.5		2	0.5	1.5		乌裕尔河							
扩建	富裕牧场灌区	2.39	2.39		3.93	2.39	1.54		乌裕尔河	14.59	14.59	26.34	23.84	1	35	6
扩建	富路灌区				5		5		乌裕尔河	12.85					22	
扩建	富南灌区	18.17	18.17		68.78	18.17	44.48	6.13	乌裕尔河	156.91	93.94	154.55	107.71	99	168	6
扩建	依安灌区	13.97	13.97		34.65		34.65		双阳河	84.81	19.91	66.95	45.6	38	66	
扩建	林甸灌区（北片）				33.99	13.97	20.02		九道沟	103.858	73.64	128.1	110.65	108	102	
补水	林甸灌区（南片）	3.13	3.13		3.13	3.13			九道沟							
补水	马场灌区	1	1		1	1			明青截流沟							
补水	隆山灌区	0.90	0.90		0.90	0.90										
扩建	明青灌区	0.5	0.5		7.09	0.5	2.43	4.16	明青截流沟	16.1	16.1	23.78	0		25	
补水	任民镇灌区	1	1		1	1			安肇新河							
补水	中本灌区	1	1		1	1			安肇新河							
补水	西塔哈灌区	1.13	1.13		1.13	1.13			嫩江							
补水	东塔哈灌区	1	1		1	1			嫩江							
补水	四干灌区	3.09	1.65	1.44	3.09	1.65		1.44	嫩江							
补水	五干灌区	5		5	5			5	嫩江							
补水	六干灌区	21.98	18.22	3.76	21.98	18.22		3.76	嫩江							
补水	胜利灌区	0.5	0.5		0.5	0.5			九道沟							
补水	南岗灌区	2.06	2.06		2.06	2.06			九道沟							
补水	建国灌区	0.6	0.6		0.6	0.6			九道沟							

注：西塔哈灌区至建国灌区统属"江东灌区"。

　　其中,富裕基地灌区、林甸灌区(南片)、马场灌区、隆山灌区、任民镇灌区、中本灌区、江东灌区、胜利灌区、南岗灌区、建国灌区,共计 10 个灌区在一期工程建设中维持现状,只分配水量,不做工程设计,补水灌区灌溉面积 44.39 万亩(水田 32.69 万亩,旱田 1.50 万亩,牧草10.20 万亩)。其余续建配套农田水利设施灌区共计 9 个,灌溉面积 178.82 万亩(水田47.29 万亩,旱田 118.96 万亩,牧草 12.57 万亩)。

　　2. 灌区工程

　　布置骨干渠道 37 条,总长 448.65 km,其中现有渠道 221.56 km;布置骨干排水沟道 27条,总长 438.61 km,其中现有沟道 307.17 km。灌区渠系建筑物 774 座,其中重建 246 座,新建 513 座,利用 15 座(其中维修 4 座)。灌区大部分为涝区,内排涝骨干工程已形成,在充分利用现有工程的基础上,进行排水工程布置,与灌溉系统统一布置。

　　3. 灌溉制度

　　灌区工程范围内土壤以黑钙土为主,占灌区总面积近 90%,其次有草甸土、盐碱土、沙土和沼泽土。灌区土壤部分成土母质含盐量较多,土壤存在春季和秋季两个返盐期。灌区内农作物以水稻和大田旱作物为主,水稻和大田旱作物灌溉设计保证率为 75%,喷灌设计保证率 85%,牧草灌溉设计保证率为 75%。对水稻、春小麦、大豆、玉米、饲草、经济作物 6种主要作物进行灌溉制度设计。其中,水稻灌溉制度设计采取"浅晒浅湿"灌溉模式,水稻生育期内水田排水约 3 次,主要集中在水稻的泡田期、生长期和成熟期。灌溉制度见表 1.1-12。

表 1.1-12　灌溉制度一览　　　　　　　　　　　　　　(单位:m³/亩)

县名	灌区名称	水田	小麦	玉米	大豆	经济作物	牧草
讷河市	兴旺灌区	549					
富裕县	富西灌区	549					
富裕县	友谊灌区	494	132	120	125	100	120
富裕县	富裕基地	494		120			
齐齐哈尔农场局	富裕牧场	494		120	125		
富裕县	富路灌区			120			
富裕县	富南灌区	494		120	125		
依安县	依安灌区	494	132	120	125	100	
林甸县	林甸北灌区	531	120	150	113	100	
林甸县	林甸南灌区	531	120	150	113		
林甸县	马场灌区	531					
林甸县	隆山灌区						
明水、青冈	明青灌区	531		150			150
安达市	任民镇灌区	523		120			
安达市	中本灌区	523		120			
齐齐哈尔郊区	江东灌区	550					120
林甸县	胜利灌区	531					
林甸县	南岗灌区	531					
林甸县	建国灌区	427					

1.1.5　工程运行方式

1.1.5.1　北引渠首

1. 兴利调度

调节泄洪闸,维持进水闸上游水位不超过北引总干渠正常引水位 176.20 m。当总干渠进水闸上游水位超过 176.20 m 时,开启主江道上泄洪闸,维持渠首水位在 176.20 m;当总干渠进水闸上游水位低于 176.20 m 时,逐渐关闭主江道上泄洪闸,维持单孔开度为 0.36 m,可满足最小下泄流量 42 m³/s 的河道环境用水要求。

引水时间为每年的 4 月下旬至 10 月中旬,共 183 天,最大引水流量为 114 m³/s。北引干渠引水流量占北引渠首来流量的比例一般控制在 10% ~ 40% ,枯水年不超过 50% ,特枯水年不超过 60% 。

2. 洪水调度

北引渠首设计洪水标准为 50 年一遇,校核洪水标准为 200 年一遇。当发生 50 年及其以上标准洪水时,泄洪闸全部打开自由泄流,当发生 50 年以下标准洪水时,可视水位上涨情况开启泄洪闸,维持正常引水位 176.20 m,超过该水位则应加大泄流。

1.1.5.2　反调节水库

1. 引水原则

各反调节水库引水原则是以总干渠相应引水口断面来水量系列和各反调节水库需引水量的比例确定的。各反调节水库引水比例分别为:大庆水库 40% ,红旗干渠 80% ,东城与红旗泡分水比例为 28% 和 72% 。

分水原则即采用上述分水比例,当分水流量小于相应水库干渠规模时,按计算分水流量分水;当分水流量大于干渠规模时,按干渠规模引水。

2. 城市、农业引供水原则

在非灌溉期,引供水主要是充蓄各反调节水库,在灌溉期,以反调节水库水位作为控制,当库水位处于控制水位以上时,各业正常引供水,当库水位处于控制水位以下时,以城市供水为主。

3. 引供水过程

从 4 月下旬开始至 5 月上旬引水全部入库,5 月上旬开始总干渠引水流量首先供给沿线农牧业用水,其次按上述分析的各水库分水比例和干渠的引水能力向水库补水,水库蓄水后的余水量再供给各区的渔业和湿地。

反调节水库的调节周期为 10 月下旬引水期末蓄满至兴利水位,至次年 4 月中旬为冬季供水期,城市用水全部由水库供给;4 月下旬至 10 月中旬为蓄水供水期,有水则蓄,无水则供,至 8 月下旬末农业用水结束,水库则进入以蓄水为主的时期,直到引水期末蓄满为止。

1.1.5.3　友谊干渠

在每年非灌溉期和用水量较小的 5 月上旬,以工业供水为主,为中引补水入龙虎泡水库蓄水。灌溉期,在北引工农业用水后的余水向中引适时予以补充,补充水量首先满足龙虎泡水库城市用水需求,其次满足中引农牧业用水,然后是扎龙湿地、连环湖渔业等重要的湿地渔业用户,最后是其他湿地和渔业用水。

1.1.6 其他

1.1.6.1 工程施工

施工总工期为 4 年。引嫩一期工程共布置施工区 315 个。设置钢筋加工厂、木工加工厂、机修厂、汽车修配厂、混凝土预制厂等附属工厂。工程布设的土料场除渠首工程所属的堤防料场为沿线料场外,其余均为集中料场。工程开挖弃渣优先回填到土料场或已有的管理占地区内,用于料场及管理占地区绿化措施;剩余的工程开挖弃渣则排弃于工程布设的弃渣场内。共设置渣场 45 个,弃渣 1 010 万 m^3。

1.1.6.2 淹没占地

工程淹没及工程永久占地总面积 25 331.65 亩,其中旱田 11 974.64 亩,水田 2 122.22 亩,林地 2 998.07 亩,草地 4 628.37 亩,坑塘水面 95.37 亩,沼泽地 67.08 亩,住宅及农路用地 8.83 亩,殡葬用地 15.69 亩,河流水面 3 421.38 亩。临时占地总面积合计 19 715.4 亩,其中旱田 8 343.61 亩,林地 253.29 亩,草地 11 118.5 亩。工程占地范围内不涉及基本农田。

1.2 区域环境概况

1.2.1 自然环境

1.2.1.1 地形地貌

嫩左低平原地形北高南低,东高西低,南北向地形比降约 1/5 000,东西向地形比降约 1/3 000,地面高程 130~180 m,一般高出河床 3~6 m,地势低平,呈微波状或缓倾斜状起伏,地表水系不发育,沼泽湿地及湖泡分布其间。工程范围区按地貌成因形态类型划分主要有冲积低平原、嫩江冲积一级阶地、高河漫滩、低河漫滩及乌裕尔河冲积漫滩。区内微地貌发育,有大面积的闭流洼地、沼泽湿地及湖沼洼地,有众多的湖泡和砂岗、砂丘、砂垄。由第四系高、低液限黏土,含砂低液限黏土,粉土质细砂,级配不良(良好)砂,砾石等组成,总厚度 40~180 m,最厚达 220 m。

1.2.1.2 气象

项目区属于中温带大陆性季风气候区,冬季寒冷漫长,春季多风干燥,夏季湿热、降雨集中,秋季降温急骤、历时较短,形成冬夏冷热悬殊、干湿不均、四季分明、变化较快等气候特点。全年有一半时间处于严寒的冬季,多年平均气温为 2.2 ℃,最高气温为 38.0 ℃,最低气温为 -38.5 ℃,大于 10 ℃活动积温为 2 566.1 ℃。

多年平均年降水量为 447.1 mm,最大年降水量为 655.7 mm,最小年降水量为 264.9 mm,降水量年际变化较大,年内分布不均匀,降水主要集中在 7~9 月,占年降水量的 70% 左右,春季多风少雨,4~6 月降水量仅占全年的 20%,春旱严重,形成十年九春旱。多年平均蒸发量约为 1 524.8 mm,蒸发量年际、年内变化均较大,其中 4~6 月蒸发量最大,可占全年的 50% 左右,11 月至翌年 3 月蒸发量仅为全年的 10%。

项目区内平均全年日照时数为 2 713 h 左右,一般 9 月中下旬出现初霜,无霜期为 113 d。各市县平均最大冻土厚度为 2.4 m,冻结期在 5 个月以上。春季 3~5 月风大。项目区内平均风速为 3.6 m/s,最大风速为 23.0 m/s,全年大风天数为 19 d。

1.2.1.3　河流水系

嫩左低平原北起乌裕尔河与讷谟尔河分水岭,南到松花江,西起嫩江,东至明青分水岭,总面积约 5.6 万 km²,主要属于乌裕尔河及双阳河、安肇新河、肇兰新河等流域。乌裕尔河和双阳河闭流区内,地表径流不发育,年径流量一般不足 20 mm,径流特征与降雨特征一致,年内和年际径流极不均匀,主要集中在每年的 6~9 月。此外,区内地表水系不发育,有一系列引水和排水的人工渠道。2 条引嫩工程(北部引嫩工程、中部引嫩工程)构成的人工河流是本区的主要来水水源。

1. 嫩江

嫩江为松花江北源之一,发源于大兴安岭伊勒呼里山南坡,由北向南流经黑河市、大兴安岭地区、嫩江县、讷河市、富裕县、齐齐哈尔市、大庆市等市(县、区),在肇源县三岔河附近与第二松花江汇合后,流入松花江干流,河道全长 1 370 km,流域面积 29.85 万 km²。嫩江两岸支流较多,水系呈不对称扇形分布,右岸较大支流有多布库尔河、甘河、诺敏河、雅鲁河、绰尔河、洮儿河等;左岸主要支流有门鲁河、科洛河、讷谟尔河、乌裕尔河等。嫩江左岸下游松嫩低平原区过去为闭流区,区内除湖泊和泡沼湿地外,无天然河道,大水年,洪涝灾害严重,洪水无排泄出路;干旱年,湖泊和泡沼湿地大部分干涸,形成大面积的盐碱地和沙丘。

嫩江流域径流主要由降雨形成,春季有少量的融冰融雪径流。流域多年平均径流深 76.5 mm,天然年径流总量 227.3 亿 m³。嫩江流域洪水一般由暴雨形成,最大洪峰一般发生在 7~9 月,大多集中在 8 月。嫩江为少沙河流,干流下游大赉站多年平均悬移质含沙量为 0.060 kg/m³。嫩江一般在 11 月开始封江,稳定封冻期 104~175 d,平均为 135~155 d,多年平均最大冰厚 1.2 m;第二年春季 4 月上中旬开江。嫩江与第二松花江在三岔河口汇合后,进入松花江干流,至哈尔滨为松花江上游段,属于松嫩平原区,哈尔滨站以上流域面积为 389 769 km²。

2. 乌裕尔河

乌裕尔河为嫩江左岸的无尾河,发源于小兴安岭西麓山区,流域呈长条形,地势自东北倾向西南,干流流经北安、克山、克东、依安、富裕等市县。乌裕尔河较大支流为轱辘滚沟、红旗沟、闹龙河、折铁河、润津河、群胜沟、敖龙河、泰西河、宝泉河和双阳河等,干流在下游富裕县雅州附近分为西、南两支,西支称塔哈河,向西直接汇入嫩江,南支进入九道沟后河道消失,河水漫溢形成大面积永久性和季节性淡水湖泊、沼泽及芦苇湿地,著名的国家级自然保护区扎龙湿地就分布其中,南支过滨州铁路后入连环湖,调蓄后经东吐漠泄洪道入嫩江,河道长 576 km,流域总面积 2.40 万 km²。

3. 双阳河

双阳河为乌裕尔河支流,发源于拜泉县新生乡丘陵漫岗地区,地势由东北向西南倾斜,干流流经拜泉、依安、林甸、大庆、杜蒙等市县,在林甸县四方堤附近分为西、南两支,西支于林甸县南岗屯南侧汇入乌裕尔河下游九道沟,南支汇入安肇新河上游的王花泡滞洪区。

4. 安肇新河

安肇新河北起双阳河南支及明青截流沟,向南流经林甸、安达、大庆、肇源等市县,于肇源县古恰乡附近汇入松花江。河道全长 108 km,流域面积 10 091 km²,是一条人工开挖的泄洪排涝河道,主要包括 4 个滞洪区和 4 条排水支河。4 个滞洪区主要是王花泡、北二十里泡、中内泡和库里泡,4条排水支河分别为西部支河、中央支河、东二支河和东部支河。

5. 肇兰新河

肇兰新河起于安达市青肯泡,由西北向东南流经四方台军马场、肇东市姜家、四方台等乡镇,于呼兰河口上游附近汇入呼兰河。河道全长93 km,集水面积5 210 km²,也是一条人工开挖防洪除涝的排水河道。

6. 明青坡地

明青坡地位于大庆地区东北部明水、青岗两县丘陵地带,地势由东北向西南倾斜,区内水系不发达,主要有大青岗、五福堂、三排二、刘大让等6条碱沟,其特点是无明显沟道,滩地宽阔,杂草丛生,径流量小且历时短。为拦截明青坡地洪水,已修建了明青截流沟工程,截流沟现状全长63 km,控制面积2 161 km²。

7. 松嫩平原泡沼

特殊的地形地貌及气象水文条件,使本区在天然状态下呈现为一个相对封闭的闭流区域。相对平坦的地形,使得松嫩平原泡沼密布。大庆市除王花泡、北二十里泡、中内泡和库里泡等滞洪区外,大庆市区共有153个湖泡,其中4条排干上串联有68个湖泡,主城区下游分布有85个湖泡。大庆地区的湖泊,大多湖底平缓、明水面窄小、湖形偏圆或椭圆,湖水位浅薄、湖沿岸开阔。

1.2.1.4 环境水文地质

松嫩平原区为地下水的汇集中心,巨厚的中新生代碎屑岩及松散堆积层中赋存丰富的多层地下水,地下水类型主要是松散岩类孔隙水。中部低平原是松嫩平原的核心,主要含水系统自下而上是由第三系始新统—渐新统依安组承压水、中新统大安组承压水、上新统泰康组—下更新统承压水、下更新统承压水和上部冲积层孔隙潜水叠置组成的多层结构,以承压水为主,地下水资源丰富、水质良好。潜水中铁、锰、氟含量和矿化度大部分地区偏高,不宜饮用。第四系孔隙承压水广泛分布于低平原区,含水层岩性主要为含高岭土砂砾石,部分地区与下伏泰康组砂岩直接接触,形成统一的含水岩组。含水层厚度变化自北向南、自西向东递减。第三系泰康组裂隙孔隙承压水伏于第四系承压含水层之下,其分布范围较小,含水层岩性主要为砂岩和砂砾岩,成岩较差,结构疏松,厚度10~100 m,隔水顶板为上部泥岩,埋深40~140 m。沿嫩江、松花江干流等河流及其支流的河谷,宽度在1~30 km,含水层以砂砾石、砾卵石、中粗砂为主。地下水循环条件好,与河水联系密切,水量丰富,水质好,矿化度低。在阶地上普遍分布有黏性土,形成下部为砂砾石、上部为黏性土的二元结构。

1.2.1.5 水资源及开发利用现状

1. 地表水资源量

嫩江流域多年平均地表水资源量227.3亿m³,上游尼尔基水库以上多年平均径流量为104.7亿m³,富拉尔基以上流域多年平均径流量约169.4亿m³,尼尔基水库坝址至富拉尔基区间多年平均来水量约64.7亿m³,富拉尔基至嫩江河口区间多年平均来水量约49亿m³。其中,北、中引工程渠首控制断面多年平均径流量分别为132.5亿m³和147.0亿m³。北引工程渠首断面多年平均流量420 m³/s,75%枯水年平均流量291 m³/s,95%特枯水年为179 m³/s;中引工程渠首断面多年平均流量466 m³/s,75%枯水年平均流量306 m³/s,95%特枯水年为173 m³/s。

2. 地下水资源量

规划供水区地下水资源量 7.85 亿 m³,可开采量 5.58 亿 m³。其中,规划灌区地下水多年平均总补给量为 2.51 万 m³/a,多年平均可开采为 1.85 亿 m³/a;北引灌区多年平均补给量为 1.89 亿 m³/a,多年平均可开采量为 1.38 亿 m³/a;中引灌区多年平均补给量为 0.62 亿 m³/a,多年平均可开采量为 0.47 亿 m³/a。大庆市地下水资源量总计 2.44 亿 m³,其中城区地下水资源量为 2.35 亿 m³,可开采量为 1.29 亿 m³。富裕县城区地下水资源量为 2 430 万 m³,可开采量为 1 327 万 m³。

3. 水资源开发利用现状

2008 年规划区总引用水量为 18.52 亿 m³,其中北、中引引水量 10.57 亿 m³,地下水用水量占 24%,当地径流和污水处理后再利用量占 19%。供给富裕、安达及大庆市工业用水 5.21 亿 m³,城市环境用水 0.06 亿 m³,供给富裕、安达及大庆市城市居民生活用水 0.56 亿 m³,供给农村生活用水 0.38 亿 m³,供给农牧业用水 3.94 亿 m³,供给渔业及湿地生态用水 5.03 亿 m³,输蓄损失总水量为 3.34 亿 m³。供水区 2008 年引用水量见表 1.2-1。

表 1.2-1　供水区 2008 年引用水量　　　　　　　　　　（单位:亿 m³）

项目	城市工业	城市生活	城市环境	农村人畜	农牧业	渔业及湿地生态	输蓄损失	合计
引嫩地表水	3.79	0.10	0.06		1.80	1.48	3.34	10.57
本区地下水	1.42	0.46		0.38	2.14			4.40
本区地表水						3.19		3.19
污水处理回用						0.36		0.36
合计	5.21	0.56	0.06	0.38	3.94	5.03	3.34	18.52

供水区 2008 年城区地下水开采量为 1.89 亿 m³,其中大庆市开采量为 1.54 亿 m³,安达市开采量为 0.24 亿 m³,富裕县开采量为 0.11 亿 m³。大庆市与安达市地下水已经超采,形成了东、西部两个主要漏斗区,大庆城区可开采量为 1.29 亿 m³(不含城郊农村生活),应限采 0.25 亿 m³,安达市城区地下水可开采量仅为 0.04 万 m³,应限采 0.20 万 m³。富裕县现状城区地下水开采量为 0.11 万 m³,城区地下水可开采量为 0.13 万 m³,现状开采已经基本饱和。供水区 2008 年地下水供水量见表 1.2-2。

1.2.2　社会环境

项目区内地势平坦,土地资源丰富,土质肥沃,是我国重要的商品粮生产基地之一。一期工程内行政区划包括大庆和齐齐哈尔市郊区及讷河、富裕、依安、林甸、青冈、明水、安达、杜蒙等 10 个市县和齐齐哈尔、绥化 2 个农管局以及莫旗。项目区内总人口数为 1 076.9 万人,其中农业人口为 633.47 万人,农民人均耕地为 11.2 亩,农民人均年纯收入为 6 154 元,农业总产值为 389.83 亿元。大庆市是我国重要的石油开采和石油化工生产基地,年产石油 5 000 万 t,占全国原油产量的 40%,已建成 1 200 万 t/a 的原油加工能力,年产乙烯 48 万 t。项目区内 10 个市县及莫旗的总 GDP 为 3 037.23 亿元,其中大庆市区的 GDP 为 1 933.0 亿元,占项目区内总 GDP 的 63.64%,远远高于项目区内其他各市县的 GDP。项目区各市县社会经济概况统计见表 1.2-3。

表 1.2-2　供水区 2008 年地下水供水量　　　　　　　（单位：亿 m³）

分区		水资源量	可开采量	年供水量			
				合计	城市	农村	农牧业
北引	合计	44 211	31 213	42 713	18 856	3 227	20 630
	Ⅰ区讷富农牧区	5 597	4 757	6 410	1 140	485	4 785
	Ⅱ区依富农牧区	6 475	5 180	9 234	0	639	8 595
	Ⅲ区林甸农牧区	7 713	5 399	6 449	0	449	6 000
	Ⅳ区大庆工农业区	18 475	12 009	16 520	15 366	904	250
	Ⅴ区安达工农业区	5 951	3 868	4 100	2 350	750	1 000
中引	合计	34 303	24 600	1 280	0	524	756
	Ⅰ区齐齐哈尔农牧区	5 884	4 707	1 054	0	298	756
	Ⅱ区九道沟湿地区	25 337	17 736	202	0	202	0
	Ⅲ区杜蒙渔业区	3 082	2 157	24	0	24	0
总计		78 514	55 813	43 993	18 856	3 751	21 386

表 1.2-3　各市县社会经济概况统计

行政区划	总面积（万 hm²）	耕地面积（万 hm²）	总人口（万人）	农业人口（万人）	GDP（亿元）	农业总产值（亿元）	农民人均耕地（亩）	农民人均年纯收入（元）
讷河市	66.48	46.43	74.1	60.5	63.15	19.53	11.51	4 670
富裕县	40.46	20.61	30.1	18.5	29.67	11.20	16.71	4 500
依安县	36.78	30.09	50.2	41.2	36.97	19.18	10.96	5 210
林甸县	34.93	19.37	27.7	21.4	32.81	12.84	13.58	6 529
明水县	23.08	16.29	36.7	29.2	18.60	7.28	8.37	2 712
青冈县	26.85	20.39	46.6	34.8	21.41	10.12	8.79	2 747
安达市	35.86	16.58	52.0	32.4	144.62	30.13	7.68	5 964
大庆市	51.07	21.12	132.6	25.72	1 933.0	11.4	12.32	6 760
莫旗	103.87	45.33	32	24.85	47.30	25.65	21	5 267
齐齐哈尔	424.69	223.7	569.2	325.7	665.8	231.5	10.3	4 031
杜蒙	61.76	13.06	25.7	19.2	43.9	11.0	10.2	6 613
总计	905.83	472.97	1 076.9	633.47	3 037.23	389.83	11.2	6 154

注：数据来源于 2010 年统计年鉴。

第 2 章 研究思路

2.1 原有工程影响回顾性分析

2.1.1 水环境

2.1.1.1 对嫩江水文情势影响回顾性分析

尼尔基水利枢纽是嫩江流域的控制性工程,具有多年调节功能,2005 年竣工,以下分析尼尔基水利枢纽建成后对嫩江的影响。

1. 多年引水量影响分析

现状北引工程多年平均取水量 5.3 亿 m^3,年平均下泄水量 92.82 亿 m^3,较工程建设前 98.12 亿 m^3/a 减少 5.4%;多年下泄水量介于 37.5 亿 ~183.56 亿 m^3,多年减少比例介于 3.0% ~8.3%。中引工程多年平均取水量为 6.9 亿 m^3,在北引工程共同作用下,塔哈年平均下泄水量 95.83 亿 m^3,较工程建设前 108.03 亿 m^3/a 减少 11.29%;多年下泄水量介于 36.89 亿 ~188.75 亿 m^3,多年减少比例介于 6.50% ~21.14%。富拉尔基断面年平均下泄水量 143.32 亿 m^3,较工程建设前 155.52 亿 m^3/a 减少 7.84%;多年下泄水量介于 61.85 亿 ~276.3 亿 m^3,多年减少比例介于 4.54% ~14.28%。详见表 6.2-1。

2. 年内各月下泄流量影响分析

北引、中引工程实施后,引水主要集中在 4 月下旬至 10 月中旬,在枯水期(12 月至翌年 3 月)不从嫩江引水,对嫩江水文情势不会产生不利影响。

多年平均:拉哈、塔哈、富拉尔基断面月平均流量减少比例分别为 4.2%、9.0%、11.2%,其中,拉哈断面流量逐月减少比例介于 3.0% ~6.7%,塔哈断面流量逐月减少比例介于 7.3% ~13.3%,富拉尔基断面流量逐月减少比例介于 10.3% ~17.2%。

枯水年(75%保证率):拉哈、塔哈、富拉尔基断面月平均流量减少比例分别为 5.9%、13.4%、15.8%,其中,拉哈断面流量逐月减少比例介于 2.7% ~8.6%,塔哈断面流量逐月减少比例介于 10.9% ~31.6%,富拉尔基断面流量逐月减少比例介于 15.3% ~43.6%。

特枯年(90%保证率):拉哈、塔哈、富拉尔基断面月平均流量减少比例分别为 5.7%、13.6%、16.3%,其中,拉哈断面流量逐月减少比例介于 2.5% ~8.5%,塔哈断面流量逐月减少比例介于 8.6% ~24.5%,富拉尔基断面流量逐月减少比例介于 12.9% ~25.2%。

2.1.1.2 地表水环境

目前,北引渠首和总干渠、中引渠首和总干渠,受水区红旗水库、大庆水库、东升水库水质良好,能够满足Ⅲ类水质要求,西排干、安肇新河、北二十里泡、王花泡等由于接纳了大庆市退水,水质较差,为Ⅴ类~劣Ⅴ类水质;扎龙湖由于接纳了上游农灌退水、林甸县等城市退水,水质稍差,为Ⅴ类水质;新兴排干、富裕西排干、三排干、翁海排干、西南排干和中排干等农灌退水干渠由于受农灌退水影响,水质较差,为Ⅳ类~劣Ⅴ类水质。

2.1.1.3 地下水

大庆市因长期超采地下水,形成了东、西部两个主要漏斗区。其中,东部漏斗区北起采油六厂,南到采油四厂,西起长垣隆起和泰康组缺失边界,东到卧里屯,到 2003 年,降落漏斗面积减小为 2 160 km²;西部漏斗区北起林甸花园乡,南到采油七厂,西起绿色草原,东到泰康组缺失边界,2003 年漏斗区中心水位埋深 35.03 m。

2.1.2 尼尔基水利枢纽对嫩江水生生态影响分析

2005 年尼尔基水利枢纽建成,在很大程度上改变了嫩江天然径流,对嫩江水生生态环境产生影响,主要表现在对鱼类资源的影响上。

尼尔基水库大坝将原来一个种群分为坝上、坝下两个种群,阻断了洄游性鱼类、半洄游性鱼类的上溯通道,造成了鱼类生境的破碎,鱼类交流减少或中断。尼尔基水库建设前,嫩江中上游从生境上讲是多种鱼类的产卵场。尼尔基水库建设后,坝址上游江段的漂游性产卵场被淹没,成为水库深水区,库区水流变缓,河面变宽,水温上升,有利于库区浮游生物的繁衍、底栖动物的生长,水体生物生产力有较大提高,有利于产黏性卵鱼类的产卵、繁殖和生长,库区鱼类种类发生了极大的变化,使鱼类的产卵场上移,鱼类资源受到一定影响。坝下产卵场,由于尼尔基水库为多年调节型水库,水库运行后,坝下江段洪峰明显削弱,流量较建坝前减少,坝下江段涨水过程更不明显,不适宜产漂流性卵鱼类繁殖。特别是以四大家鱼为代表的产漂流性卵鱼类产卵对水文要求更高,必须有足够的天然洪峰才能促使其产卵。因此,造成坝下河段产卵场消失,产卵场下移至三岔河、肇源、肇东等第二松花江汇合口及较大支流河口附近。

2.1.3 陆生生态影响回顾性分析

2.1.3.1 引嫩工程建设对陆生生态环境的影响回顾性分析

引嫩工程的建设和运行形成目前“水、田、林、路”的总体格局。

其中,北引、中引渠道的建设,使原本完整的草甸草原“一分为二”,对区域地表产汇流造成一定影响,对往来渠道两侧的居民生产生活,以及原有野生动物产生阻隔影响。为减少北中引渠道的阻隔作用,工程配套建设坡水沟减少地表产汇流对工程的水质和安全影响,建设来往渠道两侧的农道桥等缓解对居民生产生活的影响。但是由于工程建设不完善,截至目前,北引工程拉哈、十里河、新兴、二道湾、小榆树、通南沟、八家子、西北、西南、双阳河、明青等 11 个排水区坡水存在坡水入渠的问题,渠道水质安全、防洪安全等得不到保障;由于工程运行多年,农道桥等来往两岸工程破损,存在一定安全隐患。

虽然北中引渠道建设破坏了原本地表植被,使其遭到永久损失,但北中引干渠运行后,在工程管护范围内,北中引干渠管护单位采取了较为严格的保护措施,在引水渠道两侧布设隔离林、草带,使渠道两侧生物量损失得到一定程度的恢复。同时,北中引两岸原本草甸草原得到较大开发,形成了目前农业生态和草甸草原生态基本相当的格局,评价区耕地(包括旱田和水田)面积占近一半,土地生产力得到较大提高,使区域成为黑龙江省主要的农牧业主产区,为保障粮食生产起到了极其重要的作用。

2.1.3.2　北引干渠土壤影响回顾性分析

为了说明引嫩干渠对两侧潜水位和土壤的影响,黑龙江省水利水电勘测设计研究院在20世纪70年代,对北引干渠通水前和通水后的干渠两侧土壤水盐动态规律问题进行了详细的研究,20世纪90年代中后期进行了补充研究,取得了较翔实可靠的研究数据。

土壤水盐动态规律研究在北引总干乌南19 km、58 km和红旗干渠两侧,以干渠为中心500 m以内,布设3~5个监测点,分别对0~0.3 m、0.3~0.5 m、0.5~1 m深的土壤盐分进行监测。

从潜水位看,北引19 km监测点1976年通水后至1980年与通水前比较,最高水位在2.89~3.56 m,最低水位在4.33~4.39 m,变幅在1.11~0.78 m,与通水前无明显差异。58 km东侧监测点通水前最高潜水位1.79~1.84 m,最低潜水位4.40~4.73 m,西侧最高水位2.13 m,最低水位4.59 m。1976年通水后至1982年,最高水位为0.88~1.47 m,较通水前抬高0.91~0.37 m,最低水位4.39~4.86 m,也抬高了0.01~0.39 m。红旗干渠南侧1~4号监测点,通水前最高潜水位2.32~3.00 m,最低潜水位3.72~4.09 m,变幅在1.81~2.47 m;通水后1978~1979年最高潜水位0.98~2.86 m,最低潜水位3.48~4.46 m。以南1号监测点为例,与通水前比较,最高水位抬高1.3 m,最低水位抬高0.24 m。

从土壤含盐量看,通过对监测数据的分析,北引总干19 km两侧监测点的土壤含盐量与通水前基本持平,但也有增加的趋势存在。58 km两侧监测点与19 km处相当,但增加趋势较19 km处明显。红旗干渠两侧监测点土壤盐分较通水前大部分增加,且增幅较大(见表2.1-1)。究其原因:一是红旗干渠通水前盐渍化土壤较多,二是无排水工程而导致土壤含盐量的升高。

表 2.1-1　北引干渠通水前后土壤含盐量变化

监测点	沙北 1	沙北 2	沙北 3	沙北 4	沙南 1	沙南 2	沙南 3	沙南 4
通水前 20 cm 深土层含盐量	0.052 0	0.053 0	0.055 1	0.063 2	0.054 5	0.048 47	0.061 2	0.944 0
通水后 20 cm 深土层含盐量	0.085 4	0.034 8	0.069 6	0.179 9	0.619 9	0.132 1	0.076 2	0.047 5
增减	0.033 4	-0.018 2	0.014 5	0.116 7	0.565 4	0.083 63	0.015 0	-0.896 5

注:以上资料来自《北部引嫩工程对环境的影响与水土资源保护措施研究》(中国科学技术出版社,1999年5月,主要编著者:刘彦君、龙显助)。

2.1.3.3　灌区土壤回顾性分析

1.灌区土壤次生盐渍化现状

1)土壤

由于气候、地貌、水文地质、成土母质、植被等差异,分布着不同类型的土壤,在北部引嫩总干的乌北和东部以及南部高平原分布着草甸黑钙土,江河两岸河漫滩则分布着草甸土和泛滥地草甸土,而在广大低平原区,则分布着盐化草甸黑钙土和不同盐渍化程度的草甸土、草甸盐土,在微地形处则有草甸碱土呈斑块分布于复区之中,在乌裕尔河下游和嫩江沿岸分布着黑钙土型砂土。灌区土壤分布见表2.1-2。

表 2.1-2 灌区土壤分布

土壤类型		分布		土壤肥力	盐分	开发现状
黑钙土	石灰性黑钙土、草甸黑钙土、石灰性草甸黑钙土、盐化草甸黑钙土	北引乌南段富裕、林甸、安达、明水、大庆、青冈、肇东等市县	林甸灌区和富南灌区	有机质含量为3.0%左右	可溶性盐含量为0.05%~0.09%	均已开垦为旱田
草甸土	石灰性草甸土、潜育草甸土、石灰性潜育草甸土、盐化草甸土和碱化草甸土	沿江河两岸的河漫滩地貌单元和古河道洼地	兴旺灌区以及乌裕尔河的河滩地、双阳河下游	耕层有机质含量为3%~5%或更多	可溶性盐含量为0.05%~0.5%	多已开垦为耕地
草甸盐土		盐碱泡子或滞洪区周边和低平原		土壤物理性质极差	可溶性盐含量为0.6%~1.0%以上	不经过水利、农业、化学剂综合措施改良不能垦为耕地
草甸碱土		草甸盐土较高处		土壤物理性质极坏	可溶性盐含量低于0.1%	只能用于牧业,不宜改作农用地
沼泽化土壤	草甸沼泽土、盐化草甸沼泽土	沿河、沿江的低河漫滩		具有较高的自然肥力		已开垦为农用地
砂土		乌裕尔河下游		干旱缺水又不保水、保肥,但土温高、热潮		适于花生、芝麻、小豆、西瓜、土豆生长

2) 土壤盐渍化

松嫩平原是我国苏打型盐碱土的集中分布区,受成土母质、微地形变化、气候、地下水的矿化度和埋深等的影响,一旦发生盐渍化,积盐量大,危害严重。灌区内盐渍化土壤分布情况见表 2.1-3。

表 2.1-3 灌区内盐渍化土壤分布情况

总干	地名	灌区名称	盐碱性(%)				土壤类型
			I(非盐化)	II(轻盐化)	III(中盐化)	IV(重盐化)	
	北引		91.5	2.94	5.49	0.05	
	I区讷富农牧区		72.9	12.6	14.6		
1	讷河市	兴旺灌区	80		20		草甸风沙土、草甸黑钙土

续表 2.1-3

总干	地名	灌区名称	盐碱性（%）				土壤类型
			I（非盐化）	II（轻盐化）	III（中盐化）	IV（重盐化）	
2	富裕县	富西灌区	60		40		草甸黑钙土、草甸沼泽土、盐化草甸土、潜育草甸土、草甸盐土
3	富裕县	友谊灌区					
4	富裕县	富裕基地灌区	100				草甸黑钙土、草甸风沙土
5	齐齐哈尔农场管理局	富裕牧场灌区	100				草甸黑钙土、草甸风沙土
	II区依富农牧区		98.4		1.6		
6	富裕县	富路灌区	100				草甸黑钙土
7	富裕县	富南灌区	100				草甸黑钙土
8	依安县	依安灌区	95		5		草甸黑钙土
	III区林甸农牧区		90.5	0	9.5		
9	林甸县	林甸灌区	90		10		碳酸盐草甸土、盐碱化草甸土
10	林甸县	马场灌区	100				碳酸盐草甸土
	IV区大庆城市供水区		100.0				
11	明水、青冈	明青灌区	100				盐化草甸土、草甸碱土
	V区安达农牧区		0	80.0	15.0	5.00	
12	安达市	任民镇灌区		80	15	5	草甸黑钙土、盐碱化草甸土
13	安达市	中本灌区		80	15	5	
	中引		9.5	54.0	23.7	12.8	
	I区齐齐哈尔农牧区		8.0	59.3	18.7	14.01	
14	齐齐哈尔	江东灌区	8.0	59.3	18.7	14.01	
		西塔哈干渠	50	50			草甸黑钙土、草甸风沙土、冲积土
		东塔哈干渠					
		四支干渠	5	60	20	15	碳酸盐草甸土、草甸黑钙土、盐碱化草甸土
		五支干渠					
		六支干渠					
	II区九道沟湿地地区		25.3		74.7		
15	林甸县	胜利灌区	100				草甸黑钙土
16	林甸县	南岗灌区			100		碳酸盐草甸土、盐碱化草甸土
17	林甸县	建国灌区	50		50		草甸黑钙土

3）灌区土壤盐渍化现状

灌区土壤总面积 223.21 万亩,根据"土壤盐渍化分级指标",灌区非盐化土壤面积 175.29 万亩,占总面积的 78.53% ;轻度盐渍化土壤面积 24.64 万亩,占灌区总面积的 11.04% ;中度盐化土壤总面积 18.67 万,占灌区土壤总面积的 8.37% ;重度盐化土壤面积 4.61 万亩,占灌区土壤总面积的 2.06%。灌区内绝大部分土壤是非盐化土,重度盐化土壤仅占灌区总面积的 2.06%,主要分布在江东灌区、任民镇灌区和中本灌区内,这些重度盐化土壤 98% 是草地,耕地很少。见表 2.1-4。

表 2.1-4　尼尔基水利枢纽配套灌区土壤盐渍化现状　　　　（单位:万亩）

序号	灌区名称	市、县、农场	非盐化	轻盐化	中盐化	重盐化	合计
1	兴旺灌区	讷河市	5.49		1.37		6.86
2	富西灌区	富裕县	4.78		3.19		7.97
3	友谊灌区	富裕县	10.55				10.55
4	富裕基地灌区	富裕县	2.00				2.00
5	富裕牧场灌区	齐齐哈尔农场管理局		3.93			3.93
6	富路灌区	富裕县	5.00				5.00
7	富南灌区	富裕县	68.78				68.78
8	依安灌区	依安县	32.92		1.73		34.65
9	林甸灌区	林甸县	33.41		3.71		37.12
10	马场灌区	林甸县	1.00				1.00
11	隆山灌区	林甸县	0.90				0.90
12	明青灌区	明水、青冈	7.09				7.09
13	任民镇灌区	安达市		0.80	0.15	0.05	1.00
14	中本灌区	安达市		0.80	0.15	0.05	1.00
15	江东灌区	齐齐哈尔	2.57	19.11	6.01	4.51	32.20
16	胜利灌区	林甸县	0.50				0.50
17	南岗灌区	林甸县			2.06		2.06
18	建国灌区	林甸县	0.30		0.30		0.60
	合计		175.29	24.64	18.67	4.61	223.21
	百分比(%)		78.53	11.04	8.37	2.06	100.00

4）现有灌区潜水位变化

本项目灌区涉及行政区包括讷河市、富裕县、林甸县、依安县、安达市和明水县。按地质单元可以将本项目的灌区划分为四个区:一区包括兴旺灌区、富西灌区和友谊灌区,灌区位于嫩江漫滩,地下水主要为潜水,近年地下水位为 2.05～4.20 m;二区包括江东灌区,位于嫩江阶地,近年地下水位为 3.01～7.10 m;三区包括林甸灌区、富南灌区、明水灌区、任民镇灌区和中本灌区,位于松嫩低平原,分布有埋深较大的潜水,近年地下水位为 4.00～8.20 m;四区包括南岗灌区、建国灌区和胜利灌区,地下水为弱承压水,局部地区分布有潜水。

2. 典型灌区土壤盐渍化变化

多年来,大批的科技工作者和松嫩平原上的广大农民,在改良利用盐碱土和防治土壤盐渍化上做了大量的卓有成效的工作,开发利用了很多盐渍化土壤,总结出很多好的盐碱土开发利用经验。其中,林甸引嫩灌区面积大,开发多年来运行良好,以其为例进行回顾性评价具有较好的代表性。

林甸引嫩灌区位于林甸县北部、双阳河南岸松嫩低平原上,灌区土壤类型主要有碳酸盐草甸土和盐碱化草甸土,现有水田面积 2 433 hm^2。非盐化区面积占 90%,中盐化区面积占 10%。在灌区非盐化土壤上设立了两个试验区,分别位于林甸县吉祥村和六十四站灌区。试验灌区采取了配套的灌排系统和合理的灌溉制度,经过 3 年耕作后,对试验区土壤进行监测。资料显示,灌区种植水稻 3 年后,土壤中的全盐量浓度普遍降低,降低幅度在 0.033% ~ 0.043%,土壤养分含量普遍增加。总体来看,水田灌溉除满足作物生长需要外,还起到了以水洗碱、以水压碱的作用,使土壤中的盐分随水排走,降低其含量,土壤也没有产生次生盐渍化或出现盐渍化加重的现象。灌区土壤盐分、养分含量变化统计见表 2.1-5。

表 2.1-5 灌区土壤盐分、养分含量变化统计

林甸引嫩灌区	含盐量(×100%)		脱盐率(%)
林甸县 吉祥村	种稻前	0.074	44.59
	种稻 3 年后	0.041	
林甸县 六十四站	种稻前	0.096	44.79
	种稻 3 年后	0.053	

此外,黑龙江省水利科学研究所在安达市东 6 km 处盐碱草原处,开展了盐渍化土壤灌溉种稻的试验研究,经过 5 年种稻的试验,也证明灌溉措施得当会起到排盐碱作用。从几个试验区(0 ~ 20 cm、0 ~ 60 cm)历年总盐变化过程线可以看出,总的趋势是,随着灌溉历时的延续,总盐量逐年降低,见图 2.1-1。

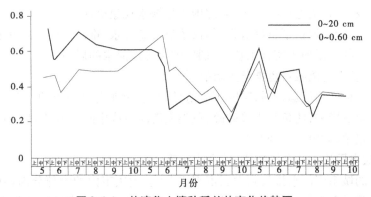

图 2.1-1 盐渍化土壤种稻总盐变化趋势图

在引嫩干渠附近的一些地区,也有很多农民盲目开发水田灌溉,在灌区设计上没有充分考虑灌排渠系的结合,只灌不排或排水无出路,土壤多余水分靠地面蒸发排除,结果水随气散,水干盐存,造成了土壤的次生盐渍化,导致灌区开发的失败,不得不停止灌溉,而且已经盐渍化的土地很难恢复到原有的土地生产力水平,造成了很大的损失。

2.1.4　扎龙湿地应急补水影响回顾性分析

扎龙国家级自然保护区1979年建立,1987年晋升为国家级自然保护区。然而近30年来,由于缺乏对水资源和湿地的统一管理,加之人类活动的逐年加剧,造成人地争水、人鸟争食,致使扎龙湿地生态环境恶化,并有加剧的趋势。自2001年开始,通过中引工程连续10年引入嫩江水量为湿地应急补水,总计补水15.44亿 m³,扎龙国家级自然保护区湿地水面扩大、水质有所改善,苇草和鱼类产量提高,为湿地的生物提供了有利的生存繁衍条件;丹顶鹤等珍禽的生境状况明显改善,数量明显增加并趋于稳定,生物多样性得到逐步恢复。

2.1.5　水源安全保障分析

北中引工程多年运行结果表明,工程北引渠首拉哈断面、中引渠首大登科断面基本能够实现Ⅲ类水质目标。北引总干渠、中引总干渠建成渠道采取了较为严格的保护措施,形成了引水渠道两侧马道、养护道路、隔离林带、护堤、截流沟(部分渠段无)等防护带,各渠段管护站建立严格的管理和巡查制度,渠线护堤尽量封闭,同时大庆市政府先后依法划分了大庆水库、东湖水库、东城水库和红旗水库的饮用水水源保护区,明确饮用水水源保护区内的各类人类活动范围、有关管理部门的职责和各类保护措施,对饮用水水源保护区实施监督管理。

总体来看,北中引引水渠道、调蓄水库等能够基本实现Ⅲ类水质目标,能够满足生活饮用水、工业和农业用水的水质要求。但是,由于北中引干渠线路长,两岸桥梁众多,北中引干渠未完全采取封闭措施,周边居民或车辆有条件通过渠堤,大庆市调蓄水库邻近城镇,存在水库旅游、钓鱼,水土流失,餐饮、周边村屯排污入湖等污染水源的问题。

2.1.6　区域主要环境问题

2.1.6.1　扎龙湿地生态环境用水量难以得到稳定持续满足

扎龙湿地自然保护区是我国最大的以鹤类等大型水禽为主体的珍稀鸟类和湿地生态类型的国家级自然保护区,近年来,由于受到自然因素及人为活动影响,乌双流域进入湿地水量呈减少趋势,特别是遭遇连续枯水年,湿地干旱缺水现象更加严重。扎龙湿地虽然实施了连续多年的应急补水,取得了良好效果,但仅依靠应急补水,难以维持扎龙湿地长期发展,因此迫切需要建立扎龙湿地生态补水长效机制,解决湿地渴水的局面。

2.1.6.2　尼尔基水利枢纽对鱼类产生阻隔影响

尼尔基水利枢纽建设运行后,阻断了洄游性鱼类、半洄游性鱼类的上溯通道,对流域内的鱼类造成了阻隔影响,使鱼类生境破碎,鱼类交流减少或中断。嫩江洄游性鱼类只在河道与支流中进行繁殖、索饵、越冬洄游。

2.1.6.3　大庆市周边水域污染较重,地下水超采

由于大量的城市废污水排放到大庆市周边湖泡,大庆市内的大部分泡沼的水体均超过了地表水环境质量Ⅳ类标准,地表水体污染严重。同时,由于大庆地区地下水超采,目前在大庆长垣东西两侧分别形成两个区域性地下水位下降漏斗。

2.1.6.4　北中引工程存在一定水源安全隐患

北中引干渠未完全采取封闭措施,渠道两侧桥梁众多,大庆市调蓄水库邻近城镇、公路,仍然存在发生突发性水污染事件的风险。

2.2　研究目的和意义

嫩江左岸低平原区是黑龙江省重要的经济中心和粮食主产区,是我国重要的石油化工生产基地。开展尼尔基水利枢纽配套项目黑龙江引嫩扩建骨干一期工程建设,将对满足国家振兴东北等老工业基地、国家增产千亿斤粮食的水资源需要具有重要的作用。现有引嫩工程建设运行过程中,减少了嫩江下泄水量及过程,产生了局地地下水超采、土壤盐渍化等问题,日益加剧的人类活动降低了扎龙湿地生态水量保障程度,区域目前生态环境问题突出。因此,在满足区域日益增长的经济社会需水的同时,采取有效措施缓解或减免由于工程建设带来的生态环境问题,改善区域生态环境状况,是工程建设过程中迫切需要解决的重要问题之一。

2.3　研究对象及范围

2.3.1　研究对象

研究对象为黑龙江省引嫩扩建骨干一期工程,包括北引供水工程、中引供水工程、友谊补水工程、灌区及配套工程,重点对运行期工程产生的地表水、地下水环境影响,水生生态、陆生生态环境影响开展研究。

2.3.2　研究范围

2.3.2.1　水环境评价范围

1.地表水

引水区:施工期为嫩江北引渠首上游 1 km 至下游 1 km 共计约 2 km 的河段;运行期为嫩江新建北引渠首回水末端至浏园断面长约 150 km 的河段。

输水区:北引干渠、中引干渠、友谊干渠、富裕引水干渠、红旗引水干渠。

受水区:北引蓄水水库及其反调节水库、扎龙湿地和骨干一期工程灌区。

退水区:安肇新河王花泡至古恰闸长约 108 km 的河段、嫩江北引渠首至浏园断面约 150 km 的河段、松花江古恰闸至哈尔滨段长约 144 km 的河段。

2.地下水

北中引干渠及引水渠周边,一期工程灌区范围。

2.3.2.2　生态环境评价范围

陆生生态影响评价范围:施工期重点评价对自然保护区的影响,北引渠首施工区、新建友谊干渠、富裕供水渠道及改扩建北、中引引水渠道两侧各 500 m 范围。运行期新建友谊干渠、富裕供水渠道及改扩建北、中引引水渠道两侧各 100 m 范围。

水生生态影响评价范围:施工期为北引渠首施工区域附近水域;运行期为尼尔基坝下至齐齐哈尔市江桥断面共计长约 300 km 的河段。

土壤环境:引嫩干渠两侧 200 m 和一期工程灌区范围内共计约 260 km² 范围。

2.4 研究目标

研究主要根据一期工程特性、工程所在地区和流域的环境特点,以及国家有关法律法规要求,调查项目区生态环境现状,分析已有引嫩工程生态环境影响,预测评价工程运行对生态环境的影响,研究提出生态环境保护对策和减免措施,保证工程的经济效益、社会效益和环境效益的充分发挥,促进工程建设与社会、经济、环境效益协调发展。

(1)从区域环境保护和水资源利用等方面综合论述工程建设的必要性及引水方案的可行性,分析工程与相关规划的协调性。

(2)分析施工期、运行期水、气、声、固体废物等污染物污染源强、排放去向,以及工程施工、运行期对环境产生的影响。

(3)以区域生态环境现状调查和遥感调查为基础,分析工程实施对区域土地利用方式和植被、动物的影响,重点分析工程运行期调水区因北引有坝渠首的阻隔和河流水文情势变化而引起的生态环境影响,对水生生物尤其是鱼类的影响;开展灌区、大庆等受水区土壤盐渍化影响分析。

(4)在现状调查的基础上,识别一期工程与自然保护区相对位置关系,开展对扎龙、明水等自然保护区生态环境影响分析评价;分析工程补水对扎龙湿地的影响,提出自然保护区保护对策措施。

(5)开展工程引水后对嫩江、松花江等水文情势影响的分析,分析大庆、富裕等城市、农业灌溉等用水户退水对地表水环境的影响,开展城市污水处理能力匹配性分析。

(6)在对项目建设、运行可能对周围环境产生的影响进行评价的基础上,结合工程特点和区域环境特点,对工程建设、运行造成的不利环境影响提出防护和减免措施。

2.5 工程生态环境作用分析

2.5.1 工程特点

(1)黑龙江省引嫩扩建骨干一期工程属于生态类项目,工程本身不会对环境带来污染,该项目建成后,可有效解决大庆市、富裕县,以及北中引沿线灌区等受水区工农业生产和生活的用水问题,促进哈大齐工业走廊建设和黑龙江省千亿斤粮食生产,并为扎龙湿地等提供生态用水,具有极大的经济效益、社会效益和环境效益。

(2)本工程是在已有北中引总干渠、调蓄水库及干渠沿线灌区等相关工程基础上进行的改扩建和规模达产项目。主要任务是城市供水(大庆市和富裕县)、北中引沿线农业灌溉及为扎龙、大庆等湿地补水。

(3)本工程面广、线长、点多、分散,主要由线状与点状工程组成。工程输水干渠线路长,干渠上桥、涵、分水闸、节制闸等点状工程多,以土石方工程为主,开挖料及弃土弃渣产生量较大。工程施工难度不大,但施工工期相对较长。

(4)一期工程为扎龙、大庆湿地补水 2.6 亿 m³/a,中引总干渠第一节制闸、团结农道桥和赵三亮子闸拆除重建、中引右侧渠堤末端加高工程等在扎龙国家级自然保护区实验区和缓冲区内,现有渠道、排干、灌溉面积等部分工程位于乌裕尔河自然保护区、明水湿地自然保护区、大庆林甸东兴草甸草原自然保护区的实验区和缓冲区内。

2.5.2　生态保护目标识别

中引改扩建工程涉及扎龙国家级自然保护区,北引改扩建工程涉及明水湿地自然保护区和大庆林甸东兴草甸草原自然保护区。经调查,工程与生态保护敏感点相对位置关系见表 2.5-1。

表 2.5-1　工程与生态保护敏感点相对位置关系

敏感对象及其特性	与工程相对位置关系
浏园水源地:齐齐哈尔市城市水源地	中引取水口下游约 40 km
嫩江鱼类"三场":嫩江尼尔基水库坝下至齐齐哈尔江桥断面共计 300 km 河道	
扎龙国家级自然保护区:野生动物类型自然保护区,主要保护对象是丹顶鹤等珍稀野生动物及其栖息的湿地生态系统	第一节制闸扩建工程位于实验区内,中引右侧渠堤末端加高工程、团结农道桥和赵三亮子闸改扩建工程位于缓冲区内
明水湿地自然保护区:主要保护对象是北方平原沼泽湿地生态系统和以大鸨为代表的珍稀野生动植物资源及其栖息地	乌南 84～98 km 渠道清淤工程,穿过明水湿地自然保护区
大庆林甸东兴草甸草原自然保护区:自然生态系统保护区,主要保护对象是生物群落及其生境	乌南 50～54 km、74～82 km 渠道清淤工程,从自然保护区内穿过

2.5.3　水资源及环境承载力分析

2.5.3.1　水资源承载力分析

1. 用水合理性分析

1) 用水定额合理性分析

(1) 工业万元增加值。

大庆市工业用水定额现状 29.10 m³/万元,重复利用率达到 89%,其定额和重复利用率已达到同行业用水的先进水平,规划水平年降低到 18.25 m³/万元,在全国范围内属于领先水平。富裕县现状工业万元增加值用水量为 101.50 m³/万元,重复利用率为 65.0%,到 2020 年,工业用水重复利用率提高到 76.0%,工业万元增加值用水量下降至 69.60 m³/万元,规划定额降低,重复利用率提高,符合水资源开发利用原则。

(2) 城市居民综合生活用水定额。

大庆市、富裕县 2008 年人均综合生活用水定额分别为 135.8 L/(人·d)、110.0 L/(人·d),2020 年随着生活水平的逐步提高,人均综合生活用水定额将提高为 160.5 L/(人·d)、132 L/(人·d),在《室外给水设计规范》(GB 50013—2006)规定的范围之内,采用的定额是合理的。

工业万元增加值用水定额、城市居民综合生活用水定额比较见表 2.5-2。

表 2.5-2　黑龙江省引嫩骨干工程用水水平分析

工业万元增加值用水定额				城市居民综合生活用水定额			
项目	水平年			项目	水平年		
地区	定额 (m³/万元)	年份	备注	地区	定额(L/ (人·d))	年份	备注
陕西省	52	2007					
辽宁	50	2007	全国第五	辽宁	140	2020	水资源综合规划
黑龙江省	154	2008		黑龙江省 (嫩江)	170	2020	松花江流域综合规划
大庆市	29.10	2008	黑龙江省前列	大庆市	135.8	2008	
	18.25	2020			160.5	2020	
富裕县	101.50	2008		富裕县城镇	110.0	2008	
	69.60	2020			132	2020	

（3）农牧业用水。

农牧业现状水田灌溉净定额在 500 m³/亩左右,农业用水量损失较大,渠系水有效利用系数在 0.45 左右,规划水平年一期工程渠道设计采用了一定的节水防渗措施,灌区骨干渠系水利用系数由现状的 0.78 提高到 0.86,灌区灌溉水利用系数由现状的 0.45 提高到 0.62。根据黑龙江省地方标准《用水定额》(DB23/T 727—2010),灌溉水利用系数大型灌区为 0.35 ~ 0.45,中型灌区为 0.40 ~ 0.50,小型灌区为 0.55 ~ 0.65,一期工程实施后大幅度提高了灌溉水利用系数,与黑龙江省地方标准《用水定额》相比,节水水平有较大提高,故定额是合理可行的。

2)节水指标分析

随着一期工程新建、续建灌区节水措施的落实,以及农业结构调整和管理水平的不断提高,工业产业结构的调整、技术水平升级和产品的更新换代,城市化的快速发展,2020 年农业灌溉用水有效利用系数将由现状的 0.45 提高到 0.62,大庆市和富裕县工业用水重复利用率由 65% 左右分别提高到 93.1%、76%,城市供水管网的综合漏损率由现状 20% 以上降低到 15% 以下,一期工程引嫩水量综合利用率提高到 63%,按一期工程渠首取水量 22.55 亿 m³ 计算,可以节水 2 亿 m³ 左右。

2. 可引水量合理性分析

北、中引工程渠首控制断面多年平均径流量分别为 132.5 亿 m³ 和 147.0 亿 m³。一期工程下游主要用水户有引嫩入白工程、白沙滩灌区、四方坨子灌区、南部引嫩和大安灌区。其中,白沙滩灌区、四方坨子灌区、南部引嫩为现状工程,批复取水量分别为 1.932 亿 m³、1.463 亿 m³、4.5 亿 m³,引嫩入白工程、大安灌区为规划工程,水资源论证批复引水量分别为 3.62 亿 m³、2.45 亿 m³。一期工程建成后,北引渠首断面多年平均下泄水量 92.82 亿 m³,最小流量 83.83 m³/s,中引断面下泄水量 95.83 亿 m³,最小流量 77.33 m³/s,北、中引断面、富拉尔基断面最小环境流量分别为 42.0 m³/s、46.6 m³/s,北、中引工程对引水口下游断面入流会产生一定影响,但对区域地表水资源的影响较小,仍能够满足上述用水户用水和生态环境用水的需求。

3. 地下水用水合理性分析

规划灌区地下水多年平均可开采量为 1.85 亿 m^3/a,其中,北引灌区多年平均可开采量为 1.38 亿 m^3/a,中引灌区多年平均可开采量为 0.47 亿 m^3/a,现状年北引灌区开采量为 2.39 亿 m^3,中引灌区开采量为 1 281 万 m^3。大庆市地下水可开采量为 1.29 亿 m^3,富裕县可开采量为 1 327 万 m^3,2008 年大庆市开采量为 1.54 亿 m^3,富裕县开采量为 0.11 亿 m^3。大庆市现状地下水超采严重,现已形成降落漏斗,富裕县现状开采基本饱和。讷富农牧区、依富农牧区、林甸农牧区农牧业地下水用水量超过地下水可开采量。

一期工程建成后,地下水资源量、可开采量分别增加到 8.22 亿 m^3、5.82 亿 m^3,较现状分别增加 0.37 亿 m^3、0.24 亿 m^3,现状灌区水资源量为 2.51 亿 m^3。其中,引嫩灌区的建设增加了灌区范围内的地下水可供水量,一期工程建成后地下水资源量到 2020 水平年增加到 2.79 亿 m^3,可开采量增加到 2.08 亿 m^3,较现状分别增加 0.28 亿 m^3、0.23 亿 m^3。同时,项目区现状地下水开采量 4.4 亿 m^3,2020 年减少至 2.87 亿 m^3(其中城区 1.46 亿 m^3,农牧业 0.84 亿 m^3),减采 1.53 亿 m^3;其中,大庆市为保护和逐步恢复大庆市地下水位,2020 年减采 0.25 亿 m^3,开采量为 1.285 亿 m^3,小于大庆市地下水资源可开采量 1.36 亿 m^3;灌区地下水开采量较现状 2.14 亿 m^3 减少 1.3 亿 m^3。

2020 水平年区域地下水变化一览表如表 2.5-3 所示。

表 2.5-3　2020 水平年区域地下水变化一览　　　　(单位:万 m^3)

分区		项目区				灌区			
		现状		2020 年		现状		2020 年	
		水资源量	可开采量	水资源量	可开采量	水资源量	可开采量	水资源量	可开采量
北引	合计	44 211	31 213	46 204	32 831	18 907	13 829	20 572	15 163
	Ⅰ区讷富农牧区	5 597	4 757	6 774	5 758	2 247	1 891	3 199	2 696
	Ⅱ区依富农牧区	6 475	5 180	6 927	5 542	5 822	4 657	6 145	4 916
	Ⅲ区林甸农牧区	7 713	5 399	8 077	5 654	4 739	3 317	5 050	3 535
	Ⅳ区大庆工农业区	18 475	12 009	18 475	12 009	2 365	1 537	2 444	1 589
	Ⅴ区安达工农业区	5 951	3 868	5 951	3 868	3 734	2 427	3 734	2 427
中引	合计	34 303	24 600	35 211	25 327	6 174	4 693	7 334	5 621
	Ⅰ区齐齐哈尔农牧区	5 884	4 707	6 792	5 434	3 711	2 969	4 871	3 897
	Ⅱ区九道沟湿地地区	25 337	17 736	25 337	17 736	2 463	1 724	2 463	1 724
	Ⅲ区杜蒙渔业区	3 082	2 157	3 082	2 157				
总计		78 514	55 813	81 415	58 158	25 081	18 522	27 906	20 784

预计到 2020 年,大庆市根据地下水限采方案,逐步减小地下水的开采量,缩小地下水降落漏斗范围,逐步恢复该地区地下水的采补平衡;引嫩灌区的建设,减少了灌区范围内地下水的开采量,同时灌区引用地表水灌溉又增加了地下水入渗量。因此,本工程的建设虽然利用了部分地下水,但没有超过地下水可开采量,工程运用对地下水资源恢复将起到积极有效的作用。

4. 引水规模规划指标符合性分析

《辽河、松花江流域综合规划》、《松辽流域水资源综合规划报告》、《尼尔基水利枢纽初步设计报告》,分配尼尔基水利枢纽下游配套黑龙江省引嫩扩建骨干引水工程,包括嫩江干流白沙滩以上的北部引嫩、中部引嫩、八一运河和南部引嫩工程,设计用水量 36.912 亿 m³。其中,尼尔基至拉哈区间北引工程分配设计用水量 19.467 亿 m³;拉哈至塔哈区间中引渠首分配设计用水量 11.866 亿 m³;其他富拉尔基至白沙滩、白沙滩至大赉区间,分配设计用水量 5.579 亿 m³。黑龙江省引嫩骨干工程可引水量成果见表 2.5-4。

表 2.5-4　黑龙江省引嫩骨干工程可引水量成果　　（单位:亿 m³）

区间名称	工程名称	工业及生活	水田	旱田	渔苇	设计水量合计	多年平均
尼尔基—拉哈	北部引嫩	9.772	4.004	2.24	3.451	19.467	17.98
拉哈—塔哈	中引引嫩	5.83	3.40	0.51	2.127	11.866	10.91
塔哈以上	北中引小计	15.602	7.404	2.75	5.578	31.333	28.89
富拉尔基—白沙滩	八一运河				3.0	3.0	1.94
白沙滩—大赉	南部引嫩				2.579	2.579	2.05
合计		15.602	7.404	2.75	11.157	36.912	32.88

北引和中引工程最大可引水量为 28.89 亿 m³,一期工程总引水量 22.55 亿 m³,在规划分水指标之内。

评价认为,上游尼尔基水库以上多年平均径流量为 104.7 亿 m³,2020 年区域地下水资源量 8.22 亿 m³,工程北中引渠首引水 22.55 亿 m³,占尼尔基上游来水的 21.5%,地下水供水量 2.87 亿 m³,占地下水资源量的 34.9%,小于地下水 5.82 亿 m³ 的可开采量,总体来看 2020 年区域水资源开发利用没有超过地表水、地下水的开发阈值要求,符合《辽河、松花江流域综合规划》、《松辽流域水资源综合规划报告》分水指标的要求,区域水资源承载力能够承受本工程的运行。

2.5.3.2　环境承载力分析

1. 土地资源承载力分析

(1)项目坚持十分珍惜、合理利用土地和切实保护耕地这一基本国策,正确处理经济发展、耕地保护和生态环境建设的关系,坚持土地资源开发与节约并举、把节约放在首位的方针,在保护中开发,在开发中保护,促进土地资源的集约利用和优化配置。工程灌区建设没有新开垦耕地,在保护和改善生态环境前提下,挖潜改造耕地,工程完成后,灌溉面积达223.21 万亩,其中,新增灌溉面积以发展旱田为主,水田维持现状不再新增,符合充分利用现有耕地、不新开垦土地的要求。

(2)灌区分布了不同类型的土壤,在北部引嫩总干的乌北和东部以及南部高平原分布草甸黑钙土,江河两岸河漫滩分布着草甸土和泛滥地草甸土,在广大低平原区分布着盐化草甸黑钙土和不同盐碱化程度的草甸土、草甸盐土,在微地形处则有草甸碱土呈斑块分布于复区之中,在乌裕尔河下游和嫩江沿岸分布着黑钙土型砂土。各灌区以非盐化土壤为主,其中,富裕基地灌区、富裕牧场、富路灌区、富南灌区、马场灌区、明青灌区 100% 为非盐化土壤,依安灌区 95%、兴旺灌区 80%、富西灌区 60% 为非盐化土壤,仅任民镇灌区、中本灌区 5%,四支干渠、五支干渠、六支干渠 15% 为重盐化土壤。

本次灌区建设遵循的原则是,一般非盐化区土壤含盐量均低于 0.1%,无积盐现象,可大力发展灌溉,但要制定合理的灌排制度,防止长期灌溉土壤产生积盐现象。轻度盐化土壤含盐量 >0.1%,土壤盐碱斑面积 <5%,可发展灌溉,要建立良好的排水系统,通过系统的排水排盐,降低土壤含盐量,使土壤耕性向好的方向发展。本次灌区建设根据土壤理化性质,合理布置灌区,对该两区域土壤意义重大。

(3)工程充分考虑区域生态保护的需要,对扎龙国家级自然保护区内已有南岗、胜利、建国灌区维持现状无工程设计;考虑到对区域草甸草原的恢复,改善和维持区域良好的生境,在友谊灌区、富南灌区、明青灌区(分布在明水湿地自然保护区内)新增牧草灌溉面积 12.57 万亩,加上已有江东灌区牧草灌溉面积 10.2 万亩,2020 年牧草灌溉面积将达到 22.77 万亩,对改善、维持区域生态系统稳定良性循环发展奠定了良好基础。

(4)工程设计时,充分考虑了预防土壤次生盐渍化的需要,建设以排涝排盐碱相结合的排水排盐系统,采取水平排水和垂直排水相结合的方式,将地下水位控制在 1.2~1.4 m 以下,同时,注重灌溉制度的设计,保证田间净入渗量不小于淋盐水量,地下水的年排水量不小于淋盐水量。但为了及时了解影响土壤环境各项因素变化的趋势,防止土壤环境的恶化,工程运行过程中应充分考虑对灌区水盐动态的监测。

(5)内蒙古国土资源厅以内国资字〔2010〕776 号文出具《关于尼尔基水利枢纽配套项目黑龙江省引嫩扩建骨干一期工程项目(内蒙古境内)用地的初审意见》,指出:项目建设用地已列入经审批的《呼伦贝尔市土地利用总体规划(2006—2020)》,符合当地土地利用总体规划。黑龙江省国土资源厅以黑国土资发〔2011〕113 号文出具《关于尼尔基水利枢纽配套项目黑龙江省引嫩扩建骨干一期工程建设项目初审意见的报告》,指出:该项目符合《黑龙江省土地利用总体规划(2006—2020)》。

总体来看,本工程是《国家粮食安全中长期规划纲要(2008—2020 年)》、《全国新增 1 000 亿斤粮食生产能力规划(2009—2020 年)》、《黑龙江省八大经济区规划》的组成部分,与《呼伦贝尔市土地利用总体规划(2006—2020)》、《黑龙江省土地利用总体规划(2006—2020)》是相协调的,项目的建设将对保障东北粮食生产核心区提高现有农业生产水平起到重要作用。因此,评价认为,在做好预防土壤盐渍化、生态环境保护措施的前提下,区域土地能够承载本工程的需要。

2. 治污水平分析

大庆市至规划年将建成污水处理厂 14 座,年处理能力 2.18 亿 t,一期工程建成后,大庆市废污水年产生量约为 2.12 亿 m³,没有超过污水处理厂的处理能力。目前,大庆城市污水处理厂年回用水量 3 600 万 m³,用于补充北引区内环境生态用水,根据大庆市污水治理规划,到 2020 年处理后的可利用量为 8 760 万 m³,可进一步补充北引区生态环境用水;富裕县建设有日处理能力为 2 万 t 的污水处理厂 1 座,年处理能力 720 t,一期工程建成后,富裕县生产、生活污水共 733 t 需排入污水处理厂进行处理,污水处理厂规模基本满足需求。

3. 生态环境用水影响分析

北引断面、中引断面、富拉尔基断面最小环境流量分别为 42.0 m³/s、46.6 m³/s 和 53.8 m³/s，适宜环境流量 4~9 月分别为 168.0 m³/s、186.4 m³/s、215.2 m³/s，10 月分别为 84.0 m³/s、93.2 m³/s、107.6 m³/s。根据可研引水过程分析，工程实施后，北中引下余水量均能满足北引断面、中引断面和富拉尔基断面最小生态流量的需求。

考虑到扎龙、大庆等湿地水资源较为紧缺，一期工程 2020 年北中引给湿地补水 2.6 亿 m³，其中给扎龙湿地补水 2.22 亿 m³，加上乌双来水量为 3.47 亿 m³，工程实施后供给扎龙湿地水量共为 4.90 亿 m³，可满足扎龙湿地生态需水要求；工程将有 0.86 亿 m³ 的引嫩水量和 0.88 亿 m³ 的中水水量补给其他沼泽与湿地。

综上，评价认为：引水区过境水量丰富，受水区土地资源丰富，但由于目前引嫩供水工程存在引水能力低、输蓄水损失大、工程配套不完善等不足，使水资源得不到有效利用；而大庆地下水超采严重，扎龙国家级自然保护区等湿地生态环境用水不足、湿地干涸萎缩，导致生态环境日趋恶化，总体来看，现状水、土资源极不协调。随着工农业生产的发展，大庆等城市用水量逐年增加，水资源供需矛盾将更加突出。因此，建设黑龙江引嫩一期工程，可增加引嫩工程的供水及供水能力，缓解大庆等城市用水，保证规划区经济社会的可持续发展，区域水土资源能够满足工程建设和运行要求，评价认为工程用水水平、治污水平、节水指标、生态环境影响等符合国家法律法规和相关政策的要求，引水规模符合相关水资源规划指标，故工程引水规模环境基本可行。

2.5.4　施工期

2.5.4.1　施工期环境影响因素分析

工程施工过程中，将产生废水、噪声、废气和固体废物，造成水土流失，对施工区域周边的水环境、声环境、大气环境、生态环境、景观、人群健康等产生影响。工程施工对环境产生的影响作用分析见表 2.5-5、图 2.5-1。

1. 北引渠首

1）施工导流及围堰施工

北引渠首施工导流采用新开挖导流明渠一次断流土石围堰方式，第一年 9 月初开工，开挖导流明渠，9 月下旬进行截流，截流后洪水由导流明渠通过，待基坑内泄洪闸完成后，拆除围堰，洪水由建成的泄洪闸宣泄，修建滩地上的溢流坝和固滩工程。

导流明渠开挖、围堰修筑及拆除、施工机械及施工车辆运转等过程中产生噪声、扬尘、废气，对施工区及运输沿线局部声环境和大气环境产生短期不利影响；尤其是枯水期干旱天气施工扬尘、粉尘量较大，对环境空气不利。导流明渠开挖、围堰修筑及拆除、基坑排水等引起嫩江局部河段短时间内 SS 浓度增高、水质变差，进而对水生生物生境产生短时间的影响，基坑排水水泵运行会对一定范围内区域声环境和施工人员产生影响，围堰拆除临时堆置破坏地表植被，引起生物量损失。

2）引水枢纽建筑物施工

泄洪闸、溢流坝在上下游围堰的保护下施工，基础砂砾石开挖采用挖泥船开挖，弃渣堆存，混凝土采用插入式振捣器振捣。

表2.5-5　工程施工期环境影响初步分析

工程名称		施工概况			环境现状		环境影响作用分析			
名称	组成	施工活动及工艺	施工时间	施工机械	现状	敏感点分布	要素	影响范围	环境影响	影响分析
	新建土坝244.5 m＋271.2 m,现有拉哈堤防加高加固1 930 m,进水闸移位重建,溢流坝新北引渠建12孔泄洪闸、溢流坝建221.5 m,固滩2 674 m,嫩江左岸大堤引渠首加高加固长度为9.2 km,太和回水堤加高加固长度1.21 km,嫩江右岸内蒙古堤加高加固,汉古尔堤防加高加固长度6.873 km	导流明渠开挖,上下游围堰施工,泄洪闸等主体工程施工活动(土石方开挖、混凝土浇筑等)	第1～3年	挖掘机、推土机、自卸汽车,挖泥船、拌和机、捅人式振捣器	河流连通,主要为旱田、林地、草地等	鱼类	大气	施工场地周围	施工机械及施工车辆运转,大坝清基、土石方开挖、回填等排放废气,施工扬尘等对大气环境造成影响	施工机械及施工车辆运转,大坝清基、土石方开挖、回填等排放废气,施工扬尘等对大气环境造成影响
							噪声	施工场地周围	施工机械及施工车辆、振捣器等产生噪声	施工机械及施工车辆、振捣器等产生噪声
							水环境	嫩江取水口上下游附近	导流明渠、闸围堰等施工造成嫩江水环境影响,基坑废水排放对嫩江造成一定影响,混凝土拌和,主要建筑物养护等废水,以及施工人员生活污水处理直接排放对嫩江水环境造成影响	导流明渠、闸围堰等施工造成嫩江水环境悬浮物升高,基坑废水排放对嫩江造成一定影响,混凝土拌和,主要建筑物养护等废水,以及施工人员生活污水直接排放对嫩江水环境造成影响
							生态环境	取水口上下游附近,施工场地	导流明渠、闸围堰等施工,以及污水对取水口周边鱼类生境造成一定影响损失	生活污水排放对取水口周边鱼类生境造成一定生物量损失
							固体废物	施工场地	原有引水闸拆除,主体建筑物施工等产生一定弃渣,施工人员生活垃圾	原有引水闸拆除,主体建筑物施工等产生一定弃渣,施工人员生活垃圾
输水渠道	北引渠道 扩建渠道203.21 km,建筑物125座 总工程量为3 131.90万 m³,其中土方2 963.51万 m³,混凝土74.27万 m³,砂石94.11万 m³	渠道疏浚,加高培厚,压实,人工整形,建筑物开挖,混凝土浇筑,振捣器捅捣,土方回填,砌石	第1～4年	挖掘机、自卸汽车,拖拉机、推土机	已有渠道扩建	沿线村屯	大气	施工场地周围	施工机械及施工车辆运转,土石方开挖、回填等排放废气,施工扬尘等排放会对乌裕尔河、双阳河等水环境造成一定影响	施工机械及施工车辆运转,土石方开挖、回填等排放废气,施工扬尘等排放会对乌裕尔河、双阳河等水环境造成一定影响
							噪声	施工场地周围	施工机械及施工车辆、振捣器等产生噪声	施工机械及施工车辆、振捣器等产生噪声
							水环境	乌裕尔河、双阳河等施工场地域周围及北引渠道	混凝土拌和,主要建筑物养护,以及施工人员生活污水处理直接排放对乌裕尔河、双阳河等水环境造成一定影响	混凝土拌和,主要建筑物养护,以及施工人员生活污水直接排放对乌裕尔河、双阳河等水环境造成一定影响
							生态环境	施工场地周围	施工占地造成一定生物量损失	施工占地造成一定生物量损失
							固体废物	施工场地周围	原有构筑物拆除,主体建筑物施工等产生一定弃渣,施工人员生活垃圾	原有构筑物拆除,主体建筑物施工等产生一定弃渣,施工人员生活垃圾
	中引渠道 加高培厚7.25 km渠堤,重建赵三亮子闸,周建三农道桥、理建桥、团结桥 总工程量为3 131.90万 m³,其中土方29.66万 m³,草皮护坡8.27万 m²	塔哈节制闸,第一节制闸及周建三桥、理建桥、团结桥;赵三亮子闸建,41＋550～48＋800加高培厚	后2年		已有渠道,仅对卡口建筑物重建	沿线村屯 扎龙自然保护区	生态环境	施工场地周围	基本同北引渠道影响	施工占地造成一定生物量损失

续表 2.5-5

工程名称			施工概况			环境现状		环境影响作用分析			
名称	组成		施工活动及工艺	施工时间	施工机械	现状	敏感点分布	要素	影响范围	环境影响	影响分析
输水渠道 友谊干渠	新建渠道26.7 km,建筑物28座	土方11.68万m³,建筑混凝土2.78万m³	渠道开挖、建筑物新建	第2~4年		占地为旱田、水田、坑塘水面、林地、草地			施工场地周围		基本同北引渠道影响
富裕干渠	新建渠道9.9 km,建筑物20座	总工程量为25.25万m³,其中土方23.65万m³,混凝土0.8万m³,砂垫层0.8万m³	渠道开挖、建筑物新建	第3~4年	挖掘机、自卸汽车、拖拉机、推土机	占地为旱田、林地、草地			施工场地周围		基本同北引渠道影响
红旗干渠	拓宽渠道39.43 km,建筑物13座	土方12.17万m³,混凝土1.20万m³	渠道开挖、建筑物新建	第2~4年		已有渠道扩建			施工场地周围		基本同北引渠道影响
灌区配套工程排水工程排水渠系工程田间工程新建灌区渠系	骨干渠道37条,总长448.65 km,其中现有渠21.54 km,布置骨干排水沟道27条,总长438.61 km,其中现有沟道307.17 km。新建灌区渠系建筑物774座	土方1 639万m³,混凝土20.35万m³	渠道开挖、建筑物新建	第1~3年	挖掘机、自卸汽车、拖拉机、推土机	主要为旱田、林地和草地	灌区内村屯、乌裕尔河自然保护区等		施工场地周围		基本同北引渠道影响
料场渣场			开采、集料筛洗、运输、堆渣	第1~4年	推土机、挖掘机、自卸汽车、砂石筛分机械	占地主要为荒地、旱地和草地		空气环境	渣料场地周围		开采、堆渣产生的粉尘、扬尘对周围环境产生影响,机械运输尾气排放对空气质量产生一定影响
								噪声环境			施工机械运转及车辆运输噪声对声环境及施工人员身体产生影响
								生态环境			料场开采、渣场堆渣易造成水土流失,占压植被等对生态环境产生影响

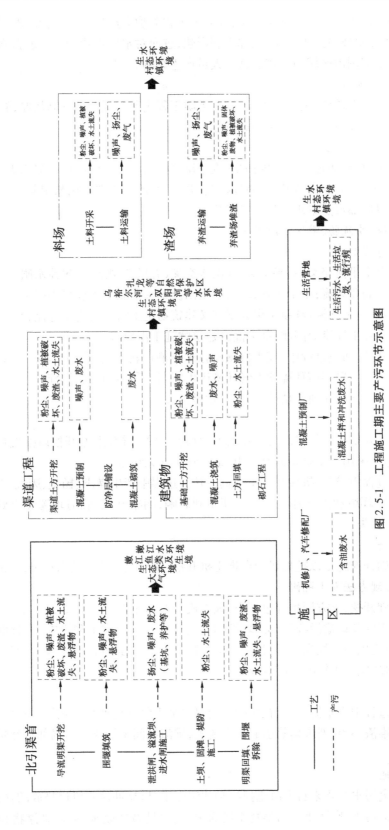

图 2.5-1 工程施工期主要产污环节示意图

土石方开挖过程中会产生基坑废水,混凝土工程养护会产生一定养护废水,若不处理直接排放,会对嫩江水环境产生短期、局部不利影响,进而对水生生物产生一定影响。此外,振捣器振捣对一定范围内区域声环境和施工人员产生影响。

3)土坝、固滩及堤防施工

固滩采用浆砌石堰体、坞工混凝土面层,堤防工程主要是堤防的加高培厚,施工过程中,主要对施工区大气环境产生短期不利影响。

4)土料开采、渣场堆渣

车辆运输土料、弃渣过程中产生扬尘、汽车尾气排放会在短时间内对局部大气环境产生一定影响;土料场、弃渣场占压地表,破坏植被,开挖、堆渣不当遇大雨易引起水土流失,堆渣期间未绿化前对局部自然景观产生一定影响。

2. 输水渠道、建筑物、灌区及配套工程

1)建筑物施工导流

北引渠道上十里河交叉、新兴交叉、通南沟交叉、五星节制闸、五星泄水闸与乌裕尔河交叉等建筑物施工需要导流;中引工程、塔哈节制闸及第一节制闸需要导中引干渠水流进行导流,其余桥不需要施工导流;红旗干渠大型交叉建筑物施工需进行施工导流,友谊干渠、富裕供水干渠不涉及施工导流等问题,部分灌区建筑物施工需导流。

导流明渠开挖、回填过程中,施工机械及施工车辆运转等过程中产生噪声、扬尘、废气,对施工区及运输沿线局部声环境和大气环境产生短期不利影响;同时会产生一定的基坑水,开挖临时堆置弃土会破坏地表植被,引起生物量损失。

2)渠道施工

渠道内土方开挖施工的时间为每年的 11 月初到 12 月初,土方开挖以挖掘机配合推土机开挖,护砌施工采用人工砌筑混凝土板、铺设垫层和无纺布。

明渠开挖过程中,施工机械及施工车辆运转等过程中产生噪声、扬尘、废气,对施工区及运输沿线局部声环境和大气环境产生短期不利影响,明渠开挖、临时堆置弃土破坏地表植被,引起生物量损失。

3)建筑物施工

建筑物基础开挖施工以挖掘机配合推土机开挖,混凝土浇筑振捣器振捣,用推土机推运土,采用一般常规方法人工铺砌。

建筑物基础开挖、土方回填等过程中,施工机械及施工车辆运转等过程中产生噪声、扬尘、废气,对施工区及运输沿线局部声环境和大气环境产生短期不利影响,临时堆置弃土破坏地表植被,引起生物量损失;建筑物混凝土养护会产生一定的养护废水,若不处理直接排放,会对周边水环境产生短期、局部不利影响。

4)渣场

弃渣堆砌过程中产生扬尘,会在短时间内对局部大气环境产生一定影响;弃渣场占压地表,破坏植被,堆渣不当,遇大雨易引起水土流失,堆渣期间未绿化前对局部自然景观产生一定影响。

3. 施工营地

施工营地废污水主要来自混凝土搅拌和冲洗废水、机械冲洗和维修排放的含油废水,以及施工人员生活污水,废污水中污染物组成简单,主要是碱性废水、泥沙悬浮物和有机污染物等。

固体废物主要是施工人员生活垃圾。

此外,工程施工时间相对长,施工人员相对较多,大批施工人员进驻,易引发流行病,对人群健康产生一定影响。

2.5.4.2　施工期污染源强分析

1. 废污水

本项目工程规模及工程数量庞大、分散,需要设置混凝土拌和站、砂砾料冲洗厂以及混凝土预制厂等施工辅助企业,施工期生产废污水主要来自集料清洗、混凝土浇筑及养护,以及施工人员的生活污水,主要污染因子为 SS 和 pH。

1)混凝土拌和及系统冲洗废水

骨干工程混凝土量 140.76 万 m^3,与同类工程对比,混凝土拌和冲洗与养护废水产生量为 1.35 m^3/m^3,骨干工程、灌区工程混凝土拌和及系统冲洗与养护废水排放汇总见表 2.5-6。

表 2.5-6　混凝土拌和及系统冲洗与养护废水排放汇总

引水骨干工程			灌区工程		
项目	混凝土(m^3)	总排放量(万 m^3)	项目	混凝土(m^3)	总排放量(万 m^3)
渠首	184 179	24.86	兴旺灌区	20 275	2.74
乌北	558 845	75.44	富西灌区	11 386	1.54
乌南	390 881	52.77	友谊灌区	2 450	0.33
红旗干渠	142 011	19.17	富裕牧场灌区	10 932	1.48
友谊干渠	67 136	9.06	富路灌区	2 996	0.4
富裕供水干渠	10 094	1.36	富南灌区	51 108	6.9
中引干渠	10 716	1.45	依安灌区	36 881	4.98
			林甸北灌区	48 742	6.58
			明青灌区	6 351	0.86
合计	1 363 862	184.11	合计	191 121	25.81

引嫩一期工程共布置施工区 315 个,其中北引渠首 3 个,北引骨干渠道工程 104 个,中引工程 6 个,灌区工程 202 个。总体来看,工程骨干工程战线长,灌区工程的特点是工程分散,在单位长度内工程量较小。单一混凝土拌和站冲洗废水具有排放量小、间歇集中排放的特点,悬浮物含量较高,废水中的悬浮物可达到 5 000 mg/L,pH 可达到 12。

2)含油废水

在施工规模较大的营地内均设有机械修配厂和汽车保修站,承担汽车的定期保养和小修。主要施工机械包括装载机、反铲挖掘机、自卸汽车、推土机、载重汽车等,需定期清洗的主要施工机械设备按施工机械总数的一半计,将会产生机械车辆保养、冲洗废水,废水中主要污染物成分为石油类和悬浮物。机械车辆维修、冲洗,排放的废水中石油类含量较高,如果冲洗废水进入灌区附近的河流,将影响河流水质;含油废水若就地散排,将会降低土壤肥力,改变土壤结构,不利于施工迹地恢复。机修废水及其污染物产生量预测见表 2.5-7。

表 2.5-7　机修废水及其污染物产生量预测

引水骨干工程				灌区工程				
工程名称	施工机械数量（台）	废水产生量（m³/d）	SS（kg/d）	石油类（kg/d）	灌区名称	施工机械数量（台）	废水产生量（m³/d）	SS（kg/d）	石油类（kg/d）
北引渠首	150	45.0	36.0	1.35	兴旺灌区	22	6.6	5.28	0.20
乌北干渠	460	138.0	110.4	4.14	富西灌区	27	8.1	6.48	0.24
乌南干渠	440	132.0	105.6	3.96	富裕牧场灌区	23	6.9	5.52	0.21
红旗引水渠	50	15.0	12.0	0.45	富南灌区	132	39.6	31.68	1.19
友谊干渠	110	33.0	26.0	0.99	依安灌区	55	16.5	13.20	0.50
中引总干渠	40	12.0	9.6	0.36	林甸引嫩灌区	155	46.5	37.20	1.40
					隆山灌区	10	3	2.40	0.09
					明青灌区	67	20.1	16.08	0.60
合计	1 250	375	300	11.25	合计	491	147.3	117.84	4.43

3）生活污水

骨干工程施工期高峰人数为 7 799 人,灌区工程施工期高峰人数为 3 266 人,但各施工区施工高峰人数不同,本次预测分析以各施工区的施工高峰人数为基础,对施工期生活污水进行分析。

结合工程地区的气候条件和施工人员工作特点,生活用水的标准为 40 L/（人·d）,按污水排放系数 0.8 计算,污染物排放浓度 COD、BOD_5、NH_3-N 分别按 400 mg/L、200 mg/L、40 mg/L 计算。

本期工程根据建筑物和渠道工程的工程量大小布设施工营地,部分施工人员在施工营地生活,大部分施工人员来自于当地民工,产生主要影响的为施工营地集中排放的生活污水,工程施工高峰期集中营地生活污水排放量见表 2.5-8。

表 2.5-8　工程施工高峰期集中营地生活污水排放量

工程名称		施工高峰人数（人）	施工营地高峰人数（人）	生活污水量（m³/d）	COD（kg/d）	BOD_5（kg/d）	NH_3-N（kg/d）
引水骨干工程	北引渠首	921	279	8.93	2.68	1.79	0.31
	乌北干渠	2 851	864	27.65	8.3	5.53	0.97
	乌南干渠	2 128	645	20.63	6.19	4.13	0.72
	红旗引水渠	894	271	8.67	2.6	1.73	0.3
	友谊干渠	177	74	2.36	0.71	0.47	0.08
	中引总干渠	618	188	6.02	1.81	1.2	0.21
	富裕供水	210	64	2.03	0.61	0.41	0.07

续表 2.5-8

工程名称		施工高峰人数(人)	施工营地高峰人数(人)	生活污水量(m³/d)	COD(kg/d)	BOD₅(kg/d)	NH₃-N(kg/d)
灌区工程	兴旺灌区	349	108	3.44	1.03	0.69	0.12
	富西灌区	201	61	1.94	0.58	0.39	0.07
	友谊灌区	88	27	0.85	0.26	0.17	0.03
	富路灌区	34	11	0.34	0.1	0.07	0.01
	富南灌区	913	183	5.86	1.76	1.17	0.21
	依安灌区	546	157	5.01	1.5	1	0.18
	林甸灌区（北片）	850	172	5.5	1.65	1.1	0.19
	明青灌区	285	83	2.66	0.8	0.53	0.09

2. 噪声

施工噪声主要来自施工开挖、土方装载、运输、混凝土拌和等施工活动以及施工机械运行和车辆运输。施工机械设备主要有推土机、挖掘机、装卸机、振动碾、拌和机、振捣器和运输车辆等。施工机械噪声的等效声级范围在 75 ~ 110 dB(A)，施工机械、设备、车辆噪声源强见表 2.5-9。

表 2.5-9 施工机械、设备、车辆噪声源强

序号	名称	型号	等效噪声(dB(A))	产噪方式	噪声特性
一	土石方工程				
1	挖掘机		91	流动连续	低频
2	推土机	120 型、150 型	85 ~ 96	流动连续	低频
3	振动碾	13.5 t	90 ~ 110	流动连续	低频
二	混凝土机械				
1	搅拌机	0.8 m³、0.5 m³	80 ~ 100	固定间歇	低频
	砂浆搅拌机	200 L	90 ~ 110		
2	振捣器	BW - 100/30	75 ~ 90	流动间歇	高频
三	运输机械				
1	自卸汽车	5 ~ 8 t、8 ~ 12 t	75 ~ 90	流动连续	低频
2	装载机	2 m³、1 m³	90 ~ 110	流动连续	低频
3	载重汽车	3 ~ 8 t	79 ~ 91	流动连续	低频
四	其他				
1	空压机		102	流动间歇	高频
2	水泵		85	流动间歇	低频

(1)交通噪声:施工区交通车辆噪声最大达 110 dB(A),声源呈线形分布,源强与行车速度和车流量密切相关。

（2）施工机械噪声：工程开挖等过程中使用的挖掘机、振捣器等机械产生的噪声强度大于 90 dB(A)。

3. 大气

施工中对大气环境产生污染的环节主要为：运输车辆、施工机械排放的废气；交通运输、松散土料、弃渣等被风吹起的尘土。受影响区域为施工区及附近区域、交通沿线地区。尾气排放会增加空气中悬浮颗粒、SO_2、NO_2 和 CO 的含量；扬尘会增加空气中的总悬浮颗粒物的浓度。

4. 固体废物

1）生活垃圾

不同区段的生活垃圾排放依据工程施工的高峰人数来确定，按每人每天平均产生 1.0 kg 垃圾计算，骨干工程施工高峰人数为 7 799 人，施工高峰期产生的生活垃圾为 7.8 t/d，灌区工程施工高峰人数为 3 266 人，施工高峰期产生的生活垃圾为 3.3 t/d。

2）施工产生的固体废物

施工过程中将产生大量的弃渣，弃渣若处理不当，随意堆放，不仅影响项目所在区的景观效应，而且易产生水土流失。工程施工过程中将产生弃渣约 1 010 万 m^3，其中北部引嫩工程产生弃渣 643 万 m^3，中部引嫩工程产生弃渣 5.46 万 m^3，灌区配套工程产生弃渣 362 万 m^3。施工产生的大部分弃渣堆放于工程设定的永久弃渣场，剩余弃渣堆放于管理占地区，用于施工结束后种植渠道防护林带、恢复料场原地貌。

2.5.5　运行期

2.5.5.1　运行期环境影响因素分析

工程运行期主要是北引渠首阻隔等作用对嫩江水生生态的影响，引水区引水后改变嫩江下游水文情势，大庆和灌区等受水区用水后退水对周边水域的影响，灌区对地下水和土壤盐渍化的影响等。工程运行期环境影响初步分析见表 2.5-10，工程运行期主要产污环节示意图见图 2.5-2。

1. 渠首环境影响分析

1）北引渠首影响分析

北引渠首建成后，渠首上游水位壅高，使原有天然河道改变为一定回水长度的水库，流速、水位等水文情势较现状发生变化，原有陆生生态变为水生生态，造成一定植被损失；由于淹没土地浸泡造成一定污染物流失，对库区及下游水环境造成一定影响。

渠首下游初期蓄水造成拉哈下游水量减少；新增引水后，嫩江拉哈至塔哈水量较现状减少，流量、水位、流速等河流水文情势较现状发生一定变化，进而对下游水环境产生一定影响；由于渠首阻隔、水文情势变化，对水生生境产生一定影响，进而对下游水生生物产生一定影响。

2）中引渠首及北中引叠加影响分析

由于北引、中引渠首新增引水叠加影响，嫩江塔哈下游水量较现状减少，流量、水位、流速等河流水文情势较现状发生一定变化，进而对下游水环境产生一定影响，水生生境亦发生一定变化，对嫩江下游水生生物产生一定影响。

表2.5-10 工程运行期环境影响初步分析

工程组成名称	运行方式 方式	运行时间	源强	环境现状 现状	敏感点	工程环境影响作用分析 要素	影响范围	影响分析	作用时间
引水渠首 北引渠首	正常引水位176.20 m	4月下旬至10月中旬	原有无坝引水坝改为有坝引水；渠首供水量13.59亿m³，较现状增供水量8.29亿m³	河流连通，主要为旱田、林地、草地等	珍稀濒危鱼类及鱼类产卵场、育肥场、越冬场、洄游通道等	水文情势	坝址上游	水库蓄水初期河流截流造成下游水量减少；河流变为水库，水位、流速流速发生变化	4月下旬至10月中旬共183天 生态环境
							取水口下游	取水量较现状增加，其下游流量减小，水位、流速发生变化	
						生态环境 水生	取水口上下游	阻隔作用，可能引起嫩江水生生物尤其是鱼类生境发生变化，以及鱼类资源和分布的变化	工程建成后
中引渠首	枯水期分流比始终保持生态0.2左右	4月下旬至10月中旬	渠首供水量7.37亿m³，较现状增供水量1.78亿m³					水文情势变化对下游河道生态环境用水，河流水生生物及河谷植被产生影响	
						陆地	坝址上游	水库淹没将造成一定的植被损失；原有陆地生态环境变为水库生态环境；淹没占地对当地土地资源造成一定的压力，对淹没区居民和安置区当地居民的生活质量和生活方式产生一定影响	
						水环境	枢纽上下游	蓄水初期淹没土地浸泡造成污染物释放污染水库水质及下游水质造成影响；管理人员生活污水及水文情势变化对嫩江水环境造成影响，可能造成枢纽下游水环境质量发生变化	4月下旬至10月中旬共183天 工程建成后
输水干渠 北引干渠	输水	4月下旬至10月中旬	分水闸供水量7.29亿m³，较现状增供水量6.40亿m³		乌南K50~K54和K74~K82位于大庆林甸东兴草甸草原自然保护区；乌南K84~K98位于干明东保自然保护区	地下水	渠道沿线	渠道长期引水后由于渗漏可能提升渠道两侧地下水位	工程建成后
中引干渠	输水	4月下旬至10月中旬	分水闸供水量10.64亿m³，较现状增供水量2.25亿m³		扎龙国家级自然保护区	土壤盐渍化	渠道沿线	可能引起渠道两侧土壤次生盐渍化	工程建成后
友谊干渠	输水	4月下旬至10月中旬	渠首供水量1.59亿m³，分水闸供水量1.45亿m³	占地为旱田水田坑塘水面、林地、草地		生态环境	渠道沿线	新建友谊、富裕干渠影响地表汇流，将地表水排水区一分为二	工程建成后
富裕干渠	输水	4月下旬至10月中旬		占地为旱田、林地、草地					

续表 2.5-10

工程组成		运行方式		源强	环境现状		工程环境影响作用分析			
名称	组成	方式	运行时间		现状	敏感点	要素	影响范围	环境影响（影响分析）	作用时间
城市	大庆、富裕	城市工业、生活用水	全年	城市供水总量7.88亿m³，较现状增供2.85亿m³；引嫩供水总量6.42亿m³，较现状增供3.05亿m³ 地下水供水总量1.42亿m³，较现状减少0.24亿m³			地表水	安肇新河、松花江	大庆市用水量增加，退水量及污染物相应增加，加之工程引水改变嫩江、松花江水文情势，对大庆纳污水体水质造成影响	工程建成后
							地表水	富西排干、嫩江	富裕县用水量增加，退水量及污染物相应增加，加之工程引水改变嫩江水文情势，对富裕纳污水体水质造成影响	
							地下水		改善大庆市水资源紧缺、用水紧张的矛盾，加大地表水资源开发利用的力度，保护地下水等资源，改变区域地下水超采状况	
受水区	灌区	灌区依次经历返青、分蘖、拔节、孕穗、抽穗开花、乳熟、黄熟期	5月上旬至8月下旬	引嫩供水总量4.51亿m³，较现状增供3.44亿m³；新建灌区面积156.29万亩，扩建灌面积12.2万亩，其中水田建面积12.2万亩，旱田扩建面积135.67万亩	林甸灌区	现有一排干、二排干延长段约20km位于扎龙自然保护区的缓冲区和实验区	土壤环境	灌区	灌溉面积和水量的增加使地表水入渗补给地下水的数量增加，将导致潜水位的抬升，使区域地下水位发生变化	工程建成后
					明青灌区	5万亩位于扎龙水自然保护区	地下水	灌区	灌区地下水位变化及灌溉制度造成地下水矿化度变化，对地下水环境质量造成影响	
					富裕牧场灌区	约4万亩位于乌裕尔河自然保护区	土壤环境	灌区	农灌退水造成农药、化肥流失，影响退水水域水环境质量	水稻的泡田期、生长期和成熟期
					富西灌区					
					胜利灌区、南岗灌区、建国灌区	位于扎龙自然保护区、乌裕尔河自然保护区的实验区	土壤环境	灌区	地下水位的变化及灌溉制度等综合作用，可能造成灌区土壤次生盐渍化	工程建成后
					江东灌区	一小部分面积位于乌裕尔河自然保护区内				

续表 2.5-10

工程名称	组成	运行方式		源强	环境现状		工程环境影响作用分析			
		方式	运行时间		现状	敏感点	要素	影响范围	影响分析	作用时间
受水区	湿地（扎龙保护区、九道沟湿地、大庆湿地）			引嫩供水总量2.07亿m³，较现状增供1.22亿m³		扎龙自然保护区等	生态环境	扎龙保护区、九道沟湿地	向九道沟湿地、扎龙湿地供水，2020年可为九道沟湿地补水1.43亿m³，使湿地水源得到补充，使鹤类等珍稀水禽和鱼等湿地优势植物种群的基本生存环境得到改善	工程建成后
							景观及局地气候		向大庆市153个泡沼湿地等补充无适宜的水量，使湿地水面面积增加，区域局地气候得到改善，景观作用得到增强	工程建成后
	渔业			供水总量1.22亿m³，较现状增供0.14亿m³			地表水		渔业退水影响退水水域水环境质量	工程建成后
移民占地	生产安置			生产安置人口1256人，占地4.50万亩			社会经济	移民安置区	生产安置使区域土地调剂，可能对移民基本生产生活造成影响	工程建成后
	专项设施			恢复改建输电线路，交叉建通信线路等			生态环境	移民安置区	专项设施恢复建设占地破坏原有地表植被，引起生物量损失，遇强降雨易引起水土流失	工程建成后
工程管理				北引、中引管理人员不变，分别维持878人和414人，灌区工程现有80人，新增176人			水环境	工程管理区	新增管理人员产生少量生活污水和固体废物	工程建成后

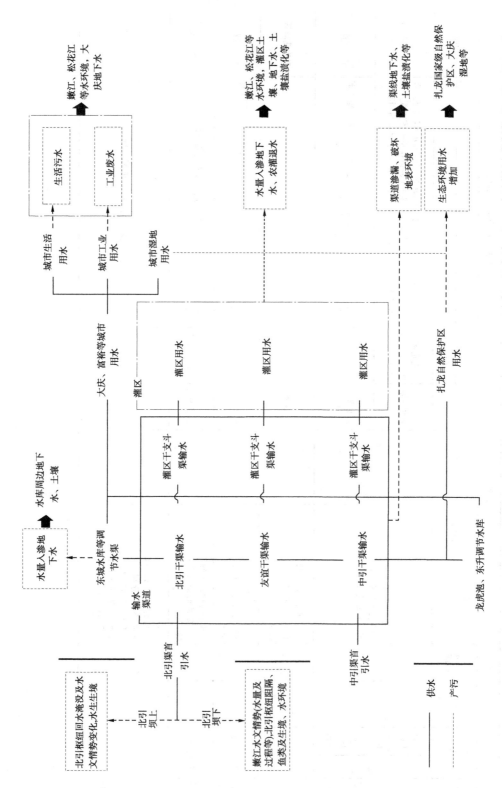

图 2.5-2 工程运行期主要产污环节示意图

2.输水渠道环境影响分析

新建友谊干渠、富裕引水干渠,破坏地表原有地貌环境,对地表植被产生一定影响,没有衬砌的渠段,由于输水量增加,渗漏量也有所增加,可能引起沿线地下水水位抬升,进而可能加重渠道两侧土壤盐渍化现象的发生。

3.受水区环境影响分析

1)大庆、富裕城市用水

由于城市工业、生活用水量增加,大庆、富裕城市排水量及污染物量相应增加,在引水对嫩江、松花江等水文情势的共同作用下,对排水受纳水体安肇新河、嫩江、松花江等水环境造成一定影响。

2)灌区用水

灌溉用水对周围环境的影响主要为对灌区土壤环境、地下水环境、地表水环境和农牧业生态环境等的影响。

(1)对灌区土壤环境的影响:本次灌区增加灌溉面积水田12.2万亩、旱田135.67万亩。由于水田需要进行土壤冲洗、脱盐,将对土壤盐分含量等产生影响,如果管理不当,灌排工程不能正常发挥作用,可能产生土壤次生盐渍化现象。

(2)对地下水环境的影响:灌溉面积和水量的增加使地表水入渗补给地下水的数量增加,将导致潜水水位的抬升,同时农药、化肥的使用及土壤浸淋会对地下水环境质量产生一定的影响。由于地表水供水量增加,使地下水开采量减少,一定程度上可缓解大庆市地下水超采问题。

(3)对地表水环境的影响:水田面积维持不变,新增旱田灌溉面积,农业灌溉水量得到保障,农田退水量较现状增加,进而对嫩江等受纳水体水环境造成一定影响。

(4)对农牧业生态环境的影响:灌溉水量的增加,解决了农牧业灌溉用水不足的问题,改善了灌溉条件,为牧草的生长创造了良好条件,使农牧业产量大大提高,抗旱能力极大提高,有利于农牧业生产力的发展。

3)扎龙湿地自然保护区、大庆湿地用水

工程建成后,向九道沟湿地、扎龙湿地、大庆周边湿地供水,可为湿地补水2.6亿 m^3,使湿地水源得到保证,鹤类等珍稀水禽和芦苇等湿地优势植物种群的基本生存环境得到改善。

4.移民占地影响分析

淹没及工程永久占地总面积合计2.53万亩,临时占地1.97万亩,规划生产安置1 256人,对输变电设施、通信线路等进行复建。工程对被征收的土地采取货币化的补偿方式,或在本村范围内进行土地调剂等土地安置,对移民基本生产生活条件有轻微影响。

5.工程管理影响分析

工程管理对周围环境的影响为管理人员生活污水及生活垃圾。

6.社会经济影响分析

工程实施后,大庆、富裕等城市用水,扎龙、大庆等湿地用水,灌区灌溉用水得到保证,对建设国家商品粮基地,保证黑龙江省粮食生产能力安全,促进东北老工业基地调整改造,改善和逐步恢复嫩左低平原地区生态环境将起到极大作用。

2.5.5.2　运行期污染源强分析

1.水资源平衡分析

水平衡图见图2.5-3。

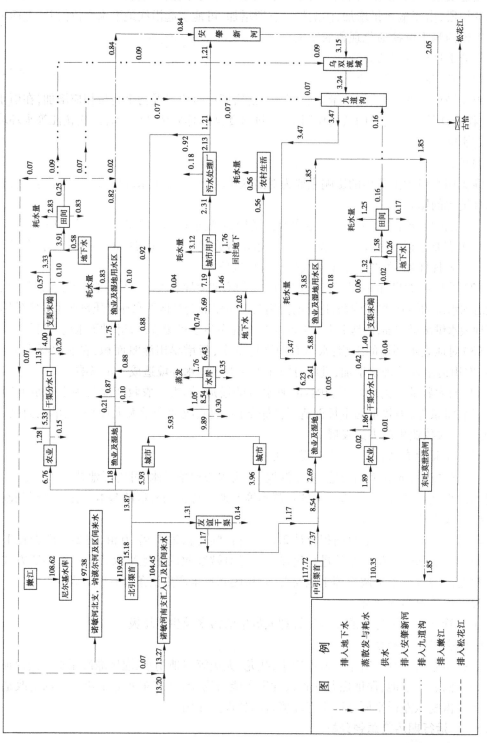

（a）黑龙江省引嫩扩建骨干一期工程多年平均情况下水平衡图

图 2.5-3　水平衡图

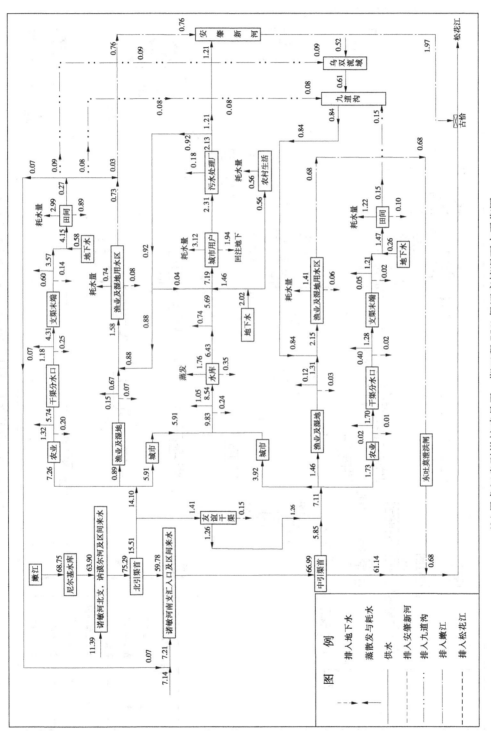

（b）黑龙江省引嫩扩建骨干一期工程 75% 保证率情况下水平衡图

续图 2.5-3

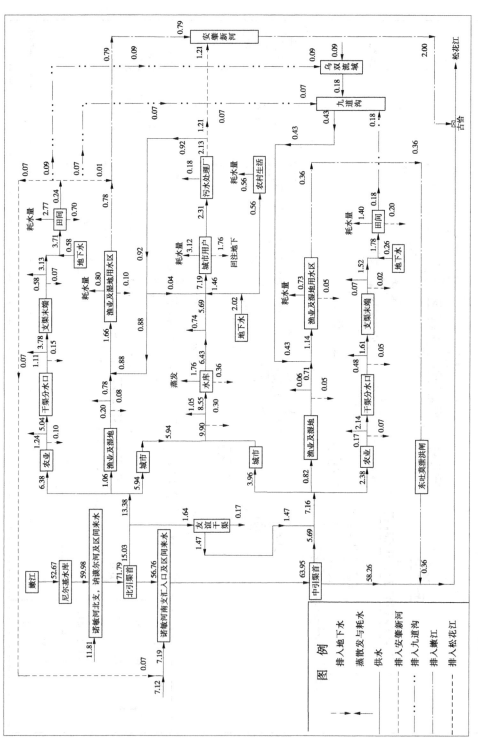

（c）黑龙江省引嫩扩建骨干一期工程90%保证率情况下水平衡图

续图 2.5-3

1）北中引渠首引水量及增供水量

北中引渠首 2020 年引水 22.55 亿 m³，较现状新增引水 10.35 亿 m³；北引渠首引水 15.18 亿 m³，新增引水 9.88 亿 m³；中引渠首引水 7.37 亿 m³，新增引水 0.47 亿 m³。其中，城市供水量 6.43 亿 m³，新增供水 2.35 亿 m³；农牧业供水量 4.51 亿 m³，新增供水 3.44 亿 m³；湿地供水量 2.07 亿 m³，新增供水 1.03 亿 m³。一期北中引增供水量成果见表 2.5-11。

表 2.5-11　一期北中引增供水量成果　　　　　　（单位：亿 m³）

水平年	项目			北引	友谊干渠			中引	合计
					用水	补水	小计		
现状	工程末端供水量	城市（出库）		2.07				2.01	4.08
		农牧业（田间）		0.46				0.61	1.07
		渔业（干渠末端）						1.07	1.07
		湿地（干渠末端）	大庆环境						
			湿地	0.34				0.70	1.04
			合计	0.34				0.70	1.04
		合计		2.87				4.39	7.26
	渠首供水量	城市		3.68				3.36	7.04
		农牧业		1.15				1.35	2.50
		渔业						1.28	1.28
		湿地	大庆环境						
			湿地	0.47				0.91	1.38
			合计	0.47				0.91	1.38
		合计		5.30				6.90	12.20
增供量	工程末端供水量	城市（出库）		1.55				0.80	2.35
		农牧业（田间）		2.75	0.12		0.12	0.57	3.44
		渔业（干渠末端）			0.08		0.08	0.06	0.14
		生态环境（干渠末端）	大庆环境	0.28					0.28
			湿地	0.18				0.57	0.75
			小计	0.46				0.57	1.03
		合计		4.76	0.20		0.20	2.00	6.96
	渠首供水量	城市		2.25				0.60	2.85
		农牧业		5.41	0.19		0.19	0.55	6.15
		渔业			0.08		0.08	0.03	0.11
		生态环境	大庆环境	0.38					0.38
			湿地	0.25				0.59	0.84
			小计	0.63				0.59	1.22
		合计		8.29	0.27		0.27	1.77	10.33

2）损失水量

2020 年工程总损失水量 8.32 亿 m³。其中，北引损失 5.96 亿 m³，中引损失 2.02 亿 m³，友谊损失 0.34 亿 m³。水库损失 1.51 亿 m³，引水干渠损失 0.93 亿 m³，灌溉用水损失 2.71 亿 m³（排入地下），总干渠损失 3.17 亿 m³。2020 年一期工程损失水量见表 2.5-12。

表 2.5-12　2020 年一期工程损失水量　　　　　　（单位：亿 m³）

项目	北引	友谊干渠			中引	合计
		用水	补水	小计		
水库损失	0.81		0.03	0.03	0.67	1.51
引水干渠损失	0.27		0.09	0.09	0.57	0.93
灌溉用水损失	1.93	0.07	0.01	0.08	0.70	2.71
总干渠损失	2.95	0.00	0.14	0.14	0.08	3.17
小计	5.96	0.07	0.27	0.34	2.02	8.32

2. 大庆、富裕城市退水

工程运行后，向大庆、富裕两地城市供水量较现状增加 2.35 亿 m³，受水区新增用水的退水量增加将会对城市周边水域水环境质量产生一定的影响。

2020 年大庆、富裕城市退水量约为 1.21 亿 m³，随着大庆市各工业行业生产工艺、设备的改进，油田、热电厂等企业实现生产废水的零排放，以及城市污水处理厂中水回用量的提高，2020 年较现状减少退水量 1 450 万 m³，主要污染物为 COD、BOD_5、氨氮、石油类、SS，退水承泄区为安肇新河和松花江。城市工业废水及居民生活污水年内排放高峰期一般在春夏秋季，冬季排污量明显降低。

3. 灌区退水

尼尔基水库配套灌区一期工程较现状新增灌溉面积 133.03 万亩，见表 2.5-13，全部为旱田新增，水田维持现状不变，水田较现状新增用水 3 933 万 m³。水田灌溉水有退水，旱田无退水水量。水田在作物生育期内需要排 3 次水，分别在 5 月中下旬、7 月上旬和 8 月下旬，

表 2.5-13　一期工程增加灌溉面积成果表　　　　　　（单位：万亩）

水平年	项目	水田	旱田（牧草）	合计
现状	北引区	54.82	0	54.82
	中引区	25.16	10.2	35.36
	合计	79.98	10.2	90.18
一期	北引区	54.82	133.03	187.85
	中引区	25.16	10.2	35.36
	合计	79.98	143.23	223.21
一期 - 现状	北引区	0	133.03	133.03
	中引区	0	0	0
	合计	0	133.03	133.03

总计约 12 天。灌溉退水量 4 252 万 m³,较现状新增退水量 7 万 m³,见表 2.5-14。灌区排水承泄区主要有嫩江、乌裕尔河、九道沟湿地和松花江。

表 2.5-14　一期工程实施后退水量变化表

灌区名称	水田灌溉用水量(万 m³/a)			水田灌溉退水量(万 m³/a)			排放方向
	现状	一期	变化量	现状	一期	变化量	
兴旺南灌区	2 739	3 644	905	301	364	63	嫩江
富西灌区	1 266	1 684	418	139	168	29	
友谊灌区	890	1 184	294	98	118	20	
小计	4 895	6 512	1 617	538	650	112	
富裕基地	200	266	66	22	27	5	乌裕尔河
富裕牧场灌区	954	1 269	315	105	127	22	
富南灌区	9 151	9 390	239	1 007	939	−68	
小计	10 305	10 925	620	1 134	1 093	−41	
马场灌区	548	533	−15	60	53	−7	大庆市湖泡、安肇新河
明青灌区	250	380	130	28	38	10	
任民镇灌区	500	501	1	55	50	−5	
中本灌区	500	501	1	55	50	−5	
小计	1 798	1 915	117	198	191	−7	
林甸引嫩灌区	12 372	11 125	−1 247	1 361	1 112	−249	九道沟湿地
江东灌区	9 233	12 059	2 826	1 016	1 206	190	
小计	21 605	23 184	1 579	2 377	2 318	−59	
合计	38 603	42 536	3 933	4 247	4 252	5	

4. 管理人员生活污水及固体废物

运行期废污水主要来自管理人员日常生活污水,工程现有管理人员包括北引 878 人、中引 414 人、灌区工程 80 人,工程建设完成后,中引、北引管理人员维持不变,仅灌区工程新增 176 人。按 32 L/(人·d) 生活排水计,则废污水总量 49.54 t/d,新增生活污水排放量约 5.632 t/d,废污水新增产生量较小,水中主要污染物为 COD、BOD_5、SS。

运行期固体废物主要为管理人员生活垃圾,管理人员按照人均日产生生活垃圾 0.5 kg 计,则每天产生量约 577 kg,新增量 44 kg,产生量较小。

2.5.6　研究重点

重点分析已有工程对环境的影响,北引渠首阻隔及水文情势的改变对嫩江带来的生态环境影响,运行期北中引联合调度补水对扎龙湿地的影响,灌区开发对地下水环境的影响及土壤盐渍化的影响,退水对地表水水环境的影响,工程建设区域生态环境的影响,并有针对性地提出减缓措施。

第 3 章　自然保护区影响及对策措施

3.1　工程与自然保护区关系

与工程有关的自然保护区共 7 个,分别为扎龙国家级自然保护区、明水自然保护区、乌裕尔河自然保护区、龙凤湿地自然保护区、东湖湿地自然保护区、大庆黑鱼泡湿地自然保护区、大庆林甸东兴草甸草原自然保护区,详见表 3.1-1。

表 3.1-1　尼尔基骨干一期工程区域与工程有关的自然保护区名录

序号	保护区名称	行政区域	面积（hm²）	主要保护对象	类型	级别	批准时间（年-月-日）	主管部门	批准文号
1	扎龙国家级自然保护区	齐齐哈尔市、大庆市、林甸县、杜蒙县	210 000	丹顶鹤等珍禽及湿地生境	野生动物	国家级	1987-04-18	国家林业局	国函〔1987〕67 号
2	乌裕尔河自然保护区	富裕县	55 423	湿地和野生动物	内陆湿地	省级	2011-03-12	省林业厅	黑政函〔2011〕21 号
3	明水自然保护区	明水县	30 840	湿地生态系统	内陆湿地	省级	2011-03-09	省林业厅	黑政函〔2011〕21 号
4	东湖湿地自然保护区	安达市	14 600	湿地生态系统及丹顶鹤等珍禽	内陆湿地	省级	2000-09-01	省环保厅	黑政函〔2008〕118 号
5	龙凤湿地自然保护区	大庆市龙凤区	5 050	湿地生态系统	内陆湿地	省级	2003-03-13	省林业厅	黑政函〔2003〕25 号
6	大庆林甸东兴草甸草原自然保护区	林甸县	39 737	野生植物	野生植物	市级	2010-10-08	大庆市环保局	庆政函〔2010〕109 号
7	大庆黑鱼泡湿地自然保护区	大庆市萨尔图区	6 000	湿地生态系统	内陆湿地	县级	1988-11-20	萨尔图区政府	萨政发〔1988〕44 号

3.1.1　骨干工程与自然保护区的关系

3.1.1.1　扎龙国家级自然保护区

中引第一节制闸位于扎龙国家级自然保护区的实验区内,中引末端右侧渠堤 K41 +550 ~ K48 +800 约 7.25 km 加高工程、团结农道桥和赵三亮子闸改扩建工程位于扎龙国家级自然保护区的缓冲区内。

主要工程量:填方 26.47 万 m³,清基 3.19 万 m³,草皮护坡工程 8.27 万 m²,泥结石路面 4.35 万 m²。上述工程均为改扩建,其占地位于工程已有的管理占地范围内,不新增保护区内占地,主要任务是给扎龙湿地核心区补水。

3.1.1.2　大庆林甸东兴草甸草原自然保护区

北引干渠乌南 K50 ~ K54 约 4 km 和 K74 ~ K82 约 8 km 位于保护区核心区和缓冲区。其中,北引干渠乌南 K50 ~ K50 + 500、乌南 K53 + 500 ~ K54、乌南 K74 ~ K74 + 500、乌南 K81 + 500 ~ K82 约 2 km 位于缓冲区内;北引干渠乌南 K51 + 500 ~ K54 + 500 和 K74 + 500 ~ K81 + 500 约 10 km 位于核心区。工程内容为渠底清淤和局部拓宽工程。

主要工程量:挖方 68.02 万 m³,填方 47.62 万 m³,清基 10.45 万 m³。占地均位于工程已有的管理占地范围内,不新增保护区内占地。

3.1.1.3　明水自然保护区

北引干渠乌南 K84 ~ K98 约 14 km 在明水自然保护区缓冲区和实验区内,其中 12 km 在缓冲区内,2 km 在实验区内。主要工程内容是渠底清淤、局部拓宽和护坡等。

主要工程量:挖方 145.00 万 m³,填方 56.16 万 m³,清基 11.71 万 m³。占地位于工程已有的管理占地范围内,不新增保护区内占地。

3.1.2　灌区工程与自然保护区的关系

3.1.2.1　明青灌区与自然保护区的关系

明青灌区现状灌溉水田面积 0.5 万亩,全部位于保护区实验区内。设计灌溉面积 7.09 万亩,其中水田保持现状 0.5 万亩,增加旱田灌溉面积 2.43 万亩,牧草灌溉面积 4.16 万亩,布设干渠 1 条、支渠 8 条、排干 1 条、支沟 8 条、渠系建筑物 25 座。

明青灌区约 5 万亩灌溉面积位于明水自然保护区内,其中实验区内面积 2.11 万亩(水田 0.5 万亩、旱田 1.34 万亩、牧草 0.27 万亩),以旱田为主,缓冲区内面积 2.89 万亩(旱田 1.09 万亩和牧草 1.8 万亩),以牧草为主。一干渠长 13 km,一排干长 10 km,四支渠、五支渠、五支沟、六支沟等工程大部分位于缓冲区内,一支渠、二支渠、四支沟和八支沟全部以及三支渠和七支沟的大部分位于实验区内。

3.1.2.2　富裕牧场灌区与乌裕尔河自然保护区的关系

富裕牧场灌区现状灌溉面积为 2.39 万亩,全部为水田,基本位于乌裕尔河保护区实验区范围内。设计从北引总干渠乌北 75 + 496 泄水闸引水,现有引水干渠 1 条长 4.5 km,现有排水干渠 2 条,总长 22.6 km。灌区现有建筑物 35 座。

设计灌溉面积 3.93 万亩,其中水田 2.39 万亩保持不变,增加旱田 1.54 万亩,灌区布设干渠 1 条(长 4.24 km)、支渠 10 条、排干 2 条(为已有排干,长 21.24 km)、支沟 9 条,共布置渠系建筑物 25 座。其中一排干位于实验区内,一至十支沟、干渠及一至三支渠一半位于实验区内,一半位于缓冲区和核心区内,四至十支渠位于核心区和缓冲区内。

3.1.2.3　其他灌区与自然保护区的关系

林甸灌区位于林甸县的东部,灌区北侧紧邻大庆林甸东兴草甸草原自然保护区,灌区现有一排干、二排干延长段约 20 km,位于扎龙国家级自然保护区缓冲区和实验区。林甸灌区现有工程已满足要求,本次设计在保护区内无工程。

富南灌区一干二分干距离乌裕尔河自然保护区边界最近为 2.5 km。友谊灌区新建工程与乌裕尔河自然保护区最近为 2 km。富路灌区一排干、二排干距乌裕尔河自然保护区约有 500 m，排水入乌裕尔河自然保护区内。

南岗灌区、建国灌区、江东灌区是本工程的补水灌区，不新建任何工程，不新增灌溉面积，南岗灌区约有 0.7 万亩位于扎龙国家级自然保护区的实验区和缓冲区内，建国灌区约有 0.6 万亩位于扎龙国家级自然保护区缓冲区内，江东灌区有一小部分位于乌裕尔河自然保护区内。

3.1.3 工程补水涉及的自然保护区

工程补水涉及的自然保护区主要有扎龙国家级自然保护区、东湖湿地自然保护区、龙凤湿地自然保护区、黑鱼泡湿地自然保护区，其中扎龙国家级自然保护区通过修建赵三亮子闸向核心区内补水，东湖湿地自然保护区通过东湖干渠向其补水，龙凤湿地自然保护区通过红旗干渠向其补水，黑鱼泡湿地自然保护区通过大庆干渠向其补水。

工程与自然保护区关系见表 3.1-2。

表 3.1-2　工程与自然保护区关系

序号	保护区名称	工程名称	设计内容	现有工程与保护区关系	规划工程与保护区关系
1	扎龙国家级自然保护区	林甸灌区	33.99 万亩	原有一排干、二排干延长段 20 km 位于保护区内	本次无工程
		中引扩建	右侧末端渠堤加高工程、团结桥和赵三亮子闸	中引工程八支干与九支干穿过扎龙国家级自然保护区实验区和缓冲区	扩建的第一节制闸位于自然保护区实验区内，中引右侧渠堤末端加高工程、重建团结农道桥和赵三亮子闸位于缓冲区内
2	大庆林甸东兴草甸草原自然保护区	林甸灌区	33.99 万亩	保护区紧邻林甸灌区北侧，中间有双阳河堤防相隔	本次无工程
		北引干渠 K50～K54、K74～K82	渠堤扩建、护坡等工程	现状北引干渠乌南 K50～K54 约 4 km 和 K74～K82 约 8 km 位于保护区核心区和缓冲区，建于 1976 年	本次进行渠底清淤、渠堤扩建、护坡等工程，均在工程管理占地范围内
3	明水自然保护区	明青灌区	7.09 万亩	明青灌区现有水田 0.5 万亩，位于保护区实验区内	本次设计灌溉面积 7.09 万亩，均在缓冲区、实验区内，以牧草为主，一干渠、一排干、二至五支渠、四至七支沟等工程位于缓冲区内，一支渠和八支沟位于实验区内
		北引干渠 K84～K98	渠堤扩建、护坡等工程	北引干渠乌南 K84～K98 约 14 km 位于明水自然保护区缓冲区和实验区，建于 1976 年	本次进行渠堤扩建、护坡等工程，均在原工程管理占地范围内

续表 3.1-2

序号	保护区名称	工程名称	设计内容	现有工程与保护区关系	规划工程与保护区关系
4	乌裕尔河自然保护区	富裕牧场灌区	3.93 万亩	富裕牧场灌区内排水骨干基本形成,原有灌溉面积 2.39 万亩,大部分位于保护区实验区和缓冲区内	设计灌溉面积 3.93 万亩,其中一排干位于实验区内,一至十支沟、干渠及一至三支渠一半位于实验区内,一半位于缓冲区和核心区内。四至十支渠全部位于核心区和缓冲区内
5	龙凤湿地自然保护区	北二十里泡泄洪闸			保护区内无工程,为本次工程的补水对象
6	东湖湿地自然保护区	东湖干渠			保护区内无工程,为本次工程的补水对象
7	黑鱼泡湿地自然保护区	大庆干渠			保护区内无工程,为本次工程的补水对象

3.2　湿地生态需水量预测

　　项目区内湿地主要包括乌裕尔河九道沟湿地、扎龙湿地及大庆市安肇新河上的王花泡、北二十里泡、中内泡、库里泡、肇兰新河上的青肯泡等 158 个湖泊湿地。其中,扎龙湿地是我国最大的以鹤类等大型水禽为主体的珍稀鸟类和湿地生态类型的国家级自然保护区,也是我国第一批被列入国际重要湿地名录的湿地之一。

　　近年来,由于受到自然因素及人类活动的影响,包括扎龙湿地在内的生态环境遭到破坏。为了使湿地生态环境恶化的趋势基本得到遏制,保持现有的湿地环境不受破坏,本次将为九道沟湿地和大庆湿地补水,使区内重要湿地和湖泡生态用水得到基本保证,维持区域内生态系统基本功能的要求。

3.2.1　九道沟湿地需水量

　　九道沟湿地位于规划范围内的杜蒙农牧渔业区,包括扎龙国家级自然保护区和九道沟其他湿地,属于乌双下游湿地,面积约 3 100 km²,北起龙安桥,南至连环湖,西到扎龙西部边界,东到林甸至杜蒙公路。乌裕尔河经过龙安桥进入本区后,自北向南流,从东升水库以下,河槽紊乱,沟形不显,枯水期顺着曲折的自然水线过水,洪水时则向两侧漫溢,最宽处水面达20～30 km,从而形成大片湿地。

3.2.1.1　扎龙湿地

1. 湿地现状

　　扎龙国家级自然保护区位于黑龙江省齐齐哈尔市东南,嫩江支流乌裕尔河下游湖沼苇草地带,地理坐标东经 123°51.5′～124°37.5′,北纬 46°48′～47°31.5′。1987 年扎龙国家级自然保护区晋升为国家级自然保护区,1992 年被列入国际重要湿地名录。湿地内生物多样性十分丰富,是我国现存最大的以鹤类等大型水禽为主体的珍稀鸟类和湿地生态类型的国家级自然保护区,总面积 2 100 km²,其中草原 400 km²,苇地 1 100 km²,水域 100 km²,耕地 200 km²,其他 300 km²。分为核心区(700 km²)、缓冲区(670 km²)和实验区(730 km²),其中核心区为保存完好的典型湿地生境。

2. 水源现状

扎龙湿地的来水自然情况下主要有以下几部分:乌裕尔河龙安桥来水、双阳河来水、当地区间径流以及嫩江洪泛水量。几十年来,由于嫩江防洪堤的修建,嫩江中小洪水洪泛水量一般情况下不再进入湿地,乌双流域下余水量成为维持扎龙湿地的主要水源,但由于乌双流域为水资源贫乏地区,乌双来水不能完全满足湿地需水量要求,且近年来受到自然因素及人为活动的影响,乌双流域进入湿地的水量呈减少趋势,特别是遇连续枯水年,湿地干旱缺水现象更加严重。

3. 生态需水量预测

根据《扎龙湿地水资源规划报告》湿地卫片解译成果,扎龙湿地从 1986 年以来不同时期芦苇和水面面积合计一直维持在 1 400 km² 左右,但水面面积的变化和来水量密切相关。根据卫片解译成果分析,湿地需水量估算可采用湿地水体面积作为计算目标,通过扎龙湿地水量平衡推求各年维持一定的水体面积所需水量。水量平衡公式如下:

$$\Delta W_{蓄} = W_{来} - W_{出} - W_{损}$$

式中　$\Delta W_{蓄}$——扎龙湿地内蓄水量的变化量,m³;

$W_{来}$——进入湿地的水量,主要包括乌双流域来水、湿地周边当地径流、工农业回归水和嫩江来水(补水)等,m³;

$W_{出}$——湿地出流量,以下游滨州铁路为控制,采用 1971～1987 年实测资料拟定的相关关系计算,m³;

$W_{损}$——扎龙湿地内损失水量,包括水面蒸发损失、芦苇蒸腾损失和土壤渗漏损失,m³。

水面蒸发损失按实测水面蒸发和降雨的差值计算。本地区蒸发损失年际间差别较大,如最大年蒸发损失 700 mm,最小年仅为 89.9 mm。考虑年际间的损失深度变化较大,研究按实测年月水面蒸发和降雨系列推算蒸发损失。多年平均水面蒸发损失为 310.8 mm。水面渗漏损失按 0.5 mm/d 计,年渗漏损失 182.5 mm。水面蒸发加渗漏多年平均总损失为 493.3 mm。

芦苇 4～9 月平均蒸发损失为 390 mm,其他月份蒸发损失为 102.4 mm,多年平均年蒸发损失为 582.4 mm。芦苇渗漏损失按土壤需水深度 7.5 mm/月计,年渗漏损失 90 mm。芦苇蒸发渗漏损失合计为 672.4 mm。

根据调查分析,平衡计算中水体面积按 60% 明水、40% 芦苇考虑。分析确定平、枯、特枯水年湿地应维持的适宜和最小水体面积。根据分析结果,适当考虑历史上嫩江洪泛水量后,确定扎龙湿地平水年适宜水体面积约为 780 km²,一般枯水年水体面积维持在 500 km² 以上,特枯水年也应维持在 200 km² 以上。逐年进行水量平衡计算,求得扎龙湿地多年平均需水量为 4.83 亿 m³。扣除当地来水量后一期与远期分别需要 1.36 亿 m³ 和 1.59 亿 m³ 引嫩水量补给湿地。

3.2.1.2 九道沟其他湿地

1. 湿地现状

九道沟湿地属于沼泽化草甸湿地,植被以芦苇群落为主,沼泽鸟类主要为鹤类,鱼类主要有鲤鱼、鲫鱼等。扣除扎龙国家级自然保护区面积,九道沟其他湿地面积约 1 000 km²,由于与扎龙湿地同属于乌双下游湿地,因此不仅地理位置、成因、类型相同,而且均以芦苇群落为优势种,也是丹顶鹤等珍稀鸟类经常出没的地方。

2. 生态需水量预测

由于与扎龙湿地类型相同,均以芦苇群落为优势种群,结合环境保护目标,类比扎龙湿地需水量,计算九道沟湿地的生态需水量。扎龙湿地多年平均需水量为 4.83 亿 m³,按九道沟其他湿地面积和扎龙湿地面积之比计算九道沟其他湿地需引嫩水量 0.77 亿 m³。

3.2.1.3 九道沟湿地总需水量

九道沟湿地多年平均需水量总计 5.60 亿 m³。九道沟湿地需水量成果见表 3.2-1。

表 3.2-1 九道沟湿地需水量成果 （单位:亿 m³）

年份	1951	1952	1953	1954	1955	1956	1957	1958	1959	1960	1961
需水量	10.72	7.64	10.40	3.41	4.95	5.59	10.98	8.00	6.55	11.07	7.65
年份	1962	1963	1964	1965	1966	1967	1968	1969	1970	1971	1972
需水量	7.53	9.43	4.29	2.65	4.95	5.53	2.65	9.37	4.73	2.65	5.72
年份	1973	1974	1975	1976	1977	1978	1979	1980	1981	1982	多年平均
需水量	4.01	2.65	2.65	2.65	2.65	2.65	2.65	2.65	7.65	2.65	5.60

3.2.2 大庆湖泡需水量

大庆湖泡湿地是指位于大庆地区的青肯泡、王花泡、北二十里泡、中内泡和库里泡等湿地(五大滞洪区)以及大庆市的 153 个湖泡。其中,青肯泡已被列入黑龙江省重要湿地名录,属于永久性碱水湖和沼泽化草甸湿地类型;北二十里泡已于 2003 年划为大庆龙凤湿地自然保护区,王花泡、北二十里泡、中内泡和库里泡均属于永久性淡水湖湿地类型。

3.2.2.1 生态需水思路及计算方法

生态需水总体思路基于以下几方面进行考虑:

(1)大庆市四条支河及其串联的 68 个泡沼,视为城市湿地,按照城市湿地生态需水方法进行计算。

(2)主城区以外的 85 个湖泡相对独立,可按湖泡湿地生态需水方法进行计算。

(3)王花泡、北二十里泡、中内泡、库里泡和青肯泡基本列入黑龙江省重要湿地保护名录,或为自然保护区,故按定额法进行计算,并参照扎龙湿地生态需水有关参数进行复核。

3.2.2.2 城市湿地生态需水

城市湿地生态需水的计算模型如下:

$$W_{cw} = W_w + W_u + \mu_{\max}(W_b, W_h, W_L)$$

式中 W_{cw}——城市湿地生态需水量,m³;

W_w——湿地水面蒸发消耗需水量,m³;

W_u——湿地渗漏消耗需水量,m³;

W_b——河道生态基流,m³;

W_h——城市湿地栖息地需水量,m³;

W_L——湖泊水体置换需水量,m³。

1. 河道生态基流

1) 计算公式

$$W_b = kVB_bT$$

式中　W_b——河道生态基流,m³;

k——单位换算系数;

V——河流断面平均流速,m/s;

B_b——过水断面面积,m²;

T——时间,s。

2) 参数的选取

V:河流断面平均流速,确定河流断面平均流速不低于 0.3 m/s,不至于导致水质继续恶化;

B_b:过水断面面积,根据渠道水深及边坡比计算得出;

T:时间,北引总干渠引水时间为每年的 4 月下旬至 10 月中旬共 183 天,大庆地区多年平均降水量 380~470 mm,年际变化大,年内分配不均,7~9 月的降水量占全年降水量的 70%,因此本次四条支河补水不考虑降水量较大的 7~9 月,只考虑引水期除 7~9 月外其他 91 天补水。

四条支河计算参数统计见表 3.2-2。

表 3.2-2　四条支河计算参数统计

项目	渠底宽度(m)	边坡	水深(m)	流速(m/s)	补水时间(天)
西部支河	13	3	0.7	0.3	91
中央支河	10	3	0.7	0.3	91
东二支河	10	3	0.5	0.3	91
东部支河	10	3	0.5	0.3	91

3) 计算结果

维持四条支河自身存在、保持一定流速与流态的生态基流为 0.72 亿 m³。计算结果见表 3.2-3。

表 3.2-3　四条支河生态需水量　　　　　　　　　　　　　　(单位:亿 m³)

项目	需水量
西部支河	0.24
中央支河	0.18
东二支河	0.15
东部支河	0.15
合计	0.72

2. 城市湿地栖息地需水量

为维持湖泊正常的生态环境功能,在允许一定的水位变化范围的情况下,必须保证城市湿地常年存在的水量。本次考虑的城市湿地总面积为四条支河与 68 个湖泡的最大面积,水面面积为四条支河流速不低于 0.3 m/s 对应水深计算得出的水面面积和 68 个湖泊正常蓄水位对应的水面面积之和。

1)计算公式

$$W_h = \varepsilon A_h H_h$$

式中　W_h——城市湿地栖息地需水量,m^3;

　　　ε——湿地水面面积占湿地总面积的比例(%);

　　　A_h——城市湿地水面面积,m^2;

　　　H_h——不同等级的湿地平均水深,m。

2)参数的选取

ε:湿地水面面积占湿地总面积的比例,为 48.26%;

A_h:城市湿地水面面积,为 70.72 km^2;

H_h:不同等级的湿地平均水深,按《流域生态需水规律》中城市湿地生态需水等级划分确定,为 0.8 m。

3)计算结果

根据选定的参数计算,得出城市栖息地需水量为 0.27 亿 m^3。

3. 城市湿地水面蒸发及湿地渗漏消耗需水

大庆地区蒸发渗漏损失为 759.44 mm,据此计算正常蓄水位情况下的蒸发渗漏消耗需水量。正常蓄水位对应的水面面积为 70.72 km^2,则蒸发渗漏损失需水量为 0.54 亿 m^3。

4. 湖泊水体置换需水量

1)计算公式

$$W_L = A_w H_w T_L$$

式中　W_L——城市湿地水体置换需水量,m^3;

　　　A_w——湿地水面面积,m^2;

　　　H_w——不同等级的湿地平均水深,m;

　　　T_L——湿地换水周期,年/次。

2)参数的选取

A_w:湿地水面面积,70.72 km^2;

H_w:不同等级的湿地平均水深,确定为 0.8 m;

T_L:湿地换水周期,选取最小换水周期,为 1.25 年/次。

3)计算结果

采用上述公式和参数计算后,在换水周期为 1.25 年/次的情况下换水量为 0.71 亿 m^3,故折算成每年的换水量为 0.57 亿 m^3。

5. 城市湿地生态需水量

综上,城市湿地生态需水量为 1.26 亿 m^3。

3.2.2.3　85 个湖泡湿地生态需水

湖泡湿地计算公式如下:

$$W_L = W_p + W_w + W_s + W_u + W_h$$

式中 W_L——湖沼湿地生态需水量，m^3；

W_p——植物需水量，m^3；

W_w——水面蒸发消耗需水量，m^3；

W_s——土壤需水量，m^3；

W_u——渗漏消耗需水量，m^3；

W_h——栖息地需水量，m^3。

W_0 为湖沼湿地消耗型生态需水（m^3），其计算公式为

$$W_0 = W_p + W_w + W_u$$

则

$$W_L = W_0 + W_s + W_h$$

1. 植物需水量

1）计算公式

$$W_p = E_p A$$

式中 W_p——植物需水量，m^3；

E_p——蒸散发量，mm；

A——研究区面积，km^2。

2）参数选择

E_p：蒸散发量，根据齐齐哈尔气象站资料，扎龙湿地芦苇生长期蒸腾量为 774.4 mm，考虑同期降水，则芦苇 4~9 月生长期多年平均蒸腾损失为 390 mm。大庆湖泡湿地芦苇蒸腾损失类比扎龙湿地，取 390 mm。

A：研究区面积，为湿地总面积扣除正常蓄水位对应的水面面积，为 121.26 km^2。

3）计算结果

经计算，研究区植物需水量为 0.47 万 m^3。

2. 湖沼湿地土壤需水量

1）计算公式

$$W_s = \alpha A_s H_s$$

式中 W_s——土壤需水量，m^3；

α——田间持水量，根据研究区土壤类型而定；

A_s——湖沼湿地土壤面积，km^2；

H_s——土壤厚度，m。

2）参数选择

α：田间持水量，根据《大庆市土壤》，大庆湖泡主要是在干旱条件下，受风力吹蚀作用形成的积水洼地以及古河流改道而形成的，土壤类型主要有草甸沼泽土、草甸碱土、轻度盐化草甸土类和碳酸盐草甸土类。根据实际监测资料田间持水量在 21.40%~46.53%，大部分监测数据在 30% 左右，故本次田间持水量选用 30%。

A_s：湖沼湿地土壤面积，同植物需水面积，为 121.26 km^2。

H_s：土壤厚度，按 1 m 计算。

3）计算结果

经计算，土壤需水量为 0.36 亿 m^3。

3. 湖沼湿地生物栖息地需水量

1）计算公式

$$W_h = \varepsilon A_h H_h$$

式中　W_h——湖沼湿地生物栖息地需水量，m^3；

　　　ε——湖沼湿地水面面积百分比（%）；

　　　A_h——湿地面积，m^2；

　　　H_h——湿地地表水平均水深，m。

2）参数的选取

ε：湖沼湿地水面面积百分比，按正常蓄水位计算，为 54.72%；

A_h：城市湿地水面面积，正常蓄水位对应面积，为 146.56 km^2；

H_h：不同等级的湿地平均水深，按《流域生态需水规律》中城市湿地生态需水等级划分确定，为 0.8 m。

3）计算结果

经计算，湖泡湿地生物栖息地需水量为 0.64 亿 m^3。

4. 湖沼湿地蒸发渗漏生态需水量

研究计算主要考虑蒸发渗漏的损失值。大庆地区蒸发渗漏损失为 759.44 mm，据此计算正常蓄水位情况下的蒸发渗漏消耗水量。

85 个湖泡正常蓄水位对应的水面面积为 146.56 km^2，经计算，蒸发渗漏消耗型需水量为 1.11 亿 m^3。

5. 湖沼湿地生态需水量

综上，85 个湖泡湿地植物需水量为 0.47 亿 m^3、土壤需水量为 0.36 亿 m^3、栖息地需水量为 0.64 亿 m^3、蒸发渗漏消耗型需水量为 1.11 亿 m^3。85 个湖泡湿地总生态需水量为 2.58 亿 m^3。

3.2.2.4　五大滞洪区需水量

滞洪区湿地蓄有一定水量并保持一定的水面面积，将起到调节气候、美化景观、改善生态环境的作用，区内生长繁殖一定数量的芦苇和水生植物，可增加绿化功能，改善生态环境质量和增加观赏性。但是，蓄滞洪区中芦苇过度生长在汛期将会阻碍行洪，为使蓄滞洪区在洪水期顺利泄洪需留有行洪通道，因此青肯泡、王花泡、北二十里泡、中内泡和库里泡行洪通道上需维持一定的水深以抑制芦苇的生长。滞洪区湿地面积的确定是在各滞洪区运用时最低水位（起调水位）基础上增加 1 m 左右的水深，根据各滞洪区水位容积关系曲线图得出各滞洪区相应水位的水面面积，五大滞洪区水面面积共计 301.00 km^2，见表 3.2-4。

滞洪区湿地需水量采用黑龙江省发布的《用水定额》（DB23/T 727—2010）中黑龙江省湿地生态需水量定额，大庆湿地位于黑龙江省西部地区，湿地用水定额为 4 500 ~ 5 500 m^3/hm^2，因五大滞洪区以行洪为主要功能，故本次补水定额取下限值 4 500 m^3/hm^2，确保五大滞洪区行洪安全，经计算五大滞洪区湿地需水量为 1.35 亿 m^3。

3.2.2.5　大庆湿地生态需水总量

综上，大庆湖泊湿地生态需水主要包括城市湿地生态需水和湖泡湿地生态需水以及五大滞洪区需水。经计算，大庆市城市湿地生态需水量为 1.26 亿 m^3，湖泡湿地生态需水量为 2.58 亿 m^3，五大滞洪区生态需水量为 1.35 亿 m^3，大庆湿地湖泊生态需水总量为 5.19

亿 m^3。

表 3.2-4　五大滞洪区泡沼湿地特性

名称	库容（亿 m^3）	水位（m）		面积（km^2）	
		最低水位	要求水位	最低水位面积	湿地面积
王花泡	2.77	145.20	146.20	35.00	80.00
北二十里泡	0.92	141.75	141.90	45.00	61.00
中内泡	0.63	138.80	139.80	12.00	20.00
库里泡	2.70	129.00	130.00	38.00	85.00
青肯泡	1.70	142.50	143.50	30.00	55.00
合计	8.72			160.00	301.00

注：北二十里泡因面积大、水深浅，故采取加 0.15 m 计算。

3.2.3　湿地生态需水总量

北引区、中引区湿地生态需水量汇总成果见表 3.2-5。

表 3.2-5　北引区、中引区湿地生态需水量汇总成果　　　　　（单位：亿 m^3）

北引区湿地				中引区湿地	合计
城市湿地	湖泡湿地	五大滞洪区	小计	九道沟湿地	
1.26	2.58	1.35	5.19	5.60	10.79

3.3　自然保护区生态影响预测

3.3.1　对扎龙国家级自然保护区影响预测

3.3.1.1　扎龙国家级自然保护区概况

1. 概况

扎龙国家级自然保护区位于松嫩平原西部、黑龙江省齐齐哈尔市东南，嫩江支流乌裕尔河下游湖沼苇草地带，地理坐标东经 123°51.5′~124°37.5′，北纬 46°48′~47°31.5′。1987年扎龙国家级自然保护区晋升为国家级自然保护区，1992 年被列入国际重要湿地名录，属于"野生动物类别"中的"野生动物类型"自然保护区，是我国重要的以鹤类等大型水禽为主体的珍稀鸟类和湿地生态类型的国家级自然保护区。扎龙湿地地质构造的变迁是湿地形成的主要因素，在正常年份，乌裕尔河与嫩江之间有分水高地相隔，无地表水联系，但在嫩江发生洪水时，河水溢出嫩江河床，通过塔哈河和现齐富堤防沿线低洼地带，向东泛滥进入扎龙地区；当乌裕尔河出现中高水位时，部分洪水也可经塔哈河河道排入嫩江，而扎龙湿地芦苇沼泽地带大洪水年份，洪水又可通过连环湖流入嫩江，从而形成乌双流域同嫩江之间藕断丝连的奇妙关系，进而构成现代扎龙地区沼泽湿地遍布、湖泡发育、芦苇丛生的自然景观。

扎龙国家级自然保护区生物多样性十分丰富，保护区内共有昆虫 277 种，隶属于 11 目65 科，丰富的昆虫资源为鸟类及其他动物提供了充足的食物来源；已记载的鱼类有 6 目 9

科45种;两栖类动物2目4科6种;爬行动物2目3科3种;兽类21种,隶属于5目9科。

2. 保护区保护对象

扎龙国家级自然保护区保护对象主要是丹顶鹤等珍稀野生动物及其栖息的湿地生态系统,包括丹顶鹤、白头鹤、白鹤、东方白鹳、黑鹳、金雕、草原雕、大鸨、白枕鹤、灰鹤、蓑羽鹤、大天鹅、白额雁等国家一、二级重点保护动物及其栖息地。扎龙国家级自然保护区内鹤类等珍禽生活习性见表3.3-1。

表3.3-1　扎龙国家级自然保护区内鹤类等珍禽生活习性

序号	珍禽名称	保护级别	迁徙时间	栖息环境	繁殖环境	繁殖时间	食性选择
1	丹顶鹤	一级	夏候鸟	沼泽湿地	在近水草丛或芦苇漂筏上营巢、产卵	4月中、下旬开始营巢、产卵,筑巢于周围环水的浅滩上的枯草丛中,每窝产卵2枚,雌、雄亲鸟轮流孵卵,孵化期20~33天	食鱼类、昆虫、软体动物、植物嫩芽及种子
2	灰鹤	二级	夏候鸟	沼泽、草原、沙滩及近水丘陵	筑巢于湿地	繁殖期在4~5月,筑巢于未耕过的田地上或沼泽地的草丛中,多选择离水较远而干燥的土地。巢很简陋,每窝产卵2枚,淡棕色或红褐色。雌、雄亲鸟轮流孵卵,孵卵期约1个月	食鱼、虾、两栖类、昆虫、软体动物、谷物、种子、水草嫩芽及爬行动物和鼠类等
3	白枕鹤	二级	夏候鸟	沼泽湿地	在近水草丛或芦苇漂筏上营巢、产卵	4~5月筑巢产卵,筑巢于沼泽地的浅滩上,每窝产卵2枚,灰绿色,背有紫褐色斑点。孵卵期30~32天	食鱼类、昆虫、软体动物、植物嫩芽及种子
4	白头鹤	一级	旅鸟	河口、湖泊沼泽水域	在沼泽地营巢、产卵	4月开始繁殖,筑巢于沼泽湿地。每窝产卵2枚。孵卵期约30天,幼鹤80天后具飞翔能力	食鱼类、水生和陆生无脊椎动物、爬行类、两栖类、谷物及草根等
5	白鹤	一级	旅鸟	沼泽湿地	在近水草丛或芦苇漂筏上营巢、产卵	5~6月繁殖,筑巢于沼泽中。每窝产卵2枚。雌、雄亲鸟轮流孵卵,孵卵期约30天。幼鹤85天后具飞翔能力	食鱼类、昆虫、软体动物、植物嫩芽及种子
6	蓑羽鹤	二级	夏候鸟	草原、沙滩及近水草地	筑巢于干草甸或盐碱地	5月中旬开始繁殖,筑巢于草甸、滩地凹陷处,每窝产卵2枚,淡紫色,具深紫褐色斑点。雌、雄亲鸟轮流孵卵,孵卵期28~30天	食鱼、虾、两栖类、软体动物、谷物、种子、嫩芽等
7	大鸨	一级	夏候鸟	草原、荒漠及开阔农田草地	繁殖于草原坡地高岗处	春末夏初繁殖,筑巢于草原坡地或岗地。每窝产卵2~3枚,暗绿或暗褐色,具不规则块斑。雌、雄亲鸟轮流孵卵,孵卵期28~31天。35天左右幼鸟具飞行能力,秋季结群南迁越冬	食草,也食昆虫等小动物

3.保护区功能区划

扎龙国家级自然保护区总面积 2 100 km^2,分为核心区、缓冲区和实验区。

核心区:面积 700 km^2,是保护区内湿地生态系统中保存最完整、最具典型性、最具代表性的芦苇沼泽湿地,也是丹顶鹤等珍稀水禽繁殖区和迁徙鸟类的重要停歇地,核心区位于保护区腹地。

缓冲区:面积 670 km^2,在核心区外围,有部分珍稀水禽巢穴分布,同时又是珍稀鸟类迁徙停歇地,生境保护相对较好。

实验区:面积 730 km^2,为兼顾当地社区生产生活,确界时把保护区内村屯人口集中、耕地集中连片的地域如扎龙乡的扎龙村、管理局局址、烟筒屯镇及东土城子等以及重要工程建设项目集中分布地区划为实验区。

3.3.1.2　已实施补水效果分析

几十年来,由于嫩江防洪堤的修建,嫩江中小洪水洪泛水量一般情况下不再进入扎龙湿地,乌双流域下余水量成为维持扎龙湿地的主要水源,但由于乌双流域为水资源贫乏地区,乌双来水不能完全满足湿地需水量要求,且近年来受到自然因素及人为活动的影响,乌双流域进入湿地的水量呈减少趋势,20 世纪 70、80 年代,特别是 70 年代连续枯水期,扎龙湿地严重缺水,中引、北引工程曾向湿地大量补水,使湿地生境得以维持;但进入 90 年代,由于连续枯水年,扎龙湿地水位持续下降,1996 年、1997 年、2000 年和 2001 年,湿地水位比平水年下降约 1 m,河道断流,湖泡干涸,湿地严重萎缩,1996 年春季由于干旱风大,沼泽地过火面积达 50%以上,至 2001 年,湿地水面面积仅维持在 130 km^{2}左右。

1.历年补水概况

1999~2001 年,扎龙湿地及其水源补给地乌裕尔河和双阳河流域遇到大旱,至 2000年,湿地发生大火灾,延续多日的大火将芦苇连根燃烧,几乎摧毁了扎龙湿地的生态系统,700 km^{2}的核心区只剩 130 km^2,湿地几乎覆没。2001 年,在水利部指导下,黑龙江省水利厅、齐齐哈尔市水务局和水利部松辽水利委员会发挥统一管理的体制优势,筹措资金,启动扎龙湿地应急调水工程,当年就向扎龙湿地补水 1.05 亿 m^3,保住了仍在萎缩的 130 km^{2}湿地。2002 年全年又向扎龙湿地补水 4.21 亿 m^3。2003 年,补水后恢复湿地核心区面积达650 km^{2}以上,丹顶鹤种群总数超过 400 只,较 2000 年增加 30%。

2001~2010 年通过中引六支干进水闸、八支干翁海退水闸、东升泄洪闸、赵三亮子闸等10 年内对扎龙补水 15.43 亿 m^3。扎龙湿地历年补水统计见表 3.3-2。

表 3.3-2　扎龙湿地历年补水统计

年份	补水时间	补水路径	补水量 (万 m^3)	流量 (m^3/s)	供水天数 (d)
2001	9 月 19 日至 10 月 21 日	中引第二节制闸	7 026	24.64	33
		江东灌区六支干	3 511	12.31	33
	年补水总量		10 537		
2002	4 月 20 日至 6 月 30 日	八支干翁海退水闸	4 827	8	72
		中引第二节制闸	29 466	49	72
		江东灌区六支干	7 807	13	72
	年补水总量		42 100		

续表 3.3-2

年份	补水时间	补水路径	补水量 （万 m³）	流量 （m³/s）	供水天数 （d）
2003	4 月 26 日至 10 月 30 日	八支干翁海退水闸	10 872	7	188
		中引第二节制闸	9 164	6	188
		六支干进水闸	6 240	4	188
	年补水总量		26 276		
2004	10 月 1 日至 10 月 14 日	八支干翁海退水闸	1 833	14	14
	9 月 4 日至 10 月 14 日	六支干进水闸	3 497	10	41
	年补水总量		5 330		
2005	4 月 29 日至 8 月 2 日	中引第二节制闸	14 750	17.78	96
	5 月 14 日至 9 月 6 日	六支干进水闸	5 450	4.41	116
	年补水总量		20 200		
2006	年补水总量	六支干进水闸	6 000	5.18	134
2007	年补水总量	六支干进水闸	4 000	2.87	161
2008	5 月 5 日至 8 月 31 日	六支干进水闸	1 600	1.57	119
	4 月 23 日至 9 月 1 日	东升泄洪闸	6 020	5.32	132
	4 月 25 日至 8 月 4 日	八支干翁海退水闸	2 680	3.04	102
	年补水总量		10 300		
2009	5 月 6 日至 5 月 31 日	六支干进水闸	966	4.30	26
		东升泄洪闸	4 203	18.71	26
		赵三亮子闸	1 065	4.74	26
		八支干翁海退水闸	335	1.49	26
	6 月 1 日至 6 月 30 日	六支干进水闸	1 002	3.87	30
		东升泄洪闸	3 203	12.36	30
		赵三亮子闸	78	0.30	30
		八支干翁海退水闸	1 490	5.75	30
	7 月 1 日至 7 月 31 日	六支干进水闸	1 077	4.02	31
		东升泄洪闸	3 018	11.27	31
		赵三亮子闸	13	0.05	31
		八支干翁海退水闸	999	3.73	31
	8 月 1 日至 8 月 31 日	六支干进水闸	1 332	4.97	31
	9 月 1 日至 9 月 10 日	六支干进水闸	157	1.82	10
	年补水总量		18 938		

续表 3.3-2

年份	补水时间	补水路径	补水量 （万 m³）	流量 （m³/s）	供水天数 （d）
2010	5 月 6 日至 5 月 31 日	六支干进水闸	688	5.31	26
	6 月 1 日至 6 月 30 日	六支干进水闸	1 470	5.67	30
	7 月 1 日至 7 月 31 日	六支干进水闸	1 364	5.09	31
	8 月 1 日至 8 月 31 日	六支干进水闸	1 273	4.75	31
	9 月 1 日至 9 月 30 日	六支干进水闸	267	2.21	14
		东升泄洪闸	885	7.32	14
	10 月 1 日至 10 月 25 日	六支干进水闸	4 688	21.70	25
	年补水总量		10 635		
10 年累计	总计补水总量		154 316		

1）六支干进水闸

中引来水通过六支干进水闸进入翁海排干，漫散进入扎龙国家级自然保护区西南部，通过六支干进水闸对扎龙湿地补水共计 5.24 亿 m³。

2）八支干翁海退水闸

八支干是为大庆市工业及城镇供水的专用渠道，位于六支干东侧，扎龙国家级自然保护区西侧。渠道走向基本沿扎龙国家级自然保护区西侧边界走行。八支干全长 97.1 km，在 30 km 处修有退水闸一座，退水进入翁海排干内，经翁海排干进入扎龙国家级自然保护区南部，对扎龙补水 2.30 亿 m³。

3）东升泄洪闸

东升水库修建于 1958 年，以农业灌溉和防洪为主，位于中引渠道末端扎龙国家级自然保护区东北部缓冲区内，东升泄洪闸只能根据现有水库规模调节径流为湿地供水，虽然可以直接进入核心区北部，但由于水库库容有限，水量不足，无法保持持续稳定补水。对扎龙补水 1.73 亿 m³。

4）赵三亮子闸

赵三亮子闸位于乌裕尔河下游尾闾地带，中引第二节制闸和东升泄洪闸干渠右侧。东升水库建成后，乌裕尔河来水大部分被水库调蓄，只有少量来水通过乌裕尔河老河道与中引干渠交叉处的赵三亮子闸进入湿地。通过赵三亮子闸补水可直接进入核心区，其补水距离最短，水资源利用率最高，补水效果最好，但由于目前该闸破旧坏损，几乎丧失功能，只有 2009 年通过该闸补水 0.12 亿 m³。

此外，2005 年前中引干渠控制中引第二节制闸运用，通过东升水库、赵三亮子闸等先后向扎龙补水 6.04 亿 m³，由于计量原因未分至相关补水口门。

2. 扎龙湿地生态环境需水量及满足程度分析

《关于尼尔基水利枢纽配套项目黑龙江省引嫩扩建骨干一期工程环境影响报告书的批复》（环审〔2006〕76 号）提出扎龙湿地最小生态需水量多年平均为 4.9 亿 m³，现状多年平均乌裕尔河龙安桥来水 2.87 亿 m³，双阳河来水 0.50 亿 m³，当地来水 2 810 万 m³，引嫩回归水量 1 920 万 m³,扎龙湿地总来水量 3. 843 亿 m³,不能满足扎龙湿地最小生态需水量要求,缺水 1. 057 亿 m³。2001 ～ 2010 年,通过中引向扎龙湿地年均补水 1. 54 亿 m³,基本满足扎龙湿地需求。

3. 补水效果

从 2001 年 4 月、10 月两次遥感解译图分析,由于连续枯水年水量不足,扎龙湿地明水沼泽面积仅剩 69. 7 km²,9 月 19 日至 10 月 21 日实施了应急补水,使明水沼泽面积达 125. 92 km²,增加了近 1 倍,至第二年 4 月即 2002 年 4 月仍能维持在 109. 59 km²,但远不能满足鹤类的正常活动。因此,2002 年 4 月 20 日至 6 月 30 日利用中引第二节制闸调节,通过下游的闸站应急补水 4. 21 亿 m³,由于采取了提前补水、增加持续时间、加大流量等应急手段,湿地中明水沼泽面积达到 360. 6 km²,这是 10 年内补水量最大的一年,也是补水效果最好的一年。此后,每年都通过不同途径为扎龙湿地补水,10 年中平均年补水量 1. 54 亿 m³,最大补水量 4. 21 亿 m³(2002 年),最小补水量 4 000 万 m³(2007 年),使湿地核心区明水沼泽面积稳定保持在 300 km² 以上,2010 年 9 月遥感解译明水沼泽面积为 330. 9 km²,芦苇沼泽面积为 1 068. 3 km²,湖泊水面面积为 114. 8 km²,说明补水效果显著,补水效果遥感解译见表 3. 3-3。

表 3. 3-3　补水效果遥感解译　　　　　　　　　（单位:km²）

时间(年-月)	湖泊水面	草地	盐碱地	芦苇沼泽	明水沼泽	耕地	居民地	总面积
2001-04	94. 17	292. 02	104. 70	1 243. 54	69. 70	249. 82	21. 38	2 075. 33
2001-10	67. 13	291. 87	112. 27	1 206. 95	125. 92	249. 83	21. 37	2 075. 34
2002-04	93. 61	318. 85	124. 59	1 168. 91	109. 59	263. 98	20. 67	2 100. 20
2002-07	84. 67	291. 86	106. 44	960. 54	360. 60	249. 82	21. 38	2 075. 31
2002-10	86. 98	290. 73	108. 41	989. 57	328. 55	249. 71	21. 38	2 075. 33
2010-09	114. 80	190. 70	105. 90	1 068. 30	330. 90	254. 10	20. 97	2 085. 67

注:1. 湖泊水面是指常年有水的区域,如东升水库、克钦湖、得龙泡等。

　　2. 明水沼泽是指明水面,或称过水面,有零星芦苇分布。

由于湿地水面扩大,水生生物生境得到改善,生物多样性得到恢复,丹顶鹤等珍禽的生境状况明显好转,数量明显增加并趋于稳定,同时苇草和鱼类产量也有所提高。另外,扎龙湿地的恢复也阻止了松嫩平原荒漠化的向东推移,调节了扎龙地区半干旱风沙区的气候,对大庆地区地下水降落漏斗恢复也起到了一定的调节作用。由此可见,应急补水取得了良好的生态效益、社会效益和经济效益。

补水后主要保护物种丹顶鹤的数量显著增多。2003 年春季对扎龙进行了鸟类调查记录,4 月停歇最大一群丹顶鹤迁徙群,数量达 152 只,停歇时间达 13 天,这是自然保护区建区有观察记录以来所见到的最大的一个迁徙群。自然保护区内当年丹顶鹤繁殖种群为 433 只、实际巢数为 82 ～ 84 个,与 1996 年航调统计的 346 只、66 个巢穴相比,分别增加了 25%和 24. 2% ～ 27. 3%,这表明补水后自然保护区丹顶鹤生境面积扩大,生境质量得到有效改善,丹顶鹤生存压力得到缓解。

扎龙是白鹤春秋季迁徙的传统停歇地,补水后,白鹤(*Grus leucogeranus*)等迁徙鹤类数量也逐渐恢复。1997 年以来湿地中白鹤迁徙种群数量呈逐年递减的趋势,到 2000 年春季野外调查发现核心区已不见白鹤停栖,其停歇地已移到保护区附近湿地中,其总数仅为 117 只。而补水后的 2003 年和 2004 年两个年度的春季调查统计中,白鹤传统停歇地内其数量分别为 464 只和 531 只。

东方白鹳(Ciconia boyciana)、白琵鹭(Platalea leucorodia)是对湿地环境变化极为敏感的指示物种,它们在湿地内的重新繁殖,是湿地恢复的重要标志。东方白鹳和白琵鹭曾是 20 世纪 70 ~ 80 年代扎龙的繁殖鸟类,由于湿地旱化和人为干扰,它们曾一度不再在扎龙繁殖;90 年代中期在扎龙国家级自然保护区消失,而 2004 年,保护区竟然能观测到繁殖的东方白鹳。2003 年,在保护区核心区内见到 54 个巢穴 130 只的白琵鹭种群繁殖。2004 年,再次观察到此地有 102 只的群体,以后每年都能观测到,此种群的再次成功繁殖是湿地生境恢复的有力佐证。

黑鹳(Ciconia nigra)是保护区极为罕见的迁徙鸟类,从 20 世纪 80 年代以来已多年未见,2003 年春季在自然保护区南段再次观测到黑鹳。加拿大鹤(Grus canadensis)是典型干草原与丘陵地带栖息的鸟类,在自然保护区未有分布记录,2003 年首次观测到一只与白头鹤(Grus monacha)混群的加拿大鹤。

2003 年,在自然保护区内烟筒屯镇一个湖区观测到 2 000 ~ 3 000 只大型的白翅浮鸥(Sterna leucoptera)和须浮鸥(Chlidonias hirunda)巢区,这是自然保护区有观测记录以来最大的鸥类混巢区。

综上所述,扎龙国家级自然保护区出现上述多种鸟类表明,扎龙湿地补水改善了湿地生态和鸟类生境,取得了巨大的环境效益,补水效果显著。

4. 存在问题

总体来看,扎龙湿地长期面临着经常性缺水的局面,扎龙国家级自然保护区地形总体上呈由东北向西南倾斜趋势,补水途径不同,补水所能到达的位置也不同,导致补水范围的局限性,不能照顾到核心区全部。近 10 年来,通过六支干进水闸、八支干翁海退水闸及东升水库等为湿地补水,但是扎龙湿地核心区面积 700 km²,其中八支干翁海退水闸和六支干进水闸补水主要通过核心区西侧中部的翁海排干漫散进入核心区,东升水库泄水闸补水主要进入核心区的东北角,经下游九道沟湿地漫散进入核心区,并下泄进入下游的连环湖湿地。总体上看,通过上述 3 处补水途径,核心区西北侧原乌裕尔河主河道形成的湿地面积很难得到水量补给,而该处恰恰是主要保护动物集中分布的区域,因此急需改扩建该处的补水工程赵三亮子闸。

赵三亮子闸分布在乌裕尔河下游区域的尾闾地带,其地理坐标为北纬 47. 301 4°,东经 124. 420 94°。历史上,乌裕尔河是一条自然流向扎龙湿地核心区的河流,由于东升水库拦截,乌裕尔河来水大部分被水库所调蓄,只有剩余来水通过赵三亮子闸,进入湿地,目前赵三亮子闸规模较小,闸门已经破旧坏损,启闭比较困难。按目前状况将很难满足为湿地补水的需要。为保证乌裕尔河来水能够顺利进入湿地,需要重建赵三亮子闸,以此来恢复乌裕尔河和扎龙湿地天然水力联系和水生生物通道,恢复乌裕尔河生态廊道功能,达到保护濒危水禽栖息地和生物多样性的目的。

保护扎龙湿地生物多样性,给鹤类和其他湿地生物资源创造一个良好的生活环境,不能只靠应急工程补水,应建立一个长效稳定的补水机制,有计划、有目的、有保障工程支撑的补水途径。

3.3.1.3　工程补水对湿地的影响预测

1. 扎龙湿地生态需水满足程度分析

2020 年,龙安桥多年平均来水量为 2.40 亿 m³,双阳河多年平均来水量为 0.49 亿 m³,当地径流量多年平均为 0.28 亿 m³,引嫩回归水量为 0.29 亿 m³,进入扎龙湿地的来水量总计 3.46 亿 m³。

一期工程设计主要任务之一是为扎龙湿地补水,设计嫩江中引渠首供给湿地水量为 0.89 亿 m³,北引渠首通过友谊干渠供给湿地水 0.62 亿 m³,扣除沿途损失,到分水闸处中引渠首供水量为 0.88 亿 m³,友谊干渠供水 0.55 亿 m³,合计扎龙湿地供水量为 1.43 亿 m³,加上乌双来水量为 3.47 亿 m³,工程实施后扎龙湿地供水量为 4.90 亿 m³,满足扎龙湿地最小生态需水量要求。不同保证率下扎龙配水方案见表 3.3-4。

表 3.3-4　不同保证率下扎龙配水方案

项目	水量(亿 m³)			水面面积 (km²)
	引嫩	当地径流	合计	
$P = 50\%$	1.32	2.96	4.28	710
$P = 75\%$	0.88	0.62	1.50	350
$P = 90\%$	0.21	0.63	0.84	240
$P = 95\%$	0.36	0.43	0.79	220
多年平均	1.43	3.47	4.90	780

2. 扎龙湿地水面面积预测

根据扎龙湿地 1/10 000 纸面地形图,数字化后生成立体图,量算得到湿地库容曲线。根据各时期卫片解译图,量算各区水面面积,依据水面面积查库容曲线得到相应的库容,将各区间库容合计作为相应卫片时期的湿地蓄水量。根据各时期水面面积和库容建立湿地水面和库容相关关系,见图 3.3-1。

3. 补水对扎龙保护区生态环境的影响

扎龙湿地补水有利于鹤类等珍禽保护和增加种群数量。主要表现在以下 3 个方面:

(1)为鹤类等水禽增加了食物来源。鹤类是湿地食物链的顶锥,众多的水禽是扎龙湿地食物的主要消费者。芦苇等植物的恢复和鱼类等水生动物的增加,为鹤类等水禽提供了更多的食物,有利于扩大水禽的承载量。

(2)为鹤类营巢繁殖提供了更好的条件,有望增加 40 多对丹顶鹤、白枕鹤营巢繁殖。鹤类是大型水禽,有占区繁殖的习性且对巢址选择严格,一般每对筑巢繁殖鹤的领地要 2 km²,而且要有未收割的芦苇和积水的浅滩。近年来由于缺水,鹤类选巢址难,很多鹤放弃繁殖或向北飞往俄罗斯一带繁殖。通过补水湿地面积扩大,鹤类筑巢条件能够明显改善,对增加扎龙湿地鹤类数量是十分重要的。

(3)改善和提高了鹤类的隐蔽条件,防止人畜干扰和兽类等天敌的破坏。通过补水芦苇高度增长密度加大,鹤类的隐蔽条件明显改善。积水面积扩大,沼泽发育,淤泥软陷,可以防止人畜、车辆进入干扰,也可防止小型兽类袭击鸟巢,破坏鸟卵和雏鸟,湿地面积扩大还可以防止滥开荒和一些破坏湿地的生产活动。

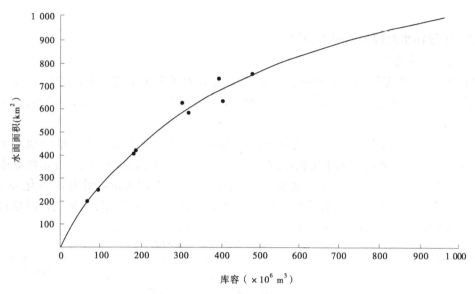

图 3.3-1　扎龙湿地水面面积—库容关系曲线

通过补水，提高了湿地地下水位，大面积地恢复湿地过湿状态，地表水和浅层地下水的交流对草甸植被的恢复十分有利，喜湿耐碱植被的恢复可以使碱斑得到治理，同时也可减轻土壤的板结和固化程度，有利于改善土壤结构。通过补水恢复大面积湿地，增强了涵养水源能力，湿地每公顷可涵养水分 8 100 m³。芦苇根系具有较高的降解污染能力，可吸收水分中的盐碱和有毒物质，对防止湿地及周边土壤产生盐渍化、恢复水环境质量有着重要作用。湿地植被的恢复可以提高优质牧草——羊草的高度和密度，蕴藏量可提高 40% ~ 50%。湿地植被的恢复还可以减轻水土流失，吸纳地表径流和涵养水源，为鸟类提供生存环境、净化空气等。

通过对扎龙补水，将使得湿地恢复生机，芦苇高度可增长 20 ~ 30 cm，密度可提高 50%。水量的增加，为鱼类提供了食物和栖息环境，提高了鱼类的繁殖量，对鱼类产卵、索饵和越冬十分有利，预计可增加鱼类蕴藏量 100 万 kg。蛙类及其他软体动物也能大量恢复，从而为鹤类等水禽提供大量充足的食物资源。

通过水量的补充能够恢复草甸和沼泽植被 60 万亩，每年可产生氧气 3 000 万 kg，吸收二氧化碳 3 400 万 kg，对改善区域小气候发挥重要作用。通过补水，有利于改善湿地及周边环境，调节区域小气候。扎龙湿地水资源增加后，植物茂盛，对维持大气碳氮平衡、净化空气、防风固沙都起到重要作用。从气候上看，湿地夏季平均气温要比裸露地区低 1 ~ 2 ℃甚至更多。

3.3.1.4　工程施工对扎龙国家级自然保护区的影响

1. 施工对湿地植被的影响

中引干渠两侧 30 m 为工程管理占地，故工程建设不存在征用自然保护区范围内土地的问题，在保护区内的工程建设没有永久征地问题。至于为了保证工程施工临时堆料等必须占用的临时占地，均分布于附近村屯内，也不再新增临时占地。因此，工程施工对干渠两侧植被影响轻微。

2. 对自然保护区主要保护对象——鸟类的影响

扎龙国家级自然保护区保护对象主要是丹顶鹤等珍稀野生动物及其栖息的湿地生态系

统,包括丹顶鹤、白头鹤、白鹤、东方白鹳、黑鹳、金雕、草原雕、大鸨、白枕鹤、灰鹤、蓑羽鹤、大天鹅、白额雁等国家一、二级重点保护动物及其栖息地。扎龙国家级自然保护区最闻名的鸟类为鹤类。

扎龙国家级自然保护区内的保护动物主要分布于自然保护区的核心区范围内。20 世纪 70 年代中期以前,扎龙国家级自然保护区鸟类资源十分丰富,鸟卵和水禽是当地居民的副食来源。80 年代中期,保护区工作人员在野外调查中发现核心区内以草鹭、苍鹭、白琵鹭、大白鹭等多种鹭类为主,千只数量以上的水禽群巢区 5 处,每年在保护区繁殖的鸟类能达近 10 万只。20 世纪 80 年代后期鸟类逐渐减少,至 90 年代中期,鸟类数量与以前相比大约减少 80%,原有的五大水禽混巢区消失了。目前最大的一处 400 多巢的混巢区(馒头岗),鸟类飞起来铺天盖地的场面已经很少见。

根据调查资料显示(未包括 2005 年航调资料),20 世纪 80 年代初,该地区丹顶鹤的数量为 173 只,1990 年的调查数据为 243 只(逢世良,2000),1996 年的航空调查数据为 346 只(见图 3.3-2),2003 年为 408 只(见图 3.3-3)。2003 年对区内繁殖期丹顶鹤总体分布的调查覆盖率为 80.95% ~ 82.93%;对区内繁殖期白枕鹤分布的调查覆盖率为 66.67%;对区内繁殖期鹤类分布调查的总覆盖率为 78.379% ~ 80.41%。共发现丹顶鹤巢 68 个、白枕鹤巢 10 个,大部分都分布在核心区之内。少部分分布于缓冲区范围内,实验区由于人类活动频繁的原因,分布较少。

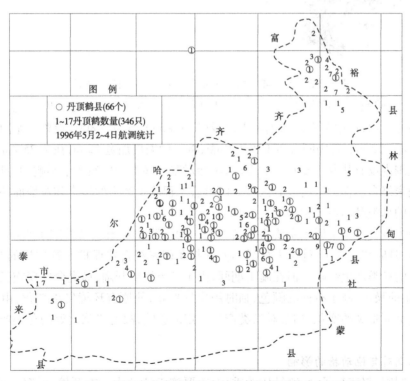

图 3.3-2　1996 年扎龙国家级自然保护区丹顶鹤分布示意图

扎龙国家级自然保护区是繁殖地鸟类,与越冬地鸟类不同的是,繁殖地鸟类对人类活动有强烈的排斥性,对人类活动干扰的承受能力十分有限,特别是鹤类等大型水禽有占区营巢

图 3.3-3　2003 年扎龙国家级自然保护区丹顶鹤分布图

的习性,每对繁殖鹤的领地要 2 km² 左右,所以更需要大的足够的生存空间。扎龙鸟类大部分分布在核心区内,而中部引嫩右侧渠堤沿线(K41 +550 ~ K48 +800)距离扎龙国家级自然保护区的核心区 2 km,且中间有 301 国道相隔,将一侧渠堤加宽 12 m,在 7.25 km 长的右侧渠道加宽范围内没有扎龙主要水禽的巢区,不会对繁殖鸟类的繁殖产生影响,并且施工工程距离扎龙国家级自然保护区的核心区有 2 km 远,工程施工产生的噪声和对地面的扰动对核心区内栖息的鸟类基本不产生影响。

　　扎龙国家级自然保护区中主要为繁殖鸟类。为了防止对繁殖鸟类产生影响,在鸟类的繁殖期 4 ~6 月应禁止施工,施工人员活动要受扎龙国家级自然保护区管理局的监督,以免对扎龙湿地的鸟类产生影响。但在施工期间,由于鸟类视域开阔,鸟类会发现施工机械和人员,施工产生的噪声、施工机械的颜色、临时用房的形状,使原有环境发生变化,由于鸟类俯瞰时会发现地面景观的变化,均会对鸟类产生一定的影响,故对飞临此处的鸟类产生一定的不利影响。

　　3. 施工期对其他动物的影响

　　第一节制闸、赵三亮子闸、团结桥的重建,主要施工活动为土方开挖、混凝土浇筑,对渠道一侧的植被产生破坏,有可能对如草原黄鼠、黑线仓鼠、草原鼢鼠等在渠道附近筑巢的啮齿目产生一定的影响,在渠道附近鼠类种群数量将暂时性增多,这将有利于鼠类的天敌如鹰隼类的捕食。在扎龙国家级自然保护区中除啮齿目外,兽类种类较少,偶尔可见刺猬、狼、赤狐、貉、狍、草兔、均远离村屯和渠道活动,而两栖类、爬行类在附近能够找到多处栖息地,因此对两栖类和爬行类动物影响较小。由于这些动物具有趋避性,项目的建设时间较短,故对兽类的影响不大。

4. 对湿地生态系统的影响

扎龙国家级自然保护区属于湿地生态系统,本次建设重建了 2 个闸和 1 个桥,并且渠道末端右侧渠堤为 K41 +550 ~ K48 +800,共 7.25 km 需加高培厚,工程占地范围内的植被主要为狼尾草和芦苇,工程的扩建将破坏这部分植被,按照芦苇 15 795 kg/hm²,合计损失生物量 137 t,生物量损失很小。上述植被中,芦苇占绝大部分,且均为当地常见种,并且经过现场调查也未发现有国家重点保护植物,因此项目的建设对湿地生态系统的生产者(植物)影响不大。

第一节制闸、赵三亮子闸及团结桥施工所需的混凝土拌和站和混凝土预制板厂均布设在自然保护区以外,不会对自然保护区的水环境产生不利影响。

末端渠道加高工程以土方填筑为主,加高培厚从渠道下游坡开始,工程施工不会对水体产生搅动,不会对水环境产生不利影响。

5. 对景观的影响

工程全部在已有工程基础上进行改扩建,本次中引渠道扩建设计,渠道断面没有新增占地,也没有增加新的管理单位。临时占地也多布设在已征用的管理占地范围内,不占用保护区内的湿地资源,且临时占地待施工结束后可通过采取措施予以恢复。因此,工程建设不会改变项目区土地利用现状,不会影响自然保护区内的土地利用结构。总体上不会改变项目区土地利用现状,也不会改变区域内的工程分布情况,从总体上看,对自然保护区的景观影响不大。

中引工程早在 1976 年建成,一期工程改扩建是在原有工程基础上进行的。赵三亮子闸、团结桥及中引末端加高工程均位于扎龙国家级自然保护区缓冲区内,工程施工过程中由于施工人员和施工机械的进入将对自然保护区产生一定的不利影响。施工过程占用土地均为已征用的保护用地,无需新征。施工过程中,大量施工人员及施工机械进入本区,打破了本区原有的宁静,致使在施工区边缘栖息的动物产生趋避反应,迫使在干渠附近活动或觅食的动物向远离干渠一侧迁移,使其活动范围缩小;施工期间产生的废污水、固体废物等若处理不当,将对自然保护区的环境质量及其景观效应产生一定的负面影响。扎龙国家级自然保护区内鹤类等珍禽的繁殖时间主要集中在 4 ~6 月,因此工程施工应避开鹤类等珍禽的繁殖孵卵期,避免对鹤类等珍禽产卵孵化带来不利影响;加之施工人员法律意识淡薄,若管理不当,偷猎野生动物或拣拾鸟蛋等现象将时有发生。上述现象的发生将对扎龙国家级自然保护区野生动物的栖息和繁衍产生一定的影响,但由于本工程施工期短,工程施工结束后,随着施工人员和施工机械的撤出,这些影响随即消失,保护区将恢复原有的宁静。

6. 施工对保护植物的影响

在整个施工活动范围内,北引渠首、北引渠道均不涉及对沿线保护植物的影响。

引嫩扩建骨干一期工程中涉及扎龙国家级自然保护区,在保护区内有国家重点保护野生植物野大豆 1 种,属于豆科植物,保护级别为二级,分布在扎龙国家级自然保护区的核心区中。中引干渠施工活动在干渠两侧 30 m 范围内,主要生长着狼尾草和芦苇等植物,均为当地常见种,没有野大豆,因此严格施工范围和施工人员的活动,对国家级重点保护植物野大豆不会产生影响。

3.3.1.5　灌区灌溉退水对扎龙国家级自然保护区水质影响

工程实施后,林甸灌区灌溉退水经灌区一排干、二排干、三排干进入九道沟湿地,胜利灌区、南岗灌区、建国灌区、江东灌区灌溉退水进入九道沟湿地,总退水量 2 318 万 m^3/a,较现状减少 58 万 m^3/a,COD、氨氮、总磷、总氮、全盐量较现状分别减少 12.4 t/a、0.34 t/a、0.05 t/a、0.71 t/a、102 t/a。灌溉退水进入九道沟湿地后蓄存,由于九道沟湿地分布在扎龙湿地外围,与扎龙湿地存在水力联系,因此可能有部分灌溉退水进入扎龙国家级自然保护区。根据实地调查,上述灌区排干距离扎龙国家级自然保护区的距离均较远,且九道沟湿地内分布着大片的芦苇植物,对退水具有一定的净化作用,当灌溉退水进入扎龙湿地时,其污染物浓度较排干内有所降低,前面水质现状评价结果表明,扎龙国家级自然保护区现状水质与灌溉退水水质类似。因此,即使灌区退水进入扎龙国家级自然保护区,保护区水质也不会因退水的进入而发生显著变化。

3.3.2　对其他自然保护区影响评价

3.3.2.1　乌裕尔河自然保护区

1.概况

乌裕尔河自然保护区位于黑龙江省齐齐哈尔市富裕县内,松嫩平原北部,乌裕尔河中游,东至北引工程,西靠齐嫩铁路,北沿富裕牧场以富海镇五星村为界,南以碾北公路(富路以东段)兴旺村、宝山村以北湿地为界。保护区地理坐标为东经 124°11′53″～124°52′56″,北纬 47°30′46″～47°50′37″。

保护区范围内共有维管束植物 83 科 501 种,国家重点保护植物包括野大豆(*Glcine soja*)1 种。保护区内有鱼类 9 科 47 种,两栖动物 4 科 6 种,爬行动物 3 科 3 种,鸟类 48 科 265 种,兽类 9 科 25 种。国家一级重点保护动物有丹顶鹤(*Grus japonensis*)、东方白鹳(*Ciconia boyciana*)等 7 种,国家二级重点保护动物有大天鹅(*Cygnus cygnus*)等 32 种。

2.保护对象

保护对象为松嫩平原湿地的典型性和代表性及其生物多样性,以及保护丹顶鹤、白枕鹤、大天鹅等珍稀水禽及其栖息地。

3.功能区划

保护区总面积为 55 423 hm^2,其中核心区面积 19 542 hm^2,占保护区总面积的 35.26%,是保存完好的天然状态的生态系统及珍稀野生动植物集中分布区,也是该湿地生态系统的典型分布区。

缓冲区面积 15 729 hm^2,占保护区总面积的 28.38%,分布在核心区周围,对核心区起着屏障与缓冲的作用。

实验区面积 20 152 hm^2,占保护区总面积的 36.36%,分布在保护区边界以内,核心区和缓冲区以外的地带。

3.3.2.2　明水自然保护区

1.概况

明水自然保护区地处松嫩平原北部的明水县境内。地理坐标为东经 125°16′48″～125°31′15″,北纬 47°01′21″～47°17′18″。保护区东与明水县通达镇接镶,南与青冈县相邻,西与林甸县毗邻,北与依安县相接。

保护区内共有高等植物 501 种,其中仅有国家级重点保护植物 1 种,即豆科野生植物野大豆。脊椎动物 306 种,其中国家 I 级保护动物 5 种,包括东方白鹳、金雕、白鹤、丹顶鹤、大鸨等,国家 II 级保护动物 32 种,包括大天鹅、灰鹤等。

2. 保护对象

保护对象主要是北方平原沼泽湿地生态系统和以大鸨为代表的珍稀野生动植物资源及其栖息地。

3. 功能区划

保护区边界在北、西、南侧分别以明水县与依安县、林甸县、青冈县的行政区边界为边界,在东侧主要以湿地的自然边界为界。明水自然保护区总面积 30 840 hm²,按核心区、缓冲区、实验区 3 个功能区进行划分。其中核心区面积 11 960 hm²,占保护区总面积的37.8%;缓冲区面积 8 730 hm²,占保护区总面积的 28.3%;实验区面积 10 150 hm²,占保护区总面积的 32.9%。

3.3.2.3 大庆林甸东兴草甸草原自然保护区

1. 概况

大庆林甸东兴草甸草原保护区位于林甸东北部,北部与依安县相连,东部与明水县、青冈县、安达市接壤。地理坐标为东经 124°52′~125°20′,北纬 47°00′~47°27′。

保护区内有国家 I 级保护动物大鸨、国家 II 级保护动物苍鹰等,省重点保护动物赤狐等。保护区内还有多种珍稀濒危野生动植物、中草药材和优良的牧草,建群种为羊草、野古草等。

2. 主要保护对象

主要保护对象是保护以草甸草原为主的生态系统及生境和保护区内生存的珍稀濒危野生植物。

3. 功能区划

保护区总面积为 39 737 hm²,其中核心区是自然保护区的核心保护区域,位于保护区北部和东部距居民点较远的位置,面积为 15 650 hm²,占保护区总面积的 39.38%,该区是保存完好的原始草甸草原景观;缓冲区位于核心区的边缘,面积为 12 702 hm²,占保护区总面积的 31.97%;实验区面积为 11 385 hm²,占保护区总面积的 28.65%。

3.3.2.4 生态环境影响分析

中引工程始建于 20 世纪 60 年代末,北引工程始建于 70 年代,二者在 70 年代初期先后建成通水。30 多年来,北中引工程在大庆市生活用水、工程沿线农业用水及渔苇湿地用水等方面发挥了重要作用。虽然中引工程末端位于扎龙国家级自然保护区,北引工程穿越明水湿地自然保护区和大庆林甸东兴草甸草原自然保护区,但是工程均在保护区成立之前建成,且运行多年,形成了相对较为稳定的生态格局。北引渠道从保护区范围内穿过,一方面为保护区内的湿地、耕地和牧草提供了灌溉水源,另一方面也有利于保护区范围内地下水的补给和局地小气候的改善。

本次北引工程均是在已有工程基础上进行的改扩建,若对现有渠道进行改线,避让大庆林甸东兴草原自然保护区和明水湿地自然保护区,初步估算,渠道改线段长达 100 km 以上,土方开挖量大,且对地表植被破坏大,生物量损失较大,而且新开挖的渠道将在松嫩平原形成新的生态阻隔廊道,并将改变现有供水格局,不利于沿线耕地和牧草灌溉,对区域大环境的不利影响较大。一期工程渠道清淤及加高培厚均位于工程已有管理占地范围内,不需要新征用土地,只是在渠道加高培厚过程中,将破坏部分地表植被,但相比改线新建渠道而言,对地表植被影响小,生物损失量小;且工程实施后,加大了渠道的引水流量,为沿线草地和湿地资源的发展提供了水源保障,蒸发渗漏量加大,有利于改善区域小气候,并且有利于保护区地下水资源的补给。工程施工过程将对保护区内野生动植物资源产生短期的不利影响,但在采取相应措施后,对保护区影响较小。

富裕牧场灌区主要工程内容是在现状已有 2.39 万亩水田基础上,新增 1.54 万亩旱田灌溉面积,新增灌溉面积主要位于乌裕尔河自然保护区的缓冲区和核心区内,其中核心区面积为 1 万亩,缓冲区面积为 0.54 万亩。灌区一至十支沟、干渠、一至三支渠一半长度、四至十支渠等渠系工程位于核心区和缓冲区,富裕牧场灌区的工程量:土方开挖 11.33 万 m^3,土方填筑 18.55 万 m^3,石方 0.56 万 m^3,混凝土 1.09 万 m^3,全部位于保护区内。另外,灌区内共设有取土场 4 处,占地面积为 14.84 hm^2,料场取土总量约 15.45 万 m^3,全部位于自然保护区内,富裕牧场灌区内取土场分布情况统计见表 3.3-5。

表 3.3-5　富裕牧场灌区内取土场分布情况统计

项目		占地面积(hm^2)			取土量(m^3)	平均挖深(m)
		合计	旱田	草地		
富裕牧场灌区	1	3.89	1.36	2.53	40 575	1.04
	2	0.85	0.30	0.55	8 844	1.04
	3	5.01	1.75	3.26	52 157	1.04
	4	5.09	1.78	3.31	52 976	1.04
合计		14.84	5.19	9.65	154 552	1.04

上述工程量均位于乌裕尔河自然保护区内,虽然只是配套建设相应的渠系,但由于位于保护区的缓冲区和核心区内,不符合《中华人民共和国自然保护区条例》(1994 年 12 月)的规定,不利于保护区的保护和发展,并对保护区产生一定的不利影响。因此,该灌区维持现有灌溉面积,在保护区核心区和缓冲区内拟布设的渠系配套工程予以退出,富裕牧场灌区维持现状,不新建任何工程。

明青灌区现有水田面积 0.5 万亩,位于明水自然保护区实验区内,一期工程设计明青灌区增加了 6.59 万亩灌溉面积(新增 2.43 万亩旱田灌溉面积,新增 4.16 万亩牧草灌溉面积),其中新增旱田灌溉面积 1.09 万亩位于缓冲区内,牧草灌溉面积 1.8 万亩位于缓冲区内,共计 2.89 万亩位于缓冲区内,新增灌溉面积 1.61 万亩位于实验区内。明青灌区整个灌区的工程量:土方开挖 68.81 万 m^3,土方填筑 17.14 万 m^3,石方 0.20 万 m^3,混凝土 0.64 万 m^3,其中,保护区内工程量约为总工程量的 70%。由于新增灌溉面积 2.89 万亩位于保护区的缓冲区内,不符合《中华人民共和国自然保护区条例》(1994 年 12 月)的规定,不利于保护区的保护和发展,并对保护区产生一定的不利影响,因此该灌区维持现有灌溉面积,在保护区范围内拟布设的渠系配套工程予以退出,在明水自然保护区范围内不新建任何工程。

施工过程中会产生少量的生产废水、生活污水、扬尘、噪声和固体废物,若管理不当,会对保护区内野生动植物资源产生短期的不利影响。

3.3.2.5　对补水工程涉及的自然保护区的影响

龙凤湿地自然保护区、东湖湿地自然保护区和黑鱼泡自然保护区是本项目的主要补水自然保护区,补水工程涉及的自然保护区概况详见表3.3-6。在保护区内无工程,施工期对上述保护区基本不产生影响,项目实施后可为保护区补水,对保护区内生态环境恢复是有利的。龙凤湿地自然保护区和黑鱼泡自然保护区均位于大庆市,龙凤湿地自然保护区位于大庆市龙凤区,是黑龙江省目前唯一的建立在城区的自然保护区,也是城市污水处理与湿地保护有机结合的典范,是大庆市生态环境保护和生态建设的标志性工程。保护区以芦苇沼泽为主,生物多样性较丰富。本工程实施通过北引干渠及红旗干渠给龙凤湿地补水,通过北引干渠及大庆干渠给黑鱼泡自然保护区湿地补水,对改善大庆市生态环境、维持区域生态安全、提高人民环境质量等都有重大意义。东湖湿地自然保护区位于安达市西北部,是以东湖水库为核心区的保护区,主要保护湿地生态系统和珍稀濒危物种及其栖息地,本工程实施后通过北引干渠及东湖干渠为湿地补水,补水后对安达市区的气候维持和调节产生积极的影响,从而对当地的农业生产和人民的日常生活起到保障作用。黑鱼泡自然保护区是大庆市萨尔图区人民政府以萨政发〔1988〕44号文批准的县级保护区。黑鱼泡位于萨尔图区东北部,北面与林甸县接壤,东面与安达市临界,面积60 km²,库坝周长40 km,水源由嫩江引入,库内有一库心岛,该岛海拔为152.4 m,水库的南面与西面是广阔的草原,生长着大量的水生植物,有数量繁多的鸟类在此栖息,有鸟类60多种,数量达2万~3万只,尤其是天鹅、丹顶鹤、灰鹤等国家一、二级保护鸟类达200~300只,黑鱼泡自然保护区是保护水源、鱼类、鸟类及微生动物群体和植物物种的县级保护区。

表3.3-6　补水工程涉及的自然保护区概况

项目	龙凤湿地自然保护区	东湖湿地自然保护区
范围	地处大庆市龙凤区境内东南部,地理坐标为东经124°15′~125°07′,北纬46°28′~46°33′	位于安达市西北部,地理坐标为东经125°28′~125°43′,北纬46°25′~46°42′。保护区总面积14 600 hm²,其中水域沼泽面积5 256 hm²,草原面积4 744 hm²,其他4 600 hm²
保护对象	以水生和陆栖生物及其生境共同形成的湿地和水域生态系统	以保护沼泽生态系统和珍稀濒危物种及其栖息地为主,保护珍稀水禽及珍贵天然草原为主的湿地
功能区划	总面积为6 211 hm²,其中核心区面积为3 783 hm²,占保护区总面积的60.9%;缓冲区面积为1 304 hm²,占保护区总面积的21%;实验区面积为1 124 hm²,占保护区总面积的18.1%	总面积为14 600 hm²,其中核心区面积为5 256 hm²,占保护区总面积的36.00%;缓冲区面积为4 744 hm²,占保护区总面积的32.50%;实验区面积为4 600 hm²,占保护区总面积的31.50%,分布在保护区边界以内,核心区和缓冲区以外的地带

3.4 自然保护区保护目标及对策与措施

3.4.1 保护目标

保护敏感目标扎龙国家级自然保护区、明水自然保护区和大庆林甸东兴草甸草原自然保护区,保持自然保护区生态完整性,保持其生态结构和功能,确保珍稀动植物免遭破坏,提高扎龙湿地生态需水保证程度。

3.4.2 扎龙国家级自然保护区保护对策与措施

3.4.2.1 施工期保护措施

1.野生动物保护措施

扎龙国家级自然保护区中主要为繁殖鸟类。为了防止对繁殖鸟类产生影响,在鸟类的繁殖期 4~6 月应禁止施工,施工人员活动要受扎龙国家级自然保护区管理局的监督,以免对扎龙湿地的鸟类产生影响。

施工期间,对施工人员加强生态保护的宣传教育,可以宣传册、标志牌等形式进行。加强工程建设的环境保护监督管理、统筹安排,设立环境保护监督机构和环保专职人员,加强对施工人员的环保教育,监督施工单位在扎龙国家级自然保护区内的施工作业,保护野生动物不受破坏,增强施工人员保护湿地、保护野生动物的意识,严禁捕杀野生动物,避免自然保护区环境的人为破坏。

建立生态破坏惩罚制度,严禁施工人员猎捕野生动物;根据施工总平面布置图,确定施工用地范围,进行标桩划界,禁止施工人员进入非施工占地区域;非施工区严禁烟火、垂钓等活动。禁止施工人员野外用火,使对野生动物的干扰降至最低。施工时,如遇到野生动物,不可伤害,可通过在远处投食等方法将其引开。

2.陆生植物保护措施

明确施工用地范围,禁止施工人员、车辆进入非施工占地区域。施工结束后,对工程占地范围进行植被恢复。根据施工情况尽可能边弃土边恢复,减少水土流失。末端渠道加高工程对占地区造成新的扰动破坏,施工单位应将施工范围严格控制在渠道右侧征地范围内,并对周边地表植被加以保护,尽量减少植被破坏面积。在工程涉及的自然保护区实验区边界处设立简易铁丝围栏,严格控制施工人员、施工机械、运输车辆的出入,防止对湿地景观和植物的破坏。

3.水生生态保护措施

末端渠道加高段谨慎施工:工程建设过程中对于能导致水体混浊的施工活动应采取间歇作业的方式进行,以保证施工点以下渠道水生态的健康稳定。

加强监督管理:施工期要对保护区加强管理,各施工单位设专人负责施工期的管理工作,尽最大能力减少可能对水生生态产生破坏的因素产生,制定措施,严禁任何人员在保护区内进行非法捕鱼。

制订应急方案:施工过程中人员、车辆、机械较多,各种不确定污染事故产生的概率倍增,所以要制定防止突发事件发生的措施和应对突发污染事件的机制,防止污染事故发生后污染物随水体扩散造成水生生态破坏。

4. 严格执行《中华人民共和国自然保护区条例》,加强施工期环境管理

严格执行《中华人民共和国自然保护区条例》及《关于涉及自然保护区的开发建设项目环境管理工作有关问题的通知》(环发〔1999〕177 号)的有关规定,广泛宣传贯彻《中华人民共和国野生动物保护法》、《中华人民共和国自然保护区条例》,编制湿地、自然保护区、野生动物等保护知识及相关法规条例的宣传手册,尽可能减少对自然保护区的破坏。

5. 严格控制施工活动范围

严格控制施工活动范围,涉及保护区堤段不允许安排取弃土地点,施工尽量少占地,施工过程中位于保护区内和距离保护区相对较近的施工活动应十分慎重,完整地保护湿地生态环境现状。

在施工区涉及的自然保护区边界设立警示标志、宣传牌,禁止施工人员和施工车辆随意出入自然保护区。对于必须进入扎龙国家级自然保护区方能开展的施工活动,在施工前应与黑龙江扎龙国家级自然保护区管理局取得联系,在不损害自然保护区环境质量和生态功能的前提下,共同协商,合理规划,明确合理的施工时间,确定合理的运输线路和施工场地,在指定的时间、地点以指定的生产方式进行工程建设。

6. 环境空气污染防治措施

对环境空气的影响仅限于施工期,施工单位必须采取符合国家卫生标准的施工机械和运输工具,密切监测 NO_2、SO_2 等有害气体浓度,配备风机并正常运行,使其排放废气符合国家有关标准。

定期洒水,每天洒水 2 次,早、中各 1 次,主要在施工现场、施工营地、渣场以及施工进场道路上实施,运输土方和建筑材料采用封闭运输,车辆不应装载过满,以免在运输途中震动洒落,减少扬尘、粉尘和废气对保护区内环境空气的影响。

7. 噪声污染防治措施

保护区内不允许设置临时施工场区和生活区,选用符合国家标准的施工机械,尽量采用低噪声的施工机械;加强施工机械的维护和保养,保持机械润滑,降低运行噪声;震动大的机械设备配置减震机座等临时降噪设备;施工过程中高噪声施工机械和施工车辆配备消声装置,施工车辆进入自然保护区内时应限速行驶,并严禁在施工场区内鸣笛,减少对自然保护区内动物的惊扰,合理安排施工时间,施工活动应避开扎龙国家级自然保护区的安静期(4月 30 日至 6 月 30 日),禁止夜间施工。

8. 固体废物处置措施

施工期主要生产固体废物和施工人员生活垃圾,固体废物及时运到弃渣场堆放,生活垃圾定期运到垃圾填埋场处理。施工场地不允许设置在保护区内。在临时施工场区设立垃圾箱,施工过程中产生的垃圾统一收集,及时外运处理,严禁在自然保护区内丢弃、倾倒、堆置垃圾等。

3.4.2.2　运行期保护措施

1. 扎龙国家级自然保护区湿地水质恢复措施

水质恢复的内容为加强面源污染和点源污染的控制,做好净化处理工作,防止二次污染。乌裕尔河是扎龙湿地的主要供水水源,为减轻对扎龙湿地的污染影响,对乌裕尔河的污染防治必须采取如下措施:

（1）按流域功能区划，实施污染物总量控制政策，并把污染控制指标分解到各县镇，环保部门应依法实行严格的监督管理，不达标决不允许将废水排入乌裕尔河，特别是要有效削减 COD、BOD_5、总磷、总氮的排放量。

（2）乌裕尔河流域沿岸的克东、克山、依安、富裕、林甸五县已初步形成工业体系，克东、克山、依安、富裕四县的工业废水通过自然沟直接或通过湿地间接排入乌裕尔河；林甸县工业废水通过二、三排干直接排放到保护区内的沼泽湿地。环保部门对于各县造成环境污染的企业要限期治理，并本着"谁污染、谁治理、谁开发、谁保护"的方针，实行严格的环境保护责任制，要求达标排放，要求实行污水和污染物排放总量控制，要求各企业推行清洁生产，减少排污。

另外，克山镇、依安镇、富裕镇、林甸镇要建立城镇污水处理系统，合理布设城镇给排水管网，积极推广城镇生活污水厌氧化粪池技术和城镇污水净化与资源化生态工程技术。

（3）双阳河来水量经西支穿过九支干交叉后，与乌裕尔河汇合直接进入扎龙湿地，对于双阳河也要按乌裕尔河的要求，实行污水和污染物排放总量控制。同时，流域内的各企业要求达标排放。

（4）严格控制面源污染。扎龙国家级自然保护区上游及附近，有富南、繁荣、龙安桥及江东各水田灌区，施用的农药、化肥逐年增长，随着农灌用水排放和降雨产生的径流进入保护区，造成扎龙湿地面源污染，增加了湿地氮、磷与有机物的含量，并造成有机污染或局部边缘地区产生富营养化等。

对面源污染应采取控制政策，限制农药和化肥施用量，科学施用化肥，尽力采用最佳施肥配比，如氮、磷、钾为 1∶0.26∶0.32，有机氮肥和化学氮肥要配合使用；改进施肥方法，增大喷洒农药与降雨和排灌的时间间隔，减少化肥流失和污染，提高农药、化肥的有效利用率；有条件的要尽量施用农家肥；对灌溉后的回归水进行监测，按照有关水质标准进行排放管理，以防对湿地造成污染危害。

（5）加强扎龙湿地上游地区水土保持的治理。

在流经扎龙湿地的乌裕尔河及双阳河的上游地区，开展水土保持工作，控制和减少水土流失面积，实施绿化工程。在扎龙湿地内部，开展沟通水力联系的活动，尽量保持和延长过境水，防止已经补到扎龙湿地的水体白白地流向下游地区。

（6）由于补水灌区中引南岗和建国两个灌区位于扎龙国家级自然保护区实验区，建议中引南岗和建国灌区退耕还草，因此在补水灌区工程实施过程中应注意工程与保护区的关系，严格按有关法律法规要求进行开发建设，不得因工程建设对保护区内环境造成影响。

2. 建立长效补水机制，制订扎龙国家级自然保护区生态补水方案，确定扎龙湿地补水方式、补水时间和补水路径

根据扎龙湿地成因及退化原因的分析，扎龙湿地是乌双流域洪水周期性泛滥的结果，对扎龙湿地的补水必须遵循这一规律。根据现代恢复生态学理论，针对这类退化湿地的恢复提出洪水脉冲理论。洪水脉冲理论认为，洪水冲击湿地的生物和物理功能依赖于江河进入湿地的水的动态。被洪水冲过的湿地，植物种子的传播和萌发、幼苗定居、营养物质的循环、分解过程及沉积过程均受到影响。在湿地恢复时，利用洪水的作用和影响，加速恢复退化湿地或维持湿地的动态非常有益。

1) 补水方式

根据近年来湿地补水的实践,参照现状补水工程设施的过流能力,扎龙湿地补水恢复的措施可以采用如下两种方式:每年补水方式和间隔性补水方式。

根据近年湿地补水的实践,参照现状补水工程设施的过流能力,建议将每年分配给湿地的补水量以洪峰的方式在最短的时间内放入湿地。现状渠道工程和东升水库具备人造洪峰的条件。

将两年或 3 年的水量集中起来,以洪峰的方式在尽可能短的时间内补给湿地,相当于恢复乌裕尔河洪水泛滥过程,这样的补水方式更为有效。

2) 补水时间

每年 9 月下旬至 10 月为最佳补水时间,从现状补水时间和补水量以及补水后的遥感图像解译图反映的效果看,选择 10 月补水可以避开鹤类产卵孵化期和农业用水高峰期。秋季补水,结冰的冰面可以有效地阻隔大火的蔓延,很好地遏制湿地大火的发生,有效地保护湿地。此外,湿地管理部门需加强管理,湿地补水需要大量资金,需要各部门密切配合,落实资金保障。建设单位也可委托有资质的单位和科研机构对扎龙补水效果进行后评价,对补水方式和时间、补水路径进行全方位评估,并进行多年的观测和研究。

3) 补水路径

本工程通过连接北引、中引两大引水体系的友谊干渠,实现北引、中引联合调度。在实现北引、中引联合调度的基础上,结合地形及工程条件,布置 4 处为扎龙湿地补水工程,分别为赵三亮子闸、中引六支干、八支干和东升水库,从不同的方位为扎龙湿地补水,照顾到湿地核心区的全部范围。

(1) 赵三亮子闸。

中引总干渠基本上横跨乌裕尔河,扎龙国家级自然保护区大部分位于中引总干渠的右侧,渠道距核心区最近。现状中引总干渠与乌裕尔河西岔相交处建有赵三亮子闸 1 座,该闸位于扎龙湿地核心区东北部。因年久失修已经破坏,本工程给予重建,过流能力达到 25 m³/s。赵三亮子闸下游为乌裕尔河主河道,直接伸入保护区的核心区,该工程重建后可从中引总干渠上直接引水供水至扎龙湿地核心区。

(2) 中引六支干。

中部引嫩工程六支干自中引总干渠 30.5 km 处引水,长约 38 km,设计引水流量 21.97 m³/s,2001 年水利部批准了向扎龙国家级自然保护区应急补水工程,在六支干上修建一座过流能力为 24 m³/s 的泄水闸,将水放入灌区排水干渠翁海排干内,经翁海排干进入扎龙国家级自然保护区西侧中部核心区。

(3) 中引八支干。

中引八支干是向大庆市工业及城镇供水的专用渠道,位于六支干东侧,扎龙国家级自然保护区西侧。渠道走向基本沿着扎龙国家级自然保护区西侧边界。八支干分水闸位于中引总干渠 K41 +686 km 处,渠道设计流量 37 m³/s,全长 97.1 km,在 30 km 处修有退水闸一座,过流能力 20 m³/s,经退水闸过翁海排干后进入扎龙湿地核心区。

(4) 东升水库补水。

东升水库位于扎龙国家级自然保护区东北角,水库为大(二)型平原水库,设计中引向东升水库供水 2.0 亿 m³,其中包含 3 万亩水田灌区用水,其余为渔苇用水,经东升水库泄洪闸下泄给下游,经九道沟漫散进入扎龙国家级自然保护区核心区。

4)补水调度原则

在平水年当扎龙湿地水面面积小于 700 km² 时,根据中引和北引工程的引水能力和调度制度,按照以供定需原则,引入嫩江水补给扎龙湿地,尽可能使水面面积维持在 700 km² 以上;当乌双流域和嫩江遭遇枯水年时,在工农业生产用水不破坏情况下,引入嫩江水量后保证扎龙湿地核心区用水,水面面积应维持在 600 km² 以上;在特枯水年,当引嫩工程供水区的工农业生产用水得不到满足时,可适当削减湿地供水量,但核心区水面面积应维持在 200 km² 以上;当湿地核心区水面面积连续两年以上维持在 200 km² 以下时,应进一步削减引嫩农业供水量,强制进行扎龙湿地补水。另外,在嫩江发生洪水情况下,如果乌裕尔河为平枯水,则加大引嫩补水量,利用洪水资源补给湿地用水,但同时应防止造成人为洪患,洪水期还应利用现有的东升水库工程拦蓄洪水,待枯水期补给核心区需水。

5)扎龙湿地补水量

扎龙湿地是我国重要的以鹤类等大型水禽为主体的珍稀鸟类和湿地生态类型的国家级自然保护区,为优先保障扎龙湿地生态环境用水,按照《尼尔基水利枢纽配套项目黑龙江省引嫩扩建骨干一期工程可行性研究报告》,北引、中引扩建工程完成后,通过北引、中引工程联合调度,通过中引六支干、中引八支干、东升水库、赵三亮子闸 4 条路径对扎龙湿地进行补水。本次设计重建为扎龙湿地补水的赵三亮子闸,扩大赵三亮子闸过流能力,其中北引补给中引湿地水量 0.62 亿 m³,中引补给湿地水量 0.89 亿 m³,一期工程共补给扎龙湿地水量 1.51 亿 m³(分水闸 1.43 亿 m³,分水闸处通过中引补给扎龙湿地水量为 0.88 亿 m³,经友谊干渠补给湿地水量为 0.55 亿 m³),较原批复 0.99 亿 m³(中北引补给中引 0.50 亿 m³,中引补给 0.49 亿 m³)增加 0.52 亿 m³,加上乌双流域上游来水,能够满足扎龙湿地 4.9 亿 m³ 生态需水量的需求。

3. 建立有偿补水机制

在 20 世纪七八十年代计划经济时期通过北引、中引工程引入嫩江水量向乌双下游九道沟及扎龙湿地进行了生态补水,使扎龙湿地在枯水年份得到了充足的水源补充,避免了由于水资源短缺引起的生态环境严重破坏。进入 90 年代市场经济时期,由于无人为生态用水买单,北引、中引工程逐渐不再向湿地供水,在枯水年湿地干旱渴水问题才变得较为突出,2001 年开始的应急补水也是在多方筹措补水资金情况下实施的。由于补水工程属于企业化管理,其管理运行费用主要来源于水费收入,与各用水户之间为水量买卖关系,故从扎龙湿地长效补水机制讲,在保证水资源量前提下,关键是解决有偿供水机制问题。

湿地补水的效益主要有两个方面:一是生态环境效益,即解决扎龙国家级自然保护区生物多样性的生态存在问题,这是公益性的效益,按照国际通行的公共财政理论,政府的职能就是提供公共物品,而生态补水无疑是一项公益性事业,是一种公共物品,由政府承担生态补水买单主体是顺理成章的事,对于生态补水这样的新生事物,我国现有的法律、法规和政策对包括中央政府在内的各级政府所应当承担责任的比例尚无明确规定,但各级政府应在主管部门的协调下达成费用分担协议,将生态补水资金纳入各级财政预算统筹考虑;二是有了水就有鱼,就有芦苇,当地的居民发展苇业和渔业有经济收益,理应从渔苇等湿地资源收益中拿出部分费用交纳补水费用,建议成立由补水工程管理部门与受益区政府、苇农等共同组建的"渔苇经济区供水议事委员会",商定由受益的苇农和渔民交纳部分水费。另外,可以积极争取国际资金、广泛吸收社会资金参与生态保护社会公益事业,形成以中央和地方财政投入为主体,向社会筹措资金的多渠道、多层次、多元化的投入机制,建立以扎龙保护区管理局、引嫩供水工程管理局和周边社区三家组成的"扎龙湿地有偿供水协调委员会",建立湿地有偿补水基金,形成生态补水的长效机制。

有偿补水机制的建立是扎龙湿地长效补水的重要保证。根据水利部文件《关于报送尼尔基水利枢纽配套项目黑龙江省引嫩扩建骨干一期工程可行性研究报告审查意见的函》(水规计〔2011〕262 号),湿地供水水价按 0.01 元/m³ 计算,多年平均北引、中引为扎龙湿地供水量为 1.43 亿 m³,每年水费 143 万元。

4. 严格控制扎龙湿地周边地下水的开采

(1)确实落实大庆市和安达市地下水减量开采的计划。根据近年来大庆西部地区地下水位降落漏斗恢复的特征,大庆市西部地区需调整,全部关闭东部区的北水源、东水源等 10 个地下水源地,对位于大庆东、西部地下水位降落漏斗区大型水源地进行限采,减少开采量,使漏斗区地下水达到采补平衡状态,逐步减少漏斗区范围。地表水源工程达到设计供水量后,调整减少齐家水源、西水源和南二水源等 6 个地下水源地供水量。

(2)低平原区地下水资源较丰富,具有一定的开发潜力,但必须在一定的技术条件限制下进行开采,以达到在水位、水量稳定,水质不变、不影响生态平衡条件下的地下水长期开采。

(3)在地下水超量开采区应调整地下水开采布局,严格控制地下水开采量,加强地下水资源的科学管理工作。

(4)应严格控制扎龙湿地周边地下水开采,特别是湿地周边浅层地下水的开采,以减少因湿地周边地下水开采对湿地水的袭夺量,达到保护扎龙湿地水资源的目的。

5. 灌区退水对扎龙国家级自然保护区影响的减缓措施

灌区退水进入扎龙国家级自然保护区的灌区主要有林甸引嫩灌区、胜利灌区、南岗灌区和建国灌区等,这些灌区以发展绿色生态农业为主,农业生产活动严格执行测土施肥,根据作物需要量和利用率推算所需施用的化肥量,尽量提高肥料的利用率,减少损失,例如氮肥的深施、分次施、磷肥的集中施等都是减少损失、提高利用率的好办法。在施用化肥时,对于易流失的氮肥要采取平衡施肥、适时施肥、分施等措施,以减少氮肥的淋溶与流失;提倡多施有机肥,少施或不施化肥,减轻农田排水对扎龙国家级自然保护区的不利影响。制定科学合理的农药使用制度,农药主要选用低毒、低残留的生物源农药、矿物源农药和有机合成农药,在不能满足植物保护的情况下,可使用中等毒性以下的植物源农药和动物源农药等;在具体操作上,要注意在每一种作物生长期内只允许使用 1 次,并且要按照标准控制施药量。

6. 湿地生态环境监测措施

生态环境监测是湿地生态系统恢复与健康发展的前提和保障,应建立保护区地质环境和生态环境的监测系统,加强生态环境的动态监测与评价。对本区气象、水文、环境变化规律进行监测,定期使用权样、分析,随时掌握保护区湿地、地下水、地表水(水质、水位、水量)的变化情况。尤其要重视对该区的生物多样性的监测,如本区候鸟迁徙繁殖规律、沼泽植被的生长发育等进行观测,为扎龙湿地资源保护提供科学依据。

7.加强水资源管理建设,合理配置水资源

通过乌双流域和引嫩水资源管理机制建设与相关法制法规的制定,坚持依法管水、依法治水,水资源实行统一规划、统一配置、统一调度,对生活、生产、生态用水统筹安排,对水资源进行合理配置,强化节水措施,提高水资源利用效率,进而保障扎龙湿地维持其生态敏感区的生态环境用水量。在水资源配置中要以水资源可持续利用为原则,在优先考虑生活用水、合理考虑生产用水的同时,还要重点考虑湿地生态用水问题。加强补水工程沿线用水管理,在生态补水过程中,严禁其他行业挤占生态用水,确保生态补水顺利完成;一旦扎龙湿地出现严重缺水危机,在合理调配水资源的基础上,考虑优先保障扎龙湿地用水需求。

3.4.3　其他自然保护区环境保护措施

3.4.3.1　施工期环境保护措施

根据保护区实际情况,将临时占地规划在干渠管理范围内,动植物资源相对较为贫乏的地区,在进驻施工现场前,对现场进行清理,待施工结束后,及时对临时占地予以清理、平整,根据占地前区域内植被分布情况,恢复地表植被;施工过程中高噪声的施工机械尽量远离自然保护区布设,施工车辆和施工机械配备消声装置,严禁在施工场区内鸣笛,减少对自然保护区内动物的惊扰;在临时施工场区设立垃圾箱,施工过程中产生的垃圾统一收集,及时外运处理,严禁在自然保护区内丢弃、倾倒或堆置垃圾等固体废物。在保护区内严禁设置弃渣场和临时堆土场,防止在保护区内有固体废物堆放的现象发生。

为了保护自然保护区内野生动植物不受施工影响,应制定严格的管理制度,加强宣传教育,增强施工人员保护珍稀动、植物资源的意识,严禁乱捕滥猎,尽量减少在自然保护区范围内的人为活动,避免对野生动物的惊扰。保护区管理人员应加强与项目管理部门、设计部门的联系,使之将湿地保护的经验和理念吸收到施工组织设计中,实现生态水利和湿地保护的可持续发展。

3.4.3.2　运行期环境保护措施

宣传《中华人民共和国野生动物保护法》、《中华人民共和国自然保护区条例》,加强中引各管理站人员的管理和教育,增强管理人员保护湿地、保护野生动物的意识,避免自然保护区环境的人为破坏。

项目运行后,要严格遵守自然保护区和湿地管理的有关规定与行为准则,严格按照上级部门批准的灌区界线规范农事活动,同时在林甸灌区、富路灌区和富西灌区运行过程中做好监督检查工作,严禁农田机械作业和农民农事管理进入扎龙国家级自然保护区、大庆林甸东兴草甸草原自然保护区和乌裕尔河自然保护区,防止改变项目建设地点和扩大改造范围等问题的发生,防止对天然湿地造成破坏。

北引大庆湿地主要通过北引总干渠引水,然后分别经过大庆干渠、红旗干渠、东湖干渠及明青干渠进入黑鱼泡自然保护区、龙凤湿地自然保护区、东湖湿地自然保护区及大庆市湖泡,大庆湿地渠首处多年平均供水量为 1.10 亿 m^3,分水闸分配给湿地供水量为 0.86 亿 m^3,由于一期北引总干渠的供水任务主要为城市、灌溉、渔业及湿地生态,采用湿地供水与城市、农业供水与湿地供水错峰的方式,首先以农业灌溉供水为主,然后为城市供水,其次为大庆湿地补水,北引区大庆湿地补水原则以以供定需,尽可能地利用北引总干渠的引水能力,为大庆湿地补充生态用水,北引区大庆湿地的生态补水时间主要集中在 8 月下旬至 10 月中旬,可满足北引区大庆湿地的需水要求。

　　另外,根据《中华人民共和国自然保护区条例》第三十二条和《关于涉及自然保护区的开发建设项目环境管理工作有关问题的通知》第二条规定,在自然保护区的核心区和缓冲区内,不得建设任何生产设施。凡涉及自然保护区的开发建设项目,不得安排在自然保护区的核心区、缓冲区内。因此,明青灌区和富裕牧场灌区建设与上述规定相违背。本次评价要求在明水自然保护区和乌裕尔河自然保护区内不能配套建设渠系工程发展灌溉,但应考虑给两个保护区分配一定的水量。

第4章　水生生态影响与保护措施

4.1　水生生态环境现状

　　为了了解嫩江尼尔基水库坝下至齐齐哈尔江段区间的水生生物资源现状,依据《内陆水域渔业自然资源调查手册》,对嫩江干流中下游浮游生物、底栖生物、鱼类进行了调查。

4.1.1　水生生态现状调查

4.1.1.1　调查范围、时间及点位布设

　　1.调查范围与时间

　　重点调查嫩江干流尼尔基水库坝下至齐齐哈尔市嫩江桥处,并调查诺敏河北支和南支入河口处水生生物资源现状。时间为2011年5月25日至6月8日。

　　2.调查点位布设

　　共设了8个断面,其中嫩江干流6个、诺敏河2个,调查点位见表4.1-1。

表 4.1-1　水生生物现状调查点位

序号	河流	点位	东经	北纬	海拔（m）	与北中引引水口关系
1	嫩江	尼尔基坝下	124°31.776′	48°28.811′	185	北引取水口以上
2		拉哈浮桥	124°33.641′	48°14.900′	130	北引取水口以上
3		同盟	124°22.392′	48°04.105′	152	北引、中引取水口之间
4		索伦	124°29.087′	48°06.236′	171	北引、中引取水口之间
5		富甘浮桥	124°17.679′	47°54.414′	160	北引、中引取水口之间
6		齐齐哈尔市嫩江桥	123°55.892′	47°22.892′	145	中引取水口以下
7	诺敏河	诺敏河东河口（北支）	124°30.733′	48°22.331′	174	北引取水口以上
8		诺敏河西河口（南支）	124°27.598′	48°10.375′	160	北引、中引取水口之间

4.1.1.2　调查内容及调查方法

　　在8个采样点位均进行了水生生物样品采集和渔获物调查,重点进行了嫩江中游渔业资源现状调查。嫩江中下游水生生物调查内容见表4.1-2。

表4.1-2 嫩江中下游水生生物调查内容

调查对象	调查内容	调查方法
鱼类	鱼类种类、区系组成;地理分布;生境特征;产卵场、索饵场和越冬场等	结合渔业捕捞生产采集鱼类标本;对非渔业水域、非经济鱼类或稀有、珍贵的鱼类标本,可用拉网、刺网、抄网、旋网、定置渔具等进行专门采捕,也可从鱼市场、收购站购买标本,同时了解其捕捞产地或水域情况
浮游生物	浮游植物的种类组成、优势属种、数量、生物量	定性采集采用25号筛绢制成的浮游生物网在水中拖曳采集。定量采集则采用5 000 mL采水器取上、中、下层水样,经充分混合后,取1 000 mL水样(根据江水泥沙含量、浮游植物数量等实际情况决定取样量,并采用泥沙分离的方法),加入鲁哥氏溶液固定,经过48 h静置沉淀,浓缩至约30 mL,保存待检。一般同断面的浮游植物与原生动物、轮虫共用一份定性、定量样品
	浮游动物的种类组成、优势属种、数量、生物量	各采样点的混合水样10 L(若浮游动物很少,可加大采水量,如20 L、40 L、50 L,但必须在记录中注明),将所采水样倾到入干净的25号浮游生物网中过滤,注入标本瓶。用4% ~5%福尔马林固定保存。对标本编号,注明采水量,并贴好标签。记录采集地点、采集时间以及周围环境等。枝角类和桡足类的定性采集,采用13号筛绢制成的浮游生物网在水体的表层来回拖曳采集,用4% ~5%福尔马林固定保存
底栖生物	种类组成、数量与生物量	用面积1/16 m²的改良彼得生(Petersen)采集器,每个采样点采泥样5 ~10个;软体动物定性样品用D形踢网进行采集,水生昆虫、寡毛类定性样品采集同定量样品。砾石底质选取1 m²水域鹅卵石,将鹅卵石放入水盆用软毛刷将石底洗净,最后将泥水用40目分样筛过滤,选取底栖动物
水生植物	种类组成、分布特点	挺水植物直接用手采集;浮叶植物和沉水植物用水草采集耙采集;漂浮植物直接用手或带柄手抄网采集

4.1.2 鱼类资源

4.1.2.1 主要渔获物情况

嫩江中游鱼类体长和体重实测值见表4.1-3。嫩江中游江段的自然捕捞量历年变化较大,最高年捕捞量(1960年)与最低年捕捞量(1969年)相差近万吨,据对嫩江中游的齐齐哈尔市、富裕县、讷河县的初步调查统计,20世纪80年代为8 000 t左右,90年代为5 000 t左右,2000年以后为2 000 t左右,嫩江中游鱼类资源以每10年60%的速度递减,资源呈现明显的逐渐下降趋势。从嫩江中游渔获物组成分析,80年代挂网鲫占90.7%,鲇占5.4%,三层挂网鳘占84.9%,鲫占10.8%,在渔获物组成中以小型鱼类为主。目前,嫩江中游渔获物组成,挂网鲫占60%,鲇占10%,其他小杂鱼占30%左右,在三层挂网鳘占1/3左右,鲫占1/3左右,其他杂鱼占1/3左右,仍然是小型鱼类占较大优势。从渔获物中主要经济鱼类的体长、体重、年龄组成分析也仍然以小型化、低龄化为主要发展趋势,同其他水域一样,嫩江中游鱼类资源呈下降趋势,应当加以保护。

表 4.1-3　嫩江中游鱼类体长和体重实测值

鱼名	全长（mm）		体长（mm）		体重（g）		尾数
	平均值±标准差	变幅	平均值±标准差	变幅	平均值±标准差	变幅	
翘嘴鲌	123.98±46.71	63.93~298.52	38.64±66.40	2.8~359.1	146.95±55.24	76.48~365.46	47
银鲫	97.29±46.16	41.74~259.37	89.91±24.84	39.09~223.84	26.0±35.8	1.4~386.6	142
光泽黄颡鱼	128.82±35.32	13.80~206.45	136.16±46.58	11.70~186.36	128.82±35.33	13.80~206.45	127
棒花鱼	146.95±55.24	76.48~365.46	123.98±46.71	63.93~298.52	38.64±26.40	2.8~89.8	81
花鳕	203.97±82.40	65.86~313.89	173.09±71.44	54.48~267.62	203.9±82.4	65.9~312.9	29
鲤	243.83±204.55	21.05~374.92	185.52±78.92	46.5~324.93	218.35±99.2	41.18~690.8	15
黑龙江鳑鲏	59.76±9.91	31.01~79.04	74.60±11.94	40.62~97.78	5.73±2.90	0.51~12.47	142
鮊	135.58±46.08	45.8~182.39	146.93±49.66	5.80~207.50	39.47±50.86	5.80~207.50	14
鳌	52.56±18.29	33.40~161.81	65.21±22.05	40.68~188.34	2.45±4.48	0.50~46.95	345
北方条鳅	71.04±22.46	55.16~86.92	82.66±24.43	65.38~99.93	2.45±0.64	2.0~2.9	4
花斑副沙鳅	106.15±3.04	103.82~110.35	117.29±19.26	88.78~131.24	16.08±4.93	9.40~21.30	6
贝氏鳘	84.31±9.80	69.75~102.65	104.98±11.54	87.64~124.21	9.03±3.76	4.10~16.02	12
银鮈	90.08±29.60	74.08~104.31	73.40±24.00	61.15~84.03	6.93±3.40	3.70~11.12	10
葛氏鲈塘鳢	122.16±49.27	57.38~168.64	143.23±57.11	65.11~196.59	61.10±43.41	3.50~127.90	12
乌苏拟鲿	252.30±131.39	26.84~483.76	260.41±152.03	31.37~536.12	166.09±182.76	31.37~518.60	18
瓦氏雅罗鱼	135.04±17.37	102.71~188.63	151.50±18.62	119.88~198.49	167.30±19.99	130.13~232.17	94
蛇鮈	111.78±32.63	47.05~171.00	127.61±46.02	38.84~203.40	20.62±14.78	0.50~74.20	59

续表 4.1-3

鱼名	全长（mm）		体长（mm）		体重（g）		尾数
	平均值±标准差	变幅	平均值±标准差	变幅	平均值±标准差	变幅	
黄颡鱼	43.23±7.88	26.25~58.35	52.80±9.28	33.99~69.72	1.28±0.68	0.30~2.80	53
银鮈	123.03±18.16	98.80~164.51	120.33±38.76	81.90~197.68	26.05±26.10	9.00~204.31	74
麦穗鱼	51.11±12.31	2.80~80.28	69.75±14.04	26.51~98.02	3.06±4.44	0.10~65.13	589
黄鮈	37.37±8.90	31.28~47.59	44.37±10.39	38.03~56.36	0.97±0.81	0.50~1.90	4
黑龙江花鳅	53.81±9.67	36.63~63.67	54.18±17.95	41.71~74.28	0.96±0.74	0.3~2.37	8
黑龙江泥鳅	67.31±20.25	38.04~158.18	77.44±22.80	46.00~183.39	2.43±3.12	0.36~32.29	209
高体鮈	101.37±21.13	40.21~132.56	107.61±21.16	44.67~152.34	13.69±6.44	2.23~35.95	110
北方泥鳅	72.12±28.54	44.19~192.41	82.25±31.56	52.87~218.83	3.99±9.19	0.73~69.50	58
马口鱼	138.25±18.06	115.07~174.83	171.99±22.22	144.61~219.11	48.01±29.20	24.47~121.15	24
突吻鮈	53.24±6.17	43.42~64.26	64.81±7.00	52.89~76.01	1.74±0.68	0.85~3.26	17
东北鳈	64.37±36.72	37.77~88.57	63.65±33.26	60.06~73.45	3.98±2.95	1.86~7.6	4
鲢	124.51±69.91	99.99~141.54	153.72±79.53	126.02~174.70	36.34±22.76	20.66~51.86	4
细体鮈	110.68±50.95	98.28~130.33	90.59±41.06	84.24~101.48	10.40±5.90	6.90~16.50	4
大首鮈	101.02		123.33		13.7		1
乌鳢	211.99±74.82	84.26~310.55	249.82±87.83	102.88~370.01	192.12±150.50	8.20~450.40	6
唇鲴	384.33±16.44	372.00~403.00	446.00±14.42	434.00~462.00	931.97±137.01	806.40~1078.10	3
江鳕	221.23±65.31	146.65~319.17	235.44±68.48	154.45~339.42	148.36±130.10	27.60~365.70	11

4.1.2.2 鱼类分布

嫩江中游按世界淡水鱼类区划划分,属于北地界、全北区、中亚(中亚高山)亚区、黑龙江分区。

空间分布:从调查结果看,嫩江中游鱼类分布,除细鳞鲑和哲罗鲑等鱼类主要分布在嫩江中、上游山间溪流,在秋季洄游进入嫩江干流外,其他种类在嫩江干流均有分布。

时间分布:由于嫩江中游地处高寒、高纬度区域,鱼类时间分布比较明显。春季水温较低,一些冷水性鱼类,北方山麓鱼类、北极淡水复合体鱼类,如哲罗鲑、细鳞鲑、江鳕、黑斑狗鱼等多有分布。而水温较高的夏季,冷水性鱼类则没有分布,多以北方平原、上第三纪复合体鱼类,如银鲫、鲤、鲢、鳙等温水性鱼类为主,表现出明显的时间分布特点。

4.1.2.3 鱼类种类组成

据调查采集鱼类标本和文献记载,嫩江中游鱼类有6目13科68种,其中鲤科鱼类46种,占67.65%,鳅科鱼类5种,鲿科和鲑科3种,七鳃鳗科和塘鳢科2种,银鱼科、狗鱼科、鳕科、鳢科、鲇科、鮨科、鰕虎鱼科等各1种。嫩江中游土著鱼类有6目12科66种;引进鱼类有2目2科2种;冷水性鱼类有4目7科15种;濒危鱼类有5种;优先保护的鱼类为6目9科20种。嫩江主要珍稀濒危、特有和优先保护鱼类见表4.1-4,嫩江中游主要经济、珍稀、冷水性鱼类生物学特性见表4.1-5,嫩江中游鱼类名录见附录5。

表 4.1-4 嫩江主要珍稀濒危、特有和优先保护鱼类

濒危鱼类(5种)	雷氏七鳃鳗 *Lampetra reissneri* (Dybowski)	优先保护鱼类(20种)	红鳍原鲌 *Culterichthys erythropterus* (Basilewsky)
	日本七鳃鳗 *Lampetra japonica* (Martens)		蒙古鲌 *Culter mongolicus mongolicus* (Basilewsky)
	哲罗鲑 *Hucho taimen* (Pallas)		鲂 *Megalobrama skolkoui* (Dybowski)
	细鳞鲑 *Brachymystax lenok* (Pallas)		银鲴 *Xenocypris argentea* (Basilewsky)
	乌苏里白鲑 *Coregonus chadary* (Dybowski)		细鳞鲴 *Xenocypris microlepis* (Bleeker)
优先保护鱼类(20种)	雷氏七鳃鳗 *Lampetra reissneri* (Dybowski)		凌源鮈 *Gobio lingyuanensis* (Mori)
	哲罗鲑 *Hucho taimen* (Pallas)		花斑副沙鳅 *Parabotia fasciata* (Dabry)
	细鳞鲑 *Brachymystax lenok* (Pallas)		黄颡鱼 *Pelteobagrus fulvidraco* (Richardson)
	黑斑狗鱼 *Esox reicherti* (Dybowski)		乌苏拟鲿 *Pseudobagrus ussuriensis* (Ognev)
	拟赤梢鱼 *Pseudaspius leptocephalus* (Pallas)		江鳕 *Lota lata* (Linnaeus)
	赤眼鳟 *Squaliobarbus curriculus* (Richardson)		鳜 *Siniperca chuatsi* (Basilewsky)
	鳡 *Elopichthys bambusa* (Richardson)		乌鳢 *Channa argus* (Cantor)
	鳊 *Parabramis pekinensis* (Basilewsky)		

4.1.2.4 主要经济、珍稀、濒危鱼类"三场一通道"分布

1. 鱼类产卵场分布

冷水性鱼类产卵场:由于水域环境特点,主要分布于诺敏河中上游,莫里达瓦旗宝山镇往北至49°,基本平均分为三段,在诺敏河中上游分别为贾气口子、新肯布拉尔、伊威达瓦3个主要产卵场。

哲罗鲑产卵场主要分布在诺敏河上游及支流河段、毕拉河与诺敏河交汇处及上游、格尼河与诺敏河交汇处及上游。

细鳞鲑产卵场主要分布基本同哲罗鲑。2005年调查时发现哲罗鲑与细鳞鲑杂交种,说

表 4.1-5　嫩江中游主要经济、珍稀、冷水性鱼类生物学特性

序号	鱼类	生活习性	现状	分布
1	哲罗鲑	栖息于水质清澈、水温最高不超过 20 ℃ 的水域中，系冷水性鱼类。夏季多生活在山体区支流中，秋末冬季进入河流深水区或大河泊中发现，偶尔在湖泊中发现。哲罗鲑是肉食性的掠食性鱼类，四季均摄食，冬季食欲仍很强，仅在夏季水温升高时或在繁殖期摄食强度变弱，甚至停食。在早晨和黄昏时摄食活跃，由深水游到浅水处猎捕鱼类或在岸边的晴岗动物，蛇类或水禽。由于所栖居的水域环境不一样，有所摄食的鱼类也不一样，有鲃类、鲈类、鳞鲅、雅罗鱼、鲫等。哲罗鲑稚鱼以捕食鱼无脊椎动物为主。哲罗鲑生长速度较快，3 龄鱼体长可达 315 mm。性成熟年龄为 5 年，体长大于 400 mm。在流水石砾底质处产卵，产卵习性似大麻哈鱼，但一生可多次繁殖，怀卵量 1.0 万～3.4 万粒，受精卵需 30～35 天孵化，产卵期在 5 月	适栖水域减少，群体数量锐减，个体趋于小型化，物种濒危等级为易危	黑龙江中、上游，嫩江上游，牡丹江，乌苏里江、松花江上游及镜泊湖的山区溪流、新疆额尔齐斯河均有
2	细鳞鲑	系冷水性鱼类，喜栖息于水质澄清急流、高氧、石砾底质、水温 15 ℃ 以下、两岸植被茂密的支流。它具有明显的适温洄游习性。春季（4 月中旬至 5 月下旬）进行产卵洄游，由主流游进支流，秋季（9 月中旬至 10 月中旬）进行越冬洄游，从支流游回到主流。产卵期为 4 月中旬至 5 月下旬，产卵场选择被茂密的河套子处。砂砾底质，流速 1.0～1.5 m/s，两岸植被茂密的河套子处。产卵水温 5～8 ℃。产卵场条件为水质清澈、砂砾底质，流速 1.0～1.5 m/s，以无脊椎动物、小鱼等为主要摄食对象。属肉食性鱼类，以无脊椎动物、小鱼等为主要摄食对象	在 20 世纪 60 年代遍布黑龙江、乌苏里江、嫩江等水域，目前主要分布于黑龙江上游呼玛以上，乌苏里江上游虎头以上，嫩江上游支流等江段。适栖水域减少，群体数量减少，物种濒危等级为易危	黑龙江中、上游，嫩江上游，牡丹江，乌苏里江、松花江上游及镜泊湖的山区溪流、新疆额尔齐斯河均有分布

续表 4.1-5

序号	鱼类	生活习性	现状	分布
3	雷氏七鳃鳗	为淡水生活种类，喜栖于有缓流、沙质地质的溪流中，白天钻入沙内或藏于石下，夜出觅食。发育过程经变态，幼体眼埋于皮下；口呈三角形裂缝状，口缘乳突发达，穗状。成体眼发达，口呈漏斗状吸盘，口缘乳突变小。体表具大量黏液。游动时，呈鳗形扭曲摆动。幼体基本上以砂石上的植物碎屑和附着藻类为食。成体以浮游动植物为食，也营寄生生活，用吸盘吸附在其他鱼体上，凿破皮肤吸食其血肉。为小型鱼类，记录成体最大全长 205 mm，仔鳗全长可达 160 mm。其生长速度不详。全长 160 mm 以上达成熟。产卵期 5 月末至 7 月。产卵后，部分亲体死亡，部分亲体从精疲力竭状态恢复过来继续生存	栖居的生态条件恶化，种群衰败，物种濒危等级为易危。我国已将其列入濒危动物红皮书，在嫩江中游种群数量逐渐减少	该种在中国为东北地区特有。黑龙江水系的嫩江、牡丹江、乌苏里江、兴凯湖均有分布
4	江鳕	属典型的冷水性鱼类，栖居于江河或湖泊的深层水域，喜生活在水质清澈、砂砾底质中，适宜水温 15～18 ℃，最高不超过 23 ℃。夏季多在山溪。冬季溯入江河进行生殖洄游，几乎不摄食。白天基本不活动，夜间摄食活跃。江鳕属凶猛肉食性鱼类，以捕食小型鱼类为主。主要摄食鲫、鮈类、鲷类、黄颡鱼、鳅类、杜父鱼、鳈等	目前在嫩江中游种群数量锐减，大个体很难见到	在黑龙江水系分布较广，另外在吉林鸭绿江上游和新疆额尔齐斯河水系有少量分布

续表 4.1-5

序号	鱼类	生活习性	现状	分布
5	黑斑狗鱼	栖息在河流支汊缓流水区或湖泊,水库中的开阔区。春季4~5月集群,溯河到湖泊,水库的上游河口浅水区植物丛中,产卵后鱼群分散在河流下游的植物茎叶上。越冬期仍不停活动,继续旺盛摄食。其幼鱼喜栖息在水域沿岸带并进入水域混浊区,黑斑狗鱼沿岸带有一定的洄游规律,黑斑狗鱼以捕食小鱼为主。因栖息的水域不同,其所捕食鱼种类有不同,也有捕食水禽或蛙类的情况,黑斑狗鱼掠食其他鱼类是从头部各省人。性成熟的亲鱼在繁殖期有停食现象,除繁殖期外,全年都强烈摄食	由于嫩江流域过大的捕捞强度和生态环境的改变,黑斑狗鱼在嫩江中游资源面临衰退	系高纬度(约北纬44°以北)寒冷地带河流湖泊水域特产鱼类,在黑龙江省分布较广,黑龙江、乌苏里江、松花江等水系支流,湖泊和水库中均有分布
6	瓦氏雅罗鱼	性成熟年龄雌鱼一般为3龄,也有少数为2龄。产卵期在4月末至5月上旬,产卵期亲鱼集群,汇集于河流砂质或石砾底质处。鱼卵产于砂及石砾上,卵膜透明,淡黄色,受精卵径为2.2 mm左右	该物种喜集群,较易集中捕捞,雅罗鱼在条件适宜的水域很容易形成群体,目前嫩江很多江段存在很大种群数量	分布广泛,黑龙江、乌苏里江、嫩江、牡丹江及其支流,镜泊湖、大小兴凯湖、连环湖及五大连池等均有分布
7	细鳞鲴	在江河,湖泊和水库等不同环境均能生活。以着生藻类及水生高等植物碎屑为食。一般2年鱼可达性成熟,繁殖力强,4~6月产卵,集群溯河至水流急端的砾石滩产卵。产黏性卵	由于嫩江流域过大的捕捞强度和生态环境的改变,目前该物种在嫩江中下游已很难见到	黑龙江江及支流,兴凯湖、连环湖、五大连池、镜泊湖等均有分布

续表 4.1-5

序号	鱼类	生活习性	现状	分布
8	鳡	生活在水体中上层，体似流线型，游动敏捷，善于掠食。5年性成熟，体长在600 mm以上。产卵期为7月初至7月中旬，绝对怀卵量8万～133万粒。典型的凶猛鱼类，主要以鱼类为食	20世纪80年代以前嫩江中下游渔获量中占有一定比重，目前其种群数量在嫩江中下游急剧下降，个别江段很难见到	黑龙江、松花江、嫩江、大兴凯湖、镜泊湖均有分布
9	唇䱻	喜栖息流水与低温水域，多分布在江河及大型湖泊。4年性成熟，怀卵量10万粒左右，产卵期在6～7月。产卵于流水砂砾底质处。以水生昆虫、软体动物为主，有时也食小型鱼类	20世纪80年代以前，嫩江中上游的渔获量中占有一定比重。近年来，由于嫩江流域过大的捕捞强度和该物种生态环境的改变，该物种在嫩江中下游已很难见到	黑龙江及支流、镜泊湖、五大连池均有分布
10	花䱻	栖息江河，生活在水底层。在湖沼区育肥，在江河深处越冬。以底栖动物为食，软体动物为主，有时也食小型鱼类。4年性成熟，产卵期6～7月，怀卵量4.8万～13万粒。生活习性期雄鱼头部出现珠星，卵具黏性，黏着在植物基体上	目前该物种在嫩江中下游江段渔获量占有一定比重，但是近年来大个体种群数量减少，个体趋于小型化	黑龙江流域及兴凯湖、镜泊湖等水域均有分布
11	花斑副沙鳅	喜栖息河流中，以底栖动物和水生昆虫等为食	该物种在嫩江中下游种群数量较大	黑龙江、乌苏里江、松花江、嫩江及一些附属水域均有分布

续表 4.1-5

序号	鱼类	生活习性	现状	分布
12	鳜	喜栖于水草丛生而缓流的水域,潜伏在适合的生态环境中袭击被食的小鱼。在河道或支流中产卵,幼鱼夏季进入大流或湖泊的沿岸带强烈摄食,秋季洄游到深水或入湖中越冬。 性成熟年龄为 3 龄,体长为 250 mm。产卵期在 6 月,个体怀卵量为 8 万~15 万粒,卵径平均为 1.4 mm,卵为浮性。 为典型的肉食性鱼类。镜泊湖的鳜鱼,体长 60 mm 开始摄食,即第肉食生活方式,体长 100~200 mm 鳜鱼的食物主要是鱼类,占 90%以上,有银鲫、雅罗、餐条、鮈亚科鱼类、鰕鲦鲅等,其次是虾类,除繁殖季节外,夏季觅食强烈,冬季也不停食。体长 200 mm 的肠管约长 190 mm	近年来该物种在嫩江中下游已很难见到	黑龙江、松花江、嫩江及通江河的湖泊等水域均有分布
13	乌鳢	营底栖生活的鱼类,喜栖息沿岸泥底,水草丛生的浅水区。性情凶猛,常潜伏在水草丛中伺机捕捉食物。平常游动缓慢,当捕捉食物时行动迅猛。其适应性较强,能在缺氧或其他鱼类不能生活的环境中生存,能借助鳃上器官,在离水后生存相当长时间。冬季在深水处,埋于泥中越冬。 成熟较早,一般 2 龄即可成熟。6 月末,产卵场多在有茂盛水草的静水草丛,产卵来鱼守候巢旁,保护发育卵,直至仔鱼孵化后长到 60 mm 左右方散群。乌鳢分批产卵,卵径为 1.6~2.3 mm,其绝对怀卵量随年龄增长而增大,一般在 1.3 万~3.4 万粒。其相对怀卵量则相反,随年龄的增长而减小。 是一种凶猛的食肉鱼类,其食物组成随个体增长而改变,体长在 30 mm 以下的幼鱼以桡足类、枝角类为食,体长在 30~80 mm 的个体以昆虫、小虾和小鱼为食,体长 80 mm 以上的个体则以鱼为食	在嫩江流域分布广,是天然水域重要的捕捞对象,具有一定的种群数量	几乎在黑龙江流域的湖泊、泡沼、水库等水域均有分布

明细鳞鲑产卵场有时与哲罗鲑产卵场是交叉分布的。

江鳕产卵场主要分布在诺敏河中、上游及支流河段河崖石磡处。

漂流性卵鱼类的产卵场:扎赉特旗喇嘛湾—江桥是鲢、鳙鱼的产卵场,此处水流较急,水温较高,水质优良,历史上就是漂流性鱼类的产卵场。

黏性卵鱼类的产卵场:嫩江中游产黏性卵的鱼类有鲤、银鲫等。这一鱼类产卵场较多,主要分布在嫩江中游江湾、江汊,水浅、水草繁茂的河段。

调查结果表明,评价区北引渠首附近没有鱼类产卵场分布。北引、中引引水工程江段到富拉尔基江段没有产漂流性卵鱼类产卵场,仅有产黏性卵鱼类产卵场,主要分布在富裕至富拉尔基江段的江湾、江汊,水草繁茂的河段。产漂流性卵鱼类产卵场主要分布在内蒙古扎赉特旗的喇嘛湾—江桥段。

2.鱼类育肥场分布

水深较浅的沿岸带,水流较缓的河湾处,水温较高、透明度较高、光合作用剧烈的水域,是水生生物生长的最佳区域,其生物量高于其他水域几倍或十几倍,为鱼类的生长、繁殖提供了丰富的饵料基础。因此,在河流中饵料丰富、水质良好的水域都可作为鱼类的育肥场加以保护。

3.鱼类越冬场分布

嫩江中游鱼类的越冬场主要集中在干流,分布在水较深的中游码头等处。这些水域水质清澈,底质多为砂底,水深在 3~5 m,冬季冰下水深保持在 5~8 m,并且有一定的水流,是鱼类主要的越冬场。应当给予高度的重视,保护好水域生态环境,为鱼类越冬创造一个良好的环境。

4.鱼类洄游通道分布

鱼类具有自主游泳能力,所有的鱼类都有洄游的特性。因此,嫩江中游及其支流不但是鱼类的生活水域,也是鱼类的洄游通道。嫩江中游没有常年禁渔区,由于滥捕乱捞、有害渔具渔法的使用、水利工程的建设、开采石砂及采伐林木等,鱼类栖息水域的生态环境发生变化,嫩江中游冷水性鱼类资源呈现出栖息分布范围缩小,种群数量急剧减少,种群个体变小、低龄化,甚至个别种群濒临绝迹等特征,资源处于下降衰退状态。

4.1.3 浮游生物

4.1.3.1 浮游植物

1.种类组成

2011 年 4~5 月嫩江中游的浮游植物经鉴定共计 7 门 61 个属种,其中蓝藻门 10 个种属,绿藻门 17 个种属,硅藻门 25 个种属,隐藻门 4 个种属,裸藻门 2 个种属,甲藻门 2 个种属,金藻门 1 个种属。嫩江中游浮游植物种类水平分布,4~5 月以拉哈浮桥最多,为 39 个种属,种类组成以绿藻和硅藻种类为最多,分别为 15 个种属和 14 个种属;诺敏河西河口次之,为 32 个种属,以硅藻为主(11 个种属);齐齐哈尔市嫩江桥、富甘浮桥、诺敏河东河口各为 33、27 和 21 个种属,均以硅藻居多;同盟种类较少,为 19 个种属,种类组成以硅藻为多。见表 4.1-6。

表 4.1-6　2011 年 4～5 月嫩江中游浮游植物种类分布

采样站位	蓝藻	绿藻	硅藻	甲藻	隐藻	裸藻	金藻	总计
齐齐哈尔市嫩江桥	6	7	17	0	1	1	1	33
富甘浮桥	5	8	9	1	2	2	0	27
索伦	6	2	8	0	2	2	0	20
拉哈浮桥	6	15	14	1	1	1	1	39
同盟	4	3	10	0	2	0	0	19
诺敏河西河口	7	9	11	2	2	1	0	32
诺敏河东河口	5	5	9	0	2	0	0	21
坝下	3	4	10	1	1	1	0	20

2. 优势属种

嫩江中游浮游植物的优势及常见种有针杆藻 *Synedra* sp.、星杆藻 *Asterionella* sp.、平板藻 *Tabellaria* sp.、普通小球藻 *Chlorella vulgaris*。

3. 数量

嫩江中游浮游植物的数量均值为 279.25 万 ind/L。其中,硅藻的数量较多,为 166.26 万 ind/L,占 59.5%;绿藻次之,为 78.83 万 ind/L,占 28.2%;蓝藻 22.75 万 ind/L,占 8.2%;裸藻 1.83 万 ind/L,占 0.7%;金藻 3.34 万 ind/L,占 1.2%;隐藻 6.24 万 ind/L,占 2.2%,见表 4.1-7。嫩江中游浮游植物数量的水平分布以拉哈浮桥采样站位最高,富甘浮桥、诺敏河西河口、齐齐哈尔市嫩江桥、索伦、诺敏河东河口、同盟、坝下采样站位依次递减。

表 4.1-7　2011 年 4～5 月嫩江中游浮游植物数量、生物量组成

(单位:数量,万 ind/L;生物量,mg/L)

采样站位	项目	硅藻门	绿藻门	蓝藻门	金藻门	隐藻门	裸藻门	合计
坝下	数量	39.98	109.55	3.91	1.96	0.33	1.63	157.36
	生物量	0.326 1	0.169 2	0.212 4	0.002 9	0.000 2	0.037 7	0.748 5
诺敏河东河口	数量	83.54	112.14	0.65	1.3	0	0.65	198.28
	生物量	0.546 8	0.189 1	0.000 2	0.002 1	0	0.065	0.803 2
诺敏河西河口	数量	179.42	102.71	2.6	0	0	0	284.73
	生物量	1.044 6	0.168 3	0.000 8	0	0	0	1.213 7
同盟	数量	58.83	113.12	0	0	0	1.95	173.9
	生物量	0.352	0.186 3	0	0	0	0.195	0.733 3
索伦	数量	193.14	18.27	20.88	0	15.66	2.61	250.56
	生物量	3.523 6	0.081	0.067 9	0	0.104 4	0.013 1	3.79

续表 4.1-7

采样站位	项目	硅藻门	绿藻门	蓝藻门	金藻门	隐藻门	裸藻门	合计
富甘浮桥	数量	216.63	52.2	28.71	0	13.05	0	310.59
	生物量	2.845	0.167 1	0.146 2	0	0.245 3	0	3.403 6
齐齐哈尔市嫩江桥	数量	153.99	65.25	41.76	10.44	5.22	5.22	281.88
	生物量	2.087 6	0.302 8	0.086 1	0.073 1	0.010 4	0.221 9	2.781 9
拉哈浮桥	数量	404.55	57.42	83.52	13.05	15.66	2.61	576.81
	生物量	8.352	0.200 9	0.067 9	0.091 4	0.177 5	0.013 1	8.902 8
平均	数量	166.26	78.83	22.75	3.34	6.24	1.83	279.25
	生物量	2.384 7	0.183 1	0.072 7	0.021 2	0.067 2	0.068 2	2.797 1

4. 生物量

嫩江中游浮游植物生物量均值为 2.797 1 mg/L。其中,硅藻的生物量最高,为 2.384 7 mg/L,占 85.3%;绿藻次之,为 0.183 1 mg/L,占 6.5%;裸藻 0.068 2 mg/L,占 2.4%;蓝藻 0.072 7 mg/L,占 2.6%;金藻 0.021 2 mg/L,占 0.8%;隐藻 0.067 2 mg/L,占 2.4%。

调查期内,嫩江中游浮游植物生物量的水平分布:拉哈浮桥最高,索伦、富甘浮桥、齐齐哈尔市嫩江桥、诺敏河西河口、诺敏河东河口、坝下、同盟各采样站浮游植物的生物量呈现下降趋势。

5. 现状评价

2011 年 4～5 月,嫩江中游浮游植物种类为 61 个属种,生物量均值为 2.797 1 mg/L,数量均值为 279.25 万 ind/L,浮游植物群落结构较为丰富。其中,硅藻的生物量、数量最高,分别为 2.384 7 mg/L、166.26 万 ind/L。

总的来看,嫩江中游江段水质良好,浮游植物无论种类组成、密度、生物量都表现出河流特点,适宜水生生物生存、繁殖,浮游植物除主要受水温、光照等气候因子的影响外,还受来水、区域点、面源污染及水文情势等的影响,其浮游植物种类、现存量表现出以硅藻为主,同时蓝藻、绿藻和隐藻也占较高比例的缓流生境浮游植物组成特点。其中,调查江段坝下河道,流速明显增加,浮游植物种类组成、现存量以硅藻为主,且硅藻所占比例较高,表现为河流生境浮游植物组成的特点;由于拉哈浮桥站位于讷河市,人口密集,工农业发达,外源营养物质输入较多,且水面开阔,水流较缓,浮游植物现存量较高。

4.1.3.2　浮游动物

1. 种类组成

2011 年 4～5 月嫩江中游的浮游动物经鉴定共计 37 个属种,其中原生动物 13 个种属,轮虫 15 个属种,枝角类 5 个属种,桡足类 4 个属种。嫩江中游浮游动物种类水平分布,4～5 月以拉哈浮桥最多,为 25 个属种,种类组成以原生动物和轮虫为最多,均为 10 个属种;嫩江中游的同盟次之,为 17 个属种,轮虫居多;坝下种类较少,为 8 个属种,种类组成以原生动物为主。见表 4.1-8。

表 4.1-8　2011 年 4~5 月嫩江中游浮游动物种类分布

采样站位	原生动物	轮虫	枝角类	桡足类	总计
齐齐哈尔市嫩江桥	4	4	1	2	11
富甘浮桥	4	5	0	1	10
索伦	5	6	1	2	14
拉哈浮桥	10	10	2	3	25
同盟	4	9	2	2	17
诺敏河西河口	4	3	1	2	10
诺敏河东河口	2	5	1	2	10
坝下	5	2	0	1	8

2. 优势种

2011 年 4~5 月嫩江中游浮游动物的优势种有砂壳虫 *Difflugia* sp.、焰毛虫 *Askenasia* sp.、似铃壳虫 *Tintinnopsis* sp.、蒲达臂尾轮虫 *Brachionus budapestiensis*、螺形龟甲轮虫 *Keratella cochlearis*。

3. 数量

2011 年 4~5 月,嫩江中游浮游动物的数量均值为 1 656.01 ind/L。其中,原生动物的数量均值为 975 ind/L,占 58.9%;轮虫为 675 ind/L,占 40.8%;桡足类 4.88 ind/L,占 0.3%;枝角类 1.13 ind/L,占 0.1%。浮游动物数量的水平分布,齐齐哈尔市嫩江桥最高,坝下、诺敏河东河口、同盟三个采样站位的浮游动物的数量相对较低。见表 4.1-9。

表 4.1-9　2011 年 4~5 月嫩江中游浮游动物数量、生物量组成

（单位:数量,ind/L;生物量,mg/L）

采样站位	项目	原生动物	轮虫	桡足类	枝角类	合计
坝下	数量	300	300	3	0	603
	生物量	0.009	0.09	0.012	0	0.111
诺敏河东河口	数量	300	300	6	3	609
	生物量	0.009	1.8	0.102	0.15	2.061
诺敏河西河口	数量	900	600	3	3	1 506
	生物量	0.027	0.18	0.012	0.06	0.279
同盟	数量	300	300	3	0	603
	生物量	0.009	0.09	0.012	0	0.111
索伦	数量	1 800	300	6	0	2 106
	生物量	0.054	0.09	0.102	0	0.246

续表 4.1-9

采样站位	项目	原生动物	轮虫	桡足类	枝角类	合计
富甘浮桥	数量	600	1 200	3	0	1 803
	生物量	0.018	0.36	0.012	0	0.39
齐齐哈尔市嫩江桥	数量	2 400	2 100	9	3	4 512
	生物量	0.072	0.63	0.192	0.06	0.954
拉哈浮桥	数量	1 200	300	6	0	1 506
	生物量	0.036	3	0.042	0	3.078
平均	数量	975	675	4.88	1.13	1 656.01
	生物量	0.029 3	0.78	0.060 8	0.033 8	0.903 9

4. 生物量

2011 年 4~5 月，嫩江中游浮游动物生物量均值为 0.903 9 mg/L。其中，轮虫的生物量最高(0.78 mg/L)，占 86.3%；枝角类次之(0.033 8 mg/L)，占 3.7%；桡足类 0.060 8 mg/L，占 6.7%；原生动物 0.029 3 mg/L，占 3.2%。

2011 年 4~5 月，嫩江中游浮游动物生物量的水平分布：拉哈浮桥、诺敏河东河口生物量较高，诺敏河西河口、同盟、坝下、索伦、富甘浮桥相对较少。

5. 现状评价

从浮游动物种类、现存量来看，浮游动物群落结构较为丰富。2011 年 4~5 月，嫩江中游浮游动物种类为 37 种，平均数量、生物量分别为 1 656.01 ind/L 、0.903 9 mg/L。

浮游动物的群落结构除受水温、光照等气候因子的影响外，还受来水、区域点、面源污染及水文情势等的影响。尼尔基水库坝下由于近坝江段受水库下泄水的影响，水温较低，不利于浮游动物生长繁殖，生物量较低；远坝江段由于受上游水库影响较小，浮游动物种类和现存量出现增高现象，如拉哈浮桥、诺敏河东河口生物量较高。嫩江中游春季浮游动物现存量较低，主要是因为春季洪水期水体泥沙含量较大，不利于浮游动物生长繁殖。

4.1.4 底栖动物

4.1.4.1 种类组成

调查共采集到底栖动物 4 类(软体动物、环节动物、水生昆虫及扁形动物)，共计 30 科 52 种，其中颤蚓科、摇蚊科和蚌科最多，都为 5 种，扁蜉科和田螺科均为 3 种，医蛭科和蚊科均为 2 种，其他各科均为 1 种。嫩江中游底栖动物的种类较少，主要是水生昆虫和环节动物。羽摇蚊幼虫、涡虫、纹石蚕和低头石蚕是优势种类。

4.1.4.2 数量与生物量

嫩江调查地地处松嫩平原，河道流经的区域多为平原类型，河道两岸多为农田或漫滩，水流急，各江段由于水情不同，底质不同，底栖动物的数量与生物量也不相同。总的来看，嫩江中游，底栖动物数量平均为 31.64 ind/m²，生物量平均为 2.29 g/m²。数量以昆虫纲为最多(22.65 ind/m²)，占 71.58%，其他类别动物次之，占 21.60%；生物量以个体生物量大的软体动物为主(42.17 g/m²)，占 90.58%。嫩江中游底栖动物的数量和生物量见表 4.1-10。

表 4.1-10　嫩江中游底栖动物的数量和生物量

断面		生物类群				
		环节动物	昆虫纲	软体动物	其他	合计
尼尔基水库坝下	密度(ind/m²)	4.2	13.2	9.8	6.5	33.7
	生物量(g/m²)	0.16	0.21	22.580 8	0.020	22.970 8
嫩江中游东河口	密度(ind/m²)		82.5		34	116.5
	生物量(g/m²)		0.409 8		0.060 1	0.469 9
嫩江中游西河口	密度(ind/m²)	0.5	36	1	8.5	46
	生物量(g/m²)	0.004 4	0.761	1.223	0.028 55	2.016 95
同盟水文站	密度(ind/m²)	5.333	39.466 67	0.533 33	2.666 7	47.999 7
	生物量(g/m²)	0.017 28	0.209 5	0.550 77	0.014 3	0.791 85
齐齐哈尔市嫩江桥	密度(ind/m²)		2.1	0.2		2.3
	生物量(g/m²)		0.006 05	0.137 25		0.143 3
富甘浮桥	密度(ind/m²)		7.7	0.7	0.2	8.6
	生物量(g/m²)		0.028 64	1.627 25	0.000 98	1.656 87
索伦村	密度(ind/m²)	0.4	4.2	0.6	2.8	8
	生物量(g/m²)	0.001 12	0.177 32	0.032 96	0.040 6	0.252
拉哈浮桥	密度(ind/m²)		4			4
	生物量(g/m²)		0.043 39			0.043 39

由于嫩江中游生态环境有一定差异,底栖动物无论数量还是生物量都有较大的差异。数量上,由于调查期间,嫩江中游东河口水流较浅,而且底质都为鹅卵石,非常适宜附着生活的水生昆虫生存,多距石蛾科和纹石蛾科幼虫数很多,导致其数量为各断面中最高。尼尔基水库坝下由于水流较急,采集到的种类多为软体动物,其数量较少,所以尼尔基水库坝下为嫩江中游底栖动物最低断面。在生物量水平分布上,并不体现数量多,生物量就高;而是以个体生物量大的软体动物为主,尼尔基水库坝下最多 22.970 8 g/m²,而拉哈浮桥最低。

4.1.4.3　底栖动物现状评价

(1)2011 年 4～5 月调查的结果显示:嫩江中游底栖动物共计 30 科 52 种,其中颤蚓科、摇蚊科和蚌科最多,都为 5 种。嫩江中游底栖动物以远东蛭蚓(*Branchiobdella orientalis*)、低头石蚕(*Neureclipsis* sp.)、*Hydropsyche echigoensis*、羽摇蚊(*Chironomus plumosusa*)、涡虫(*Stenostomum* sp.)、圆顶珠蚌(*Unio dougladiae*)、东北田螺(*Viviparus chui*)和黑龙江短沟蜷(*Semisulcospira amurensis*)为主要优势种类。

(2)嫩江中游 Shannon – Weiner 指数(H)、Simpson 指数(D)、Pielou 均匀度指数(J)均是以尼尔基水库坝下为最高,原因是尼尔基水库坝下底质情况复杂,既有泥底、泥沙底,又有石砾底,适宜多种类底栖动物生存。除索伦村断面 3 种多样性指数较高外,其他断面生物多样性指数均处于中等水平,这是由于采样正值初春,气温较低,温度对大型底栖动物分布起限制作用的结果,春季的水温开始升高,底栖动物活动能力增强,采集到的大型底栖动物种类数增加,但主要是个体较小的寡毛类动物、摇蚊幼虫和部分石蚕种类数量增加,因此底栖动物丰度和生物量总体上仍然较低。多样性指数 Shannon – Weiner 指数(H)、Simpson 指数(D)、Pielou 均匀度指数(J)见表 4.1-11。

表 4.1-11　底栖动物多样性指数

断面	多样性指数		
	H	D	J
尼尔基水库坝下	3.95	0.79	0.94
嫩江中游东河口	0.89	0.18	0.49
嫩江中游西河口	1.82	0.36	0.65
同盟水文站	1.68	0.34	0.16
齐齐哈尔市嫩江桥	1.06	0.48	0.28
富甘浮桥	0.78	0.37	0.36
索伦村	1.53	0.65	0.58
拉哈浮桥	0.42	0.10	0.09

（3）水体生物学评价。调查在寒冷的初春季节,仍然采集到了襀翅目、蜉蝣目和蜻蜓目 3 个目的水生昆虫,采集点水质清澈见底,出水昆虫跳跃活跃。作为冷水性鱼类的优良天然饵料,这些水生昆虫保障了冷水性鱼类的育肥、越冬、产卵繁殖的顺利完成。嫩江中游以耐污值较低的圆顶珠蚌（*Unio dougladiae*）、东北田螺（*Viviparus chui*）、黑龙江短沟蜷（*Semisulcospira amurensis*）、*Hydropsyche echigoensis*、*Paragnetina tinctipennis*、低头石蚕（*Neureclipsis* sp.）、*Hydropsyche echigoensis* 和 *Scopura longa* 等为主要优势种类。

4.1.5　水生植物

4.1.5.1　种类组成

嫩江地处松嫩平原,河道流经的区域多为平原类型,河道两岸多为农田或漫滩,由于嫩江是洪水多发性江河,河岸丰水期多为淹没区,枯水期河岸多为洪水过后水流侵蚀坍塌、冲刷、侵蚀的河滩地,因此水生植物无论种类还是数量都是比较少的,仅在江湾、次江江段、水泡及水塘等小型水体有一定种类和数量的水生植物。本次调查共采集嫩江中游水生植物 3 大类别（蕨类植物、被子植物、单子叶植物）,共计 19 科 22 种,共有挺水植物、漂浮植物、浮叶植物、沉水植物、滨水植物等 5 个生态类型。其中,莎草科种类最多,有 3 种,禾本科有 2 种,蓼科、金鱼藻科、十字花科、眼子菜科、泽泻科、萍科、满江红科、菱科、香蒲科、黑三棱科、花蔺科、水鳖科、浮萍科、雨久花科、灯心草科等分别只有 1 种。

4.1.5.2　水生植物分布特点

嫩江中游的水生大型植物中多为广布种类,但其分布和优势种因水域的生态环境不同而发生变化,由于嫩江水流流速较急,水温较低,河岸多为洪水冲刷、坍塌的河滩地,江底多为砂砾,因此不利于水生植物的生长,仅在水流较缓、漫滩和河湾有泥土的河段,有少量分布,种类较少。主要优势种类为芦苇、荆三棱、香蒲和蒲草类,在各个河段中优势种有所差异。

4.1.5.3 水生植物现状评价

水生植物对嫩江中游的生物多样性和生态网的构建有其自己的作用。一些经济鱼类,如银鲫、鲤、翘嘴鲌、黑斑狗鱼和鳜等产黏性卵的鱼类,均将卵产于水生植物上,因此在一些水体中当原有水生植物大量消亡时,鱼类的产卵场就遭到破坏,影响土著鱼类的产卵、繁殖。同时,水生植物也是一些鱼类重要的食物来源,如草鱼完全是以水体中的水生植物为食的。此外,水体中的水生植物也是鱼类良好的索饵、逃避敌害的场所。

4.2 生态水量影响分析

4.2.1 下游生态流量的确定

嫩江每年11月上旬至翌年4月上旬为冰封期,4月下旬至11月上旬为明水期。开江日期在4月20日左右,封江日期在11月15日左右。工程实施后,北引、中引从嫩江取水量与现状相比有所增加,取水口下游流量减小,将对下游水环境产生一定的影响。北引、中引从嫩江引水主要集中在4月下旬至10月中旬,在枯水期(12月至翌年3月)不引水,泄洪闸全部开启,对嫩江水文情势无影响。因此,研究仅确定取水时段内下游的生态流量。

4.2.1.1 计算方法

针对嫩江径流特征和环境特征,研究评价选择了水文学的Tennant法、90%保证率最枯月平均流量法,分别计算生态流量,并比较论证,分析北引渠首下游河道生态流量。

4.2.1.2 基础资料

尼尔基水利枢纽初步设计中选用1951~1982年32年系列为径流调节计算时段,本工程引水水源主要为嫩江干流尼尔基水利枢纽调节后的来水。考虑嫩江干流水文系列的连续枯水段为1974~1982年,能够满足工程规模确定的要求,且1951~1982年32年系列与尼尔基水利枢纽初步设计供需平衡成果衔接,本次干、支流年径流均与项目建议书成果一致,采用1951~1982年32年系列。

4.2.1.3 生态流量的计算

1. Tennant法确定生态流量

按照《水电水利建设项目河道生态用水、低温水和过鱼设施环境影响评价技术指南(试行)》(环评函〔2006〕4号)(简称《指南》,下同)对生态流量的有关要求,首先选用Tennant法进行生态基流的计算。Tennant法以河流水生生态健康情况下的多年平均流量观测值为基准,将保护水生生态和水环境的河流流量划分为若干个等级,推荐的标准值以河流健康状况下多年平均流量值的百分数为基础,具体规定见表4.2-1。

表 4.2-1　Tennant 法推荐生态基流限值

栖息地等定性描述	推荐的基流标准(年平均流量百分数)	
	一般用水期(10 月至翌年 3 月)	鱼类产卵育幼期(4 ~ 9 月)
最大	200	200
最佳流量	60 ~ 100	60 ~ 100
极好	40	60
非常好	30	50
好	20	40
开始退化	10	30
差或最小	10	10
极差	< 10	< 10

根据嫩江水生生态系统特征,哲罗鲑产卵期在 5 月,细鳞鲑产卵期为 4 月中旬至 5 月下旬,雷氏七鳃鳗产卵期为 5 月末至 7 月,瓦氏雅罗鱼产卵期在 4 月末至 5 月上旬,细鳞鲴产卵期为 4 ~ 6 月,鳡产卵期为 7 月初至 7 月中旬,唇䱻产卵期为 6 ~ 7 月,确定 4 ~ 7 月为鱼类产卵期;8 ~ 10 月是鱼类索饵期和育肥期。因此,确定产卵期 4 ~ 7 月以多年平均流量的 40% 作为适宜生态流量,8 ~ 10 月以多年平均流量的 20% 作为生态流量。

Tennant 法确定的嫩江生态环境流量见表 4.2-2。

表 4.2-2　Tennant 法确定的嫩江生态环境流量　　　　　(单位:m³/s)

站点		多年平均流量	最小生态环境流量	适宜生态环境流量	河道流量控制要求
北引断面	4 ~ 7 月	420	42.0	168.0	4 ~ 7 月取多年平均流量的 40%;8 ~ 10 月取多年平均流量的 20%
	8 ~ 10 月			84.0	
中引断面	4 ~ 7 月	466	46.6	186.4	
	8 ~ 10 月			93.2	
富拉尔基断面	4 ~ 7 月	538	53.8	215.2	
	8 ~ 10 月			107.6	

2. 90% 保证率最枯月平均流量法

为保证最小下泄流量能够满足环境流量要求,以各断面 90% 保证率最枯月流量作为嫩江各断面的生态流量,结果见表 4.2-3。

表 4.2-3　90% 保证率最枯月平均流量法确定的生态环境流量　　　　　(单位:m³/s)

项目	北引断面	中引断面	富拉尔基断面
生态流量	7.40	10.00	19.40

4.2.1.4　计算结果确定

综合比较,采用 Tennant 法确定的生态环境流量较为合适,故生态环境流量确定为:北引断面最小生态环境流量为 42.0 m³/s,4 ~ 7 月 168.0 m³/s、8 ~ 10 月 84.0 m³/s,中引断面最小生态环境流量为 46.6 m³/s,4 ~ 7 月 186.4 m³/s、8 ~ 10 月 93.2 m³/s,富拉尔基断面最小生态环境流量为 53.8 m³/s,4 ~ 7 月 215.2 m³/s、8 ~ 10 月 107.6 m³/s。

4.2.2　工程运行对嫩江生态流量的影响分析

4.2.2.1　多年平均条件下工程运行对嫩江生态流量的影响

多年平均条件下引水对北引断面、中引断面、富拉尔基断面生态环境流量影响见表 4.2-4 ~ 表 4.2-6。

表 4.2-4　多年平均条件下引水对北引断面生态环境流量影响　　（单位:m³/s）

月份	下泄流量	最小生态环境流量			适宜生态环境流量		
		满足与否		要求	满足与否		要求
4	236	满足	100%	42.0	满足	100%	168.0
5	589	满足	100%	42.0	满足	100%	168.0
6	490	满足	100%	42.0	满足	100%	168.0
7	734	满足	100%	42.0	满足	100%	168.0
8	589	满足	100%	42.0	满足	100%	84.0
9	442	满足	100%	42.0	满足	100%	84.0
10	342	满足	100%	42.0	满足	100%	84.0

表 4.2-5　多年平均条件下引水对中引断面生态环境流量影响　　（单位:m³/s）

月份	下泄流量	最小生态环境流量			适宜生态环境流量		
		满足与否		要求	满足与否		要求
4	249	满足	100%	46.6	满足	100%	186.4
5	564	满足	100%	46.6	满足	100%	186.4
6	487	满足	100%	46.6	满足	100%	186.4
7	727	满足	100%	46.6	满足	100%	186.4
8	640	满足	100%	46.6	满足	100%	93.2
9	503	满足	100%	46.6	满足	100%	93.2
10	373	满足	100%	46.6	满足	100%	93.2

多年平均条件下,一期工程引水后,引水期间拉哈断面下泄流量介于 236 ~ 734 m³/s,塔哈断面下泄流量介于 249 ~ 727 m³/s,富拉尔基断面下泄流量介于 193 ~ 861 m³/s。北引、中引和富拉尔基三个典型断面的下泄流量均能满足最小环境流量和适宜生态环境流量的要求。

表 4.2-6　多年平均条件下引水对富拉尔基断面生态环境流量影响　　（单位：m³/s）

月份	下泄流量	最小生态环境流量		适宜生态环境流量	
		满足与否	要求	满足与否	要求
4	193	满足	100%	53.8	基本满足	89.7%	215.2
5	597	满足	100%	53.8	满足	100%	215.2
6	565	满足	100%	53.8	满足	100%	215.2
7	837	满足	100%	53.8	满足	100%	215.2
8	861	满足	100%	53.8	满足	100%	107.6
9	721	满足	100%	53.8	满足	100%	107.6
10	539	满足	100%	53.8	满足	100%	107.6

4.2.2.2　枯水年（$P = 75\%$）对嫩江环境流量的影响

枯水年（$P = 75\%$）条件下引水后，对北引断面、中引断面和富拉尔基断面生态环境流量影响见表 4.2-7 ~ 表 4.2-9。

表 4.2-7　75% 保证率条件下引水对北引断面生态环境流量影响　　（单位：m³/s）

月份	下泄流量	最小生态环境流量		适宜生态环境流量	
		满足与否	要求	满足与否	要求
4	152	满足	100%	42.0	基本满足	90.5%	168.0
5	402	满足	100%	42.0	满足	100%	168.0
6	106	满足	100%	42.0	不满足	63.1%	168.0
7	684	满足	100%	42.0	满足	100%	168.0
8	238	满足	100%	42.0	满足	100%	84.0
9	69	满足	100%	42.0	基本满足	82.1%	84.0
10	140	满足	100%	42.0	满足	100%	84.0

表 4.2-8　75% 保证率条件下引水对中引断面生态环境流量影响　　（单位：m³/s）

月份	下泄流量	最小生态环境流量		适宜生态环境流量	
		满足与否	要求	满足与否	要求
4	148	满足	100%	46.6	基本满足	79.4%	186.4
5	327	满足	100%	46.6	满足	100%	186.4
6	99	满足	100%	46.6	不满足	53.1%	186.4
7	647	满足	100%	46.6	满足	100%	186.4
8	286	满足	100%	46.6	满足	100%	93.2
9	64	满足	100%	46.6	不满足	68.7%	93.2
10	188	满足	100%	46.6	满足	100%	93.2

表 4.2-9　75% 保证率条件下引水对富拉尔基断面生态环境流量影响　（单位：m³/s）

月份	下泄流量	最小生态环境流量		适宜生态环境流量	
		满足与否	要求	满足与否	要求
4	197	满足 100%	53.8	基本满足 91.5%	215.2
5	212	满足 100%	53.8	基本满足 98.5%	215.2
6	189	满足 100%	53.8	基本满足 87.8%	215.2
7	628	满足 100%	53.8	满足 100%	215.2
8	339	满足 100%	53.8	满足 100%	107.6
9	369	满足 100%	53.8	满足 100%	107.6
10	259	满足 100%	53.8	满足 100%	107.6

　　75% 保证率情况下，一期工程引水后，引水期间拉哈断面下泄流量介于 69～684 m³/s，塔哈断面下泄流量介于 64～647 m³/s，富拉尔基断面下泄流量介于 197～628 m³/s。北引、中引和富拉尔基三个典型断面的下泄流量均能满足最小环境流量的要求；北引断面 4 月、6 月、9 月的下泄流量基本满足环境流量要求，4 月、9 月生态环境水量满足程度达到 80% 以上；中引断面 4 月、6 月和 9 月的下泄流量不能够完全满足环境流量要求，富拉尔基断面 4 月、5 月、6 月的下泄流量基本满足环境流量要求，生态环境水量满足程度达到 85% 以上。

4.2.2.3　特枯水年（P = 90%）调水过程对环境流量的影响

　　特枯水年（P = 90%）条件下引水后，对北引断面、中引断面和富拉尔基断面生态环境流量影响见表 4.2-10～表 4.2-12。

表 4.2-10　90% 保证率条件下引水对北引断面生态环境流量影响　（单位：m³/s）

月份	下泄流量	最小生态环境流量		适宜生态环境流量	
		满足与否	要求	满足与否	要求
4	134	满足 100%	42.0	基本满足 79.8%	168.0
5	615	满足 100%	42.0	满足 100%	168.0
6	197	满足 100%	42.0	满足 100%	168.0
7	431	满足 100%	42.0	满足 100%	168.0
8	93	满足 100%	42.0	满足 100%	84.0
9	82	满足 100%	42.0	基本满足 97.6%	84.0
10	130	满足 100%	42.0	满足 100%	84.0

表 4.2-11　90% 保证率条件下引水对中引断面生态环境流量影响　（单位：m³/s）

月份	下泄流量	最小生态环境流量		适宜生态环境流量	
		满足与否	要求	满足与否	要求
4	154	满足 100%	46.6	基本满足 82.6%	186.4
5	623	满足 100%	46.6	满足 100%	186.4
6	137	满足 100%	46.6	基本满足 73.5%	186.4
7	384	满足 100%	46.6	满足 100%	186.4
8	83	满足 100%	46.6	基本满足 89.1%	93.2
9	93	满足 100%	46.6	基本满足 99.8%	93.2
10	183	满足 100%	46.6	满足 100%	93.2

表 4.2-12　90% 保证率条件下引水对富拉尔基断面生态环境流量影响　（单位:m³/s）

月份	下泄流量	最小生态环境流量			适宜生态环境流量		
		满足与否		要求	满足与否		要求
4	122	满足	100%	53.8	不满足	56.7%	215.2
5	637	满足	100%	53.8	满足	100%	215.2
6	229	满足	100%	53.8	满足	100%	215.2
7	427	满足	100%	53.8	满足	100%	215.2
8	233	满足	100%	53.8	满足	100%	107.6
9	176	满足	100%	53.8	满足	100%	107.6
10	240	满足	100%	53.8	满足	100%	107.6

90% 保证率情况下,一期工程引水后,引水期间拉哈断面下泄流量介于 82～615 m³/s,塔哈断面下泄流量介于 83～623 m³/s,富拉尔基断面下泄流量介于 122～637 m³/s。特枯水年来水条件下,北引、中引和富拉尔基三个典型断面的下泄流量均能满足最小环境流量的要求;北引断面 4 月、9 月的下泄流量基本满足环境流量要求,生态环境水量满足程度达到 75% 以上;中引断面 4 月、6 月、8 月和 9 月下泄流量基本满足环境流量要求,除 6 月外生态环境水量满足程度达到 80% 以上;富拉尔基断面 4 月下泄流量不满足环境流量要求。

4.2.2.4　优化调度方案意见

多年平均情况下,北引、中引和富拉尔基三个典型断面的下泄流量均能满足最小生态环境流量和适宜生态环境流量的要求,枯水年及特枯年来水条件下,各断面下泄流量不能完全满足逐月适宜生态环境流量要求。工程实际调度运行中,应根据上游不同来水情况,结合尼尔基水库及北引渠首运行调度,并考虑下游环境需水要求,进一步优化引水过程。

4.3　水生生态影响预测

4.3.1　对生境条件的影响

4.3.1.1　坝上生境条件影响分析

北引有坝渠首工程的建设及运行将提高渠首坝址与尼尔基水利枢纽之间嫩江干流江段的水位,壅水高度有限,枢纽修建后北引渠首断面 5～200 年一遇洪水回水壅高均不超过 0.20 m,对渠首上游嫩江水位影响不大。河道湿周范围较现状情况下略有增加,水生生物和鱼类的栖息条件将随之发生变化,但由于渠首壅水高度有限,故对生境条件影响不大。

渠首正常蓄水位工况下,嫩江回水影响长度为 6 km 左右,渠首 50 年一遇洪水位工况下,嫩江回水影响长度为 7.65 km,回水最远到达诺敏河和讷谟尔河汇合口处尖灭,淹没回水对讷谟尔河和诺敏河无影响,因此对上游两个支流的水生生境没有影响。回水淹没影响区域主要为嫩江滩地,据淹没影响分析,渠首以上淹没面积共计 446.6 hm²,主要位于嫩江干流河滩地上,其中淹没草地 107.3 hm²,旱田 58.7 hm²,林地 64.7 hm²。

4.3.1.2　北引渠首坝下至中引渠首生境条件影响分析

渠首工程的运行将对渠首以下嫩江干流的水文情势产生一定影响,据水文情势变化影响分析,不同保证率下年引水量占渠首径流量的比例均较小,枯水年最大引水量不超过渠首来水量的 50%,从年径流(年引水)量看,本工程引水对嫩江河川径流的影响不大。但从年内月平均流量看,引水前后,引水口上下游河流流量变化在不同保证率和不同时间内,变化幅度差异较大。其中,非引水期内,本工程对嫩江水文情势没有影响。多年平均、枯水年及特枯水年情况下,北引断面月平均流量减少比例为 12.7%、20.5% 和 20.7%,枯水年和特枯水年影响相对较大。其中,枯水年和特枯水年 6 月、8 月、9 月、10 月等引水月份影响较大,个别月份甚至接近 50%。

引水时段坝址断面下泄水量减少,下游水位将有所降低,根据水文情势分析结果,多年平均、75% 保证率和 90% 保证率拉哈断面月平均水位降低分别为 0.14 m、0.16 m 和 0.16 m,水位逐月降低介于 0.09～0.37 m,水位最大降幅 <40 cm,水位降低将导致河流湿周范围缩小,栖息地缩小,流速降低,将对河道水生生物有一定影响。

北引渠首的建设,切断了原有嫩江天然河道的通道,鱼类觅食和生殖洄游受阻,使其生活范围缩小。由于尼尔基水利枢纽的建设已对冷水鱼类洄游通道造成实质阻隔,因此下游的诺敏河将很可能成为洄游性冷水鱼类在该江段附近的主要替代生境。诺敏河上游为哲罗鲑的产卵场、育幼场和越冬场。由于诺敏河北支在渠首以上汇入嫩江,且哲罗鲑为生殖、索饵、越冬性短距离洄游性鱼类,渠首工程闸坝运行调度的方式也有可能对其越冬洄游造成一定影响。

4.3.1.3　中引渠首以下生境条件影响分析

中引至北引渠首之间距离大约 100 km,中引为无坝引水,除对下游流量和水位产生影响外,不会对江道形成阻隔作用。工程实施后,中引引水后流量和水位变幅均较北引渠首小,流量最大减小比例为 18.2%,水位最大降幅为 19 cm,取水断面以下嫩江河道流量和水位变化较小,对下游生境条件影响较小。

4.3.2　对鱼类的影响

北引渠首工程位于尼尔基水利枢纽坝址以下 28 km 处,属嫩江讷河江段,在渠首以上与尼尔基水库大坝之间,渠首上游 8 km 处右岸有诺敏河北支汇入,左岸有讷谟尔河汇入,在渠首拦河闸坝以下约 20 km 处又有诺敏河主流南支汇入。

4.3.2.1　北引渠首工程对鱼类资源影响预测分析

渠首工程对水生生态的影响主要表现为鱼类的影响,渠首工程影响江段是一些鲤科鱼类的产卵场,在渠首附近的诺敏河上游是哲罗鲑的产卵场和育幼场,诺敏河深水处为其越冬场,嫩江干流也是其越冬场,因此本次重点评价渠首工程对鱼类的产卵场、洄游等的影响。

1. 对鱼类产卵场的影响

根据鱼类资源调查历史资料,嫩江讷河拉哈江段鱼类以广布性鱼类为主,其中鲤科鱼类占总种数的 67.65%,在该江段中,典型洄游性鱼类有乌苏里白鲑、日本七鳃鳗等。据专业部门近期现场调查结果,近 5 年内在嫩江中游讷河江段未捕到哲罗鲑和细鳞鲑,在嫩江中游讷河江段乌苏里白鲑和日本七鳃鳗这两种鱼类多年未见,已基本绝迹。嫩江中游讷河江段主要分布着产黏性卵(银鲫)和漂流性卵(银鲴)的鱼类产卵场。

1)对产黏性卵的鱼类产卵场的影响

产黏性卵的鱼类有鲤、银鲫、黑斑狗鱼、鮎等,产卵场主要分布在浅水沿岸带,在嫩江主要是河湾处和讷谟尔河畔。工程实施后,北引渠首上游水位壅高,淹没面积增加,将在上游形成一定的浅水沿岸带,使产黏性卵鱼类的产卵场有所扩大,可能形成新的产卵场,对位于淹没回水以上江段及其支流分布的产卵场则影响不大。适应于缓流或静水环境生活的鱼类如鲤、鲫、鲌类等,由于水域面积增加,库湾增多,产卵场面积相应增大,但由于壅高水位最高仅有 20 cm,因此对产黏性卵的鱼类产卵场影响不大。渠首下游,由于下泄流量减少,水位降低,将使浅水沿岸带产卵场有所缩小,但由于这些鱼类都是普生性的种类,而且对水域生态环境的适应能力较强,因此流量和水位的变化只是可能使产卵场的位置或面积稍有变动,这些鱼类会自行选择具有最适宜的产卵条件的江段进行产卵繁殖,因此对它们的影响很小。

2)对产漂流性或半浮性卵的鱼类产卵场的影响

产漂流性和半浮性卵的鱼类,有草鱼、鲢、银鲴、鳌等,主要分布在松花江干流及嫩江渠首以下至松花江河口之间的 600 多 km 范围内的河道,扎赉特旗—江桥是距离北引渠首较近的产卵场。产卵场主要分布在流速较快的主流,产漂流性卵鱼类一般在夏季较炎热时期,水位较高、水流较急的条件下产卵,鱼卵边漂浮边孵化。根据前述对生境条件影响分析可知,工程实施后,引水期内渠首上游水位壅高,但最大不超过 20 cm,下游水位降低,最大降幅 <40 cm。嫩江尼尔基以下江段进入广阔的松嫩平原地带,江道蜿蜒曲折,沙滩、沙洲、江汊多,齐齐哈尔以上江道主槽水面宽 300 ~ 400 m,平均水深 3 ~ 4 m。水位最大变幅仅为嫩江平均水深的 10% 左右,加之其产卵场主要分布在流速较快的主流,工程实施后,虽然下泄水量将较现状有所减少,渠首下游河道水位有所降低,但是对河道主流的水位及流速等影响不大。因此,渠首工程的运行对产漂流性卵鱼类产卵场的影响主要表现在产卵场下移或消失。

3)对产沉性卵的鱼类产卵场的影响

产沉性卵的鱼类,只有细鳞鲑、哲罗鲑等冷水性鱼类,产卵场主要分布在山区支流具低温、砂砾或石砾底质的溪流交汇处,在嫩江中游主要分布在支流诺敏河中。根据前述分析可知,渠首淹没对诺敏河没有影响,因此对于产沉性卵的鱼类,由于其产卵场不处于嫩江干流,而处于嫩江支流内的山区性河流内,因而工程运行不会对这些鱼类的产卵场产生不利影响。

2. 对珍稀冷水性鱼类的影响

嫩江珍稀冷水性鱼类中只在河道与支流中进行繁殖、索饵、越冬洄游的主要有哲罗鲑、细鳞鲑 2 种。细鳞鲑、哲罗鲑主要分布在黑龙江干支流,嫩江上游和支流的溪流中均有分布,但嫩江中游讷河江段不是它们的主要分布区和渔产区。据现场调查,细鳞鲑、哲罗鲑产卵场主要分布在诺敏河上游及支流河段,近年内在嫩江中游讷河江段未捕到哲罗鲑和细鳞鲑。但由于历史上细鳞鲑越冬场在嫩江中游干流有分布,目前不能完全排除哲罗鲑在嫩江干流越冬的可能性。以下重点分析对哲罗鲑的影响。

1)洄游性鱼类的生态习性

细鳞鲑:在每年春季(4 月末至 5 月初)洄游到支流中摄食和产卵繁殖,夏季生活在支流中,秋季(10 月末至 11 月初)则洄游到江河深水处越冬。细鳞鲑的产卵场要求水质清洁、水温在 7 ~ 11 ℃,水深 50 ~ 70 cm,流速 1.5 ~ 2.0 m/s,底质为砂砾质。亲鱼将卵产在水底部,卵呈沉性或黏性,受精卵被掩藏在石砾间或砂砾下发育。在不同的繁殖季节,细鳞鲑在产卵前都选择河流的清冷支流或浅水源头的砂砾河床为产卵场。细鳞鲑在春季 4 月中旬,随着江水解冻,成熟的细鳞鲑开始结群逆冰凌上溯,一般选择河道的缓流、树荫遮蔽处作为产卵场。细鳞鲑等冷水性鱼类主要对水温变化比较敏感,当水温上升 10 ℃以上时,细鳞鲑则从越冬区向水温较低的支流洄游,亦即细鳞鲑的性腺发育接近成熟的大个体(体长 > 40 cm,性成熟年龄为 5 龄以上)将从嫩江中游或诺敏河深水区向支流诺敏河及其上游洄游,而性腺发育未成熟的小个体幼鱼则不作远距离洄游,基本在原河流中生活。考虑到目前细鳞鲑的种群规模已大幅减小,加之尼尔基坝址以下嫩江干流江段内 5 年内未见捕获,其分布范围亦主要集中于诺敏河。

哲罗鲑:栖息于水质清澈,水温最高不超过 20 ℃的水域中,系冷水性鱼类。性成熟年龄为 5 年,体长在 400 mm 以上。在流水石砾底质处产卵,产卵习性似大麻哈鱼,但一生可多次繁殖,怀卵量 1.0 万 ~ 3.4 万粒,受精卵需 30 ~ 35 天孵化,产卵期在 5 月。夏季多生活在山林区支流中,秋末冬季进入河流深水区或大河深水中,偶尔在湖泊中发现。哲罗鲑是肉食性凶猛的掠食性鱼类,四季均摄食,冬季食欲仍很强,仅在夏季水温升高时或在繁殖期摄食强度变弱,甚至停食。在早晨和黄昏时摄食活跃,由深水游到浅水处猎捕鱼类或岸边的啮齿动物、蛇类或水禽。由于栖居的水域环境不同,其摄食的鱼类也不一样,有鳕类、鮈类、鳑鲏、雅罗鱼、鲫等。哲罗稚鱼以捕食无脊椎动物为主。哲罗鲑生长速度较快,3 龄鱼体长可达315 mm,历史记载嫩江中游是哲罗鲑的越冬场,但根据本次调查和走访,嫩江中游已多年未见哲罗鲑。

2)北引渠首运行期闸孔出流流速

北引渠首建成后,将对嫩江形成阻隔,对生境连通性及生物资源的交流产生不利影响。虽然这种影响早在上游尼尔基水利枢纽建设后就已存在,但是从开发与保护并举的角度考虑,考虑鱼类洄游及生态泄流等生态需求,对不同月份运行时闸孔出流的流速进行研究。

根据工程渠首河段二维和三维水流数值模拟结果,河段滩槽流速区分明显,弯曲河段凹岸深水区流速相对较大,整个河段的水流比较平稳顺畅。渠首工程实施后,河段与天然状态相比仍保持平顺的平面水流流态,泄洪闸的建设对总体河势和局部河势稳定无明显的不利影响。在平槽洪水情况下,左岸河道深泓线位置流速介于 1.9 ~ 2.6 m/s。在北引进水闸引渠前最大流速为 1.86 m/s,左岸主流区最大流速达 3 m/s,右岸岸边流速仅为 1.0 m/s 左右。

根据《尼尔基北引渠首物理模型试验研究》(中国水利水电科学研究院水力学研究所,2011 年 7 月),多年平均情况下,去除引水渠引水流量,根据泄洪闸过流能力研究成果,以及闸门运用调度方式研究成果,拟定出的各月份闸后水位、闸门开启孔及开度,试验量测的过闸流速见表 4.3-1。泄洪闸在正常运用期间,闸孔处的流速为 5 m/s 左右,出闸室的流速为3 m/s 左右。

表 4.3-1　各月份运行调度工况及过闸流速

月份	4 月	5 月	6 月	7 月	8 月	9 月	10 月
流量(m³/s)	91	662	628	596	1 113	464	312
闸后水位(m)	171.63	174.22	174.12	174.02	175.13	173.55	172.87
闸前水位(m)	176.2	176.2	176.2	176.2	176.2	176.2	176.2
开启闸孔	6、7	3、6、7、10	3、6、7、10	3、6、7、10	3、5、6、7、8、10	3、6、7、10	3、6、7、10
闸门开度(m)	0.48	2.29	2.14	2.00	3.31	1.48	0.93
闸孔流速(m/s)	6.41	5.45	5.46	5.30	4.45	5.52	6.25
出闸室流速(m/s)	2.99	2.92	3.05	2.82	3.61	2.84	2.87

3)对洄游通道的影响

由于有坝渠首的阻隔,河流环境被分割成不同的片段,鱼类生境的片段化和破碎化可能导致形成大小不同的异质种群,种群间基因不能交流,使各个种群的遗传多样性降低,导致种群灭绝的概率增加。2005 年,在北引渠首上游 28 km 处已经建成了尼尔基水利枢纽,该枢纽最大坝高 41.5 m,由于该枢纽没有设置过鱼通道等设施,对嫩江阻隔影响已经存在,阻断了洄游性鱼类、半洄游性鱼类上溯通道,造成了鱼类生境的片段化和破碎化。若本次北引渠首不设置过鱼设施,尼尔基坝址以下河流生态系统将被分隔成不连续的两个环境单元(尼尔基坝址至北引渠首以上河段和北引渠首以下河段),将在一定程度上阻隔渠首上下游之间的种质交流。根据本次调查结果,嫩江讷河江段优先保护鱼类有 6 目 9 科 20 种,其中雷氏七鳃鳗、哲罗鲑、细鳞鲑和凌源鮈等鱼类在我国的分布范围极为狭窄,生存环境特殊,对环境要求严格,表现出极强的脆弱性,种群一旦遭受破坏,将难以恢复,其中哲罗鲑、细鳞鲑产卵场主要分布在嫩江支流诺敏河上游。

在嫩江讷河江段,诺敏河分南北两支汇入嫩江干流,其中南支为主流,入河口位于北引渠首以下约 20 km 处,北支位于北引渠首以上约 8 km 处。这两支都可能是哲罗鲑等洄游入诺敏河上游产卵场的线路。根据渠首调度方式,在 10 ~ 11 月处于非引水期,在非引水期闸门将全部开启,不会对哲罗鲑、细鳞鲑等越冬洄游造成影响。另外,因为诺敏河南支位于北引渠首以下,渠首工程对 4 ~ 5 月从诺敏河南支洄游的哲罗鲑和细鳞鲑成鱼的生殖洄游不造成影响。因此,本次重点分析北引渠首工程的运行对可能在嫩江干流中游越冬且在春季从北支进行生殖洄游的成鱼的影响。

北引渠首在每年 4 ~ 5 月由于农灌用水的需要,为了保证引水水位需要关闭大部分闸门,而 4 ~ 5 月又恰值细鳞鲑、哲罗鲑生殖洄游时段。尽管根据现状调查,目前细鳞鲑、哲罗鲑主要生活在诺敏河支流内,而且近 5 年来在嫩江讷河江段未捕获细鳞鲑和哲罗鲑,但目前仍难以排除其成鱼秋季到嫩江主流越冬的可能。在这种情况下,渠首工程运行可能对从诺敏河北支进行生殖洄游的成鱼产生影响。其影响主要表现在平水期闸门非全部关闭,在嫩江来流较小的情况下,形成有限的壅水而提高渠首泄洪闸上水位,同时由于束窄河道,闸门断面处水流流速会增大,进而对哲罗鲑等的生殖洄游造成影响。

根据模型试验,在平槽洪水情况下,左岸河道深泓线位置流速介于 1.9 ~ 2.6 m/s,左岸主流区最大流速达 3 m/s,右岸岸边流速仅为 1.0 m/s 左右。泄洪闸在正常运用期间,闸孔处的流速为 5 m/s 左右,出闸室的流速为 3 m/s 左右。4 ~ 5 月闸孔流速在 5.45 ~ 6.41 m/s,由于在以往相关鱼类研究资料中没有找到关于水流流速的相关数据,因此只有定性描述对水流速度的要求,虽然哲罗鲑和细鳞鲑等喜急流,但闸孔处 6 m/s 左右的流速可能对从北支洄游的成鱼产生一定影响,进而对这些洄游鱼类的生存繁殖造成不利影响。

嫩江讷河段常见鱼类对水流速度要求见表 4.3-2。

表 4.3-2 嫩江讷河段常见鱼类对水流速度要求

序号	种类	生境	产卵期	水流速度描述	备注
1	雷氏七鳃鳗	砂砾底质	5 月下旬至 6 月初	水流缓慢处	卵埋在沙中
2	日本七鳃鳗	砂砾底质	5 ~ 6 月	水浅、流急	淡水不摄食,主产卵
3	哲罗鲑	水质清澈	5 月	急流	沉性卵
4	细鳞鲑	砂砾底质	4 ~ 5 月	急流	沉性卵
5	乌苏里白鲑	水质清澈、砂砾底质	12 月至翌年 1 月	急流	沉性卵
6	黑龙江茴鱼	山涧溪流	4 月中旬至 5 月初	急流	黏性卵
7	池沼公鱼	岸边游动	4 月末	缓流	
8	黑斑狗鱼	浅水区、开阔区	4 ~ 5 月	缓流	黏性卵
9	东北雅罗鱼		4 月末至 5 月上旬	静水、流水	
10	草鱼	水体中下层		静水、流水	漂流性卵
11	拟赤梢鱼			静水、流水	
12	马口鱼	水域上层	6 月中旬至 7 月中旬	静水、流水	
13	拉氏鲅		5 月下旬至 6 月末	静水、流水	黏性卵
14	真鲅	水质清澈	5 ~ 6 月	静水、流水	黏性卵
15	湖鲅		5 ~ 6 月	静水	黏性卵
16	花江鲅		春季末繁殖	缓流	黏性卵
17	唇鲴	砂砾底质	6 ~ 7 月	流水	黏性卵
18	花鲴	水底层	6 ~ 7 月	静水、流水	黏性卵
19	麦穗鱼		6 ~ 7 月	静水	黏性卵
20	犬首鮈		6 月	静水、流水	
21	东北黑鳍鰁	中下水层	6 ~ 7 月	静水、流水	
22	棒花鱼		5 月末至 7 月	水流平稳	
23	平口鮈		6 ~ 7 月	喜流水	
24	蛇鮈		5 月末至 7 月	流水	
25	鳡	水体中上层	6 月初至 7 月中旬	静水、流水	漂流性卵
26	鳌		6 月初至 7 月末	流水、静水	漂流性卵
27	黑龙江鳑鲏		5 ~ 7 月	静水	喜贝性产卵

续表 4.3-2

序号	种类	生境	产卵期	水流速度描述	备注
28	鲤	水体下层	5月下旬至7月中旬	各种水域	黏性卵
29	银鲫		6月上旬至7月上旬	静水、流水	黏性卵
30	鲢	水体上层	6月中旬至7月下旬	流水	漂流性卵
31	银鲴		7月初	静水、流水	漂流性卵
32	青鱼	水体中下层		静水、流水	漂流性卵
33	黑龙江泥鳅		6月	静水	卵微黏性
34	北方条鳅	砂砾底质	夏季	缓流	
35	黑龙江花鳅		6月	缓流	
36	鲇	水体下层	6月上旬至7月末	缓流	黏性卵
37	黄颡鱼		7月	缓流	营巢产卵
38	葛氏鲈塘鳢		5～6月	缓流	
39	褐栉鰕虎鱼		6月	缓流	
40	江鳕		12月至翌年2月,5～6月	缓流	沉性卵

根据水生生物现状调查,所有的鱼类都有洄游的特性,虽然在北引渠首运行期,为了保证下游用水户的用水需求,将实时调整闸门开度下泄流量,在90%保证率情况下,最小下泄流量为83 m³/s,并没有对嫩江形成完全的阻隔影响。但是,由于鱼类对流速要求不同,有坝渠首的建设将对喜缓流和静水的鱼类自由游动产生一定影响。

3. 对索饵场和越冬场的影响

索饵场在全流域都有分布,一般分布在水较浅、江汊、江湾、自然饵料丰富的水域。北引渠首运行后,下游河道水深不会加深,将会有不同程度的降低,形成数量众多的江湾、汊,索饵场将比原来的更大,在水深2 m以下的浅水区均是多种鱼类的索饵场,因此北引渠首的建设对鱼类的索饵场影响较小。

越冬场是鱼类越冬的场所,一般深汀,底质有乱石、岩洞的河床和凸凹不平的场所是多种鱼类的越冬场所。因此,渠首运行后,泄水量是对鱼类越冬场影响最大的因素。嫩江中游鱼类越冬场多集中在嫩江干流,如同盟、茂兴—连环湖江段及深汀处。本工程在枯水期不引水,不会改变现状情况下的径流条件,其水位不会发生变化,不会影响鱼类越冬水位。即工程实施后,只要调控好水的下泄量,不会对鱼类的越冬场产生较大影响。

引水期间,北引总干渠的运行有可能对上游孵化出的鱼苗形成抽吸效应,使其鱼苗通过北引总干渠和分干渠进入松嫩平原腹地的水体或稻田中,对坝址上游产黏性卵的鱼类资源产生不利影响。此外,部分鱼类也可能随水流进入引嫩干渠,造成嫩江鱼类资源量的损失。

4.3.2.2 低温下泄水对鱼类的影响

根据《尼尔基水库环境影响评价复核报告》,在尼尔基工程正常运行条件下,坝下泄流水温预测值与天然值相比(见表4.3-3),在5～8月,泄流水温将比天然值低1.2～10.7 ℃,特别是5～6月与天然值相比降低幅度较大,尽管在坝址下游有诺敏河和讷谟尔河的汇入,渠首处的下泄水温仍将比天然值有所降低,对于鱼类而言,这样的低水温对鱼类的生长繁殖将造成一定的影响,有可能使其产卵时间有所延后,或生长缓慢。

表 4.3-3 尼尔基水利枢纽下泄水温预测值与天然值对比表 （单位:℃）

高程(m)	四	五	六	七	八	九	十
预测	3.6	6.1	8.8	13.7	18.7	13.8	4.8
天然		11.7	19.5	22.0	19.9	13.2	4.3

4.3.2.3 小结

(1)尼尔基水利枢纽的建设,实际上已阻断坝上嫩江江段与坝下嫩江江段之间的鱼类洄游通道,已对细鳞鲑、哲罗鲑的洄游和生存繁殖产生不利影响。目前,在渠首所处的嫩江讷河江段,近年来没有捕获细鳞鲑和哲罗鲑,但在诺敏河及其支流有细鳞鲑和哲罗鲑分布。

(2)北引渠首工程位于嫩江干流,淹没回水不会对上游的诺敏河和讷谟尔河产生影响。渠首以上水位壅高,将一定程度地抬高渠首上游江段水位,使产黏性卵的鱼类产卵场有所扩大,渠首下游水位降低,将使浅水沿岸带产卵场有所缩小;产漂流性和半浮性卵的鱼类产卵场主要分布在流速较快的主流,工程实施后,虽然下泄水量将较现状有所减少,但是对河道主流的水位及流速等影响不大,工程运行对产漂流性卵的鱼类产卵场的影响,主要表现在下游产卵场位置下移或消失。由于产黏性卵和产漂流性卵的鱼类都是普生性的种类,而且对水域生态环境的适应能力较强,因此流量和水位的变化只是可能使产卵场的位置或面积稍有变动,这些鱼类会自行选择具有适宜的产卵条件的江段进行产卵繁殖。北引渠首工程建成后对于嫩江讷河江段鱼类区系中占支配地位的产黏性、半浮性卵的鱼类不会造成显著不利影响。

(3)北引渠首运行后,下游河道水位降低,将会形成数量众多的江湾、汊,因此索饵场将比原来的有所增加;嫩江中游鱼类越冬场多集中在嫩江干流,如同盟、茂兴—连环湖江段及深汀处,本工程在枯水期不引水,不会改变现状情况下的径流条件,因此不会对鱼类的越冬场产生影响。

(4)10～11月处于非引水期,闸门将全部开启,不会对哲罗鲑、细鳞鲑等越冬洄游造成影响;根据试验,泄洪闸在正常运用期间,4～5月闸孔流速在5.45～6.41 m/s,可能对从北支洄游的成鱼产生一定影响,进而对这些洄游鱼类的生存繁殖造成不利影响。因为诺敏河南支位于北引渠首以下,渠首工程对4～5月从诺敏河南支进行生殖洄游的哲罗鲑和细鳞鲑成鱼无影响。

总之,北引渠首工程建成后,嫩江中游讷河江段鱼类区系组成将发生一些变化,预计仍以鲤、银鲫(鲫鱼)、银鮈(黄姑子)和鳑鲏(胡罗子)等鲤科鱼类和鲇等为主,这些鱼类都是产黏性卵、浮性卵的广布性鱼类,既可以适应江河等流动水体,又可生活在静水水体的湖泊、水库中。因此,北引渠首工程建成后不会对这些鱼类构成显著不利影响。北引渠首工程建成后,将对冬季在嫩江干流中游越冬且在春季从诺敏河北支进行生殖洄游的成鱼产生影响,进而对这些洄游鱼类的生存繁殖造成不利影响。

4.3.3 对浮游生物的影响

4.3.3.1 对浮游植物的影响

渠首经过全面治理后,坝下基本不改变原河流的运行调度方式,对河流的水文情势基本上没有影响,所以对嫩江中游基本没有影响,浮游植物将逐渐由施工期间的状态恢复至原来的状态。但是,坝上由于工程拦截河道,形成半静水水面,改变了原来流水的情势,渠首运行后浮游植物种类、数量等将发生变化,其种类增多,数量增大。随着时间的推移,这种变化将越来越明显,坝上浮游植物变化趋势向湖泊、水库特点发展,而坝下仍然保持河流种类组成的特点。

4.3.3.2 对浮游动物的影响

渠首运行后,大坝下游水流态势基本保持河流情势。因此,浮游动物无论种类还是种类数量仍然保持河流生态特点,逐渐恢复到原群落特征,浮游动物种类和数量将会恢复到原来水平,种类以轮虫、原生动物为主,枝角类较少,体现出北方河流浮游动物的特点。坝上由于河道拦截后水体形成半静水情势,因此浮游动物种类和数量由河道特点向湖泊、水库方向转变,但需要经过一定的时间后才能实现转变。

4.3.4 对底栖动物的影响

北引渠首工程竣工后,渠首段河流底质为钢筋混凝土及格宾石笼,以块石和混凝土为主,改变了原来砂砾底质状态,加之工程运行后,上游来水通过泄洪闸下泄,水流冲刷能力大,改变了原有底栖生物的栖息环境。对底栖动物而言,不会恢复到建设之前状态。

渠首上段和下段河流底质没有发生变化,故对渠首上游和下游底栖生物不会产生影响。

4.3.5 对水生植物的影响

北引渠首工程的建设,在一定程度上提高了北引渠首坝址以上的水位,使淹没区域扩大,水流变缓,营养物质增加,有利于水生植物种类和数量的增加。一些沉水、漂浮植物种类增加,水生维管束植物数量、生物量将较工程建设前明显增加。

运行期间,北中引均加大了引水量,北中引断面下泄水量均较现状情况下有所减少,北引渠首泄洪闸下江段来水量减少,水位下降,但通过水文情势分析可知,北引渠首断面以下水位最大降幅小于 40 cm,中引渠首断面以下水位最大降幅小于 20 cm,部分支汊、河滩上水时间减少,水生维管束植物繁衍空间萎缩,浮叶植物将减少,水生维管束植物种类和数量将减少,水生植物资源量会有所下降。

4.4 水生生态保护及恢复措施

4.4.1 保护目标

保护对象:水生生物。

保护目标:保护水生生物多样性,保护重要水生生境,确保河道内生态需水量,保障北引渠首下游河段水生生物生长、繁殖所需的基本流量;保护嫩江中下游洄游性鱼类,重点是北引渠首附近江段的洄游性鱼类哲罗鲑、细鳞鲑、江鳕等种群和生境完整,并通过修建鱼道等措施,维护河段原生鱼类物种,特别是珍稀保护鱼类不消失,保证足够的鱼类资源量的存在,以维持鱼类种群的稳定,遏制嫩江鱼类资源衰退下降的趋势。

4.4.2　北引渠首生态基流保障措施

(1)为保证北引枢纽初期蓄水时段河道不断流,初期蓄水期至正常蓄水位 176.20 m 时泄洪闸应保持部分开启,保证枢纽按北引生态流量 42.0 m³/s 的要求下泄水量。

(2)北引段断面最小生态环境流量为 42.0 m³/s,4～7 月 168.0 m³/s、8～10 月 84.0 m³/s。

北引工程非引水期为 10 月下旬至翌年 4 月中旬,此时泄洪闸全开,保证上游来水全部下泄。

北引工程引水时间为每年的 4 月下旬至 10 月中旬,共 183 天,引水期间生态环境水量通过鱼道和泄洪闸下泄。其中,鱼道放水流量 4.61 m³/s,其他水量通过泄洪闸下泄。为满足引水期嫩江干流下游生态环境用水,4～11 月用水期间,多年平均、75%、90%来水情况下北引渠首下泄流量过程见表 4.4-1,根据工程运行调度水量下泄过程中确保中孔闸门开启,维持单孔开度为 0.36 m 即可满足最小下泄流量 42 m³/s 的河道环境用水要求。北引渠首为自流引水枢纽,通过调整进水闸门开启高度进行实时调度操作以满足下泄流量要求,当总干渠进水闸上水位超过 176.20 m 时,开启主江道上泄洪闸,维持渠首水位在 176.20 m,当总干渠进水闸上水位低于 176.20 m 时,可逐渐调整主江道上泄洪闸。

表 4.4-1　北引渠首不同来水情况下下泄流量过程　　　　　　（单位:m³/s）

月份	多年平均	75%	90%
4	236	152	134
5	589	402	615
6	490	106	197
7	734	684	431
8	589	238	93
9	442	69	82
10	342	140	130

按照水资源管理的有关管理规定,预先制订引水计划并上报松辽水利委员会,实施过程中严格按照计划引水。松辽水利委员会对引嫩扩建工程嫩江干流取水具有统一调度权力,一旦出现下泄流量不能满足最小环境流量需求情况,松辽水利委员会应及时下达指令,统一调度工程上下游相关水利工程,必要时责成黑龙江省引嫩工程管理局开闸泄水,确保下游河道环境用水需求。

4.4.3　过鱼通道研究

工程运营初期、特枯水年需对北引渠首以下河段鱼类进行监测,工程运营后下泄水量理论上满足鱼类生存需要,但由于各种不确定因素存在,下游河段水量是否满足鱼类生长繁殖需求还需要实地调研。调研过程中发现河水较浅、水流停滞等现象时,需调整取水量以保证鱼类生存需水。

嫩江中游冷水性鱼类资源呈现出栖息分布范围在缩小、种群数量急剧减少等特征,鱼类资源一旦受到破坏很难恢复,北引有坝渠首的建设会导致鱼类洄游受阻,所以建设过鱼设施很有必要。

4.4.3.1 方案比选

北引渠首枢纽轴线总长5 592.5 m,从左至右依次布置改建土坝、进水闸、新建土坝段(包含预留船闸)、泄洪闸、溢流坝、固滩等,两侧与嫩江堤防衔接。土坝总长2 445.7 m,坝顶高程181.80 m,共分两段,一段位于泄洪闸及总干进水闸间,长244.5 m,为新建,另一段位于总干进水闸左侧,长2 201.2 m,大部分为将现有拉哈堤防加高加固改建而成。进水闸位于现有北引进水闸下70 m处,进水闸采用带胸墙开敞式闸,3孔,每孔净宽7 m,堰型为宽顶堰,闸底板高程172.50 m。新建泄洪闸为开敞式闸,共12孔,每孔净宽16 m,总净宽192 m,堰型为宽顶堰,闸底板高程为169.0 m。溢流坝长度为221.5 m,分两段,顶高程为177.00 m,采用混凝土重力坝,第一段位于泄洪闸右岸,长101.5 m,第二段位于团结桥下。固滩总长2 674 m,沿拉查公路布置,最低顶高程按177.00 m控制,仅是对现有拉查公路进行加固护砌整型。

依据嫩江航运现状及航运规划,嫩江县至齐齐哈尔江段为Ⅴ级航运,航道深1.30 m,航道宽35.0 m,弯曲半径大于300.0 m,通航300 t级顶推船队。根据船闸规范本船闸为Ⅴ级船闸。目前,齐齐哈尔以上至嫩江县航道须经治理后方能通航,本次设计按上述参数为船闸预留位置,依据船闸尽量与主航道衔接方便的原则,预留在主江道左岸处。

本工程属低水头枢纽工程,依据过鱼设施选择方案结果,本工程采用仿自然通道和横隔板竖缝式鱼道在工程适应性、鱼类适应性和运行效果上都是可行的。根据工程总体布置,并结合鱼道进出口布置原则,本工程适合建设鱼道的位置主要为泄洪闸两侧。因此,设计共布置以下3种方案进行比选。

方案一:泄洪闸右侧布置仿自然通道及横隔板竖缝式鱼道。泄洪闸右侧地势相对开阔,可用来布置仿自然通道及横隔板竖缝式鱼道。根据仿自然通道布置位置,此方案分为如下两个子方案。

子方案1:泄洪闸右侧第三节溢流坝外布置横隔板竖缝式鱼道,鱼道进口位于泄洪闸海漫段末端,出口位于泄洪闸闸上,总长495.5 m,流量0.66 m³/s。仿自然通道布置于泄洪闸溢流坝外侧,利用施工导流明渠以节省投资,总长824 m,底宽4 m,过水断面宽度1.5 m,流量1.72 m³/s。

子方案2:横隔板竖缝式鱼道布置方式与子方案1相同,即布置于泄洪闸右侧第三节溢流坝外,鱼道进口位于泄洪闸海漫段末端,出口位于泄洪闸闸上,总长495.5 m,流量0.66 m³/s。仿自然通道布置于团结桥下,利用天然沟渠,总长3 124 m,底宽4 m,过水断面宽度1.5 m,流量0.94 m³/s。

方案二:泄洪闸两侧布置。根据仿自然通道布置位置分为两个子方案,仿自然通道布置与方案一相同,即泄洪闸右侧利用导流明渠或团结桥下布置仿自然通道,左侧布置横隔板竖缝式鱼道。根据预留船闸位置,船闸与泄洪闸间空间狭小,不利于布置鱼道,因此鱼道布置在船闸左侧,鱼道总长904.30 m,流量0.66 m³/s。

方案一、方案二主要参数见表4.4-2、表4.4-3。

表 4.4-2 方案一、方案二仿自然通道方案主要参数

项目		指标		备注
		导流明渠	团结桥下	
运行特征	进口高程(m)	169.0	169.0	
	出口高程(m)	173.7	173.7	
结构尺寸	结构样式	交错石块式	交错石块式	
	池室长度(m)	8.0	12	
	过水断面宽度(m)	1.5	1.5	有效尺度
	池间落差(m)	0.05	0.025	
	池室数量(个)	93	206	普通水池,不含休息池
	休息池数目(个)	5	27	水头每提升0.8 m(0.4 m)设1个休息池
	休息池半径(m)	8.0	12	圆形或椭圆形
	通道总长度(m)	824.0	3 124	
	通道底坡	1/160	1/660	

表 4.4-3 方案一、方案二横隔板竖缝式鱼道方案主要参数

项目		指标		备注
		泄洪闸右侧	泄洪闸左侧	
结构尺寸	隔板样式	垂直竖缝式	垂直竖缝式	
	池室长度(m)	3.5	3.5	
	池室宽度(m)	2.5	2.5	
	运行水深(m)	1.5(1.34)	1.5(1.34)	正常运行水深(出口、进口)
	池室深度(m)	>1.8	>1.8	
	竖缝宽度(m)	0.35	0.35	
	池间落差(m)	0.051	0.026	
	池室数量(个)	113	215	普通池室,不含休息池
	休息池数目(个)	11	20	每10个水池设1个休息池
	休息池长度(m)	7.0	7.0	
	鱼道总长度(m)	495.5	904.30	
	鱼道底坡	1/70	1/140	
进出口	进口底板高程(m)	169.0	169.0	
	出口底板高程(m)	174.7	174.7	

　　方案三:泄洪闸右侧布置一条较大的仿自然通道方案。尽量利用导流明渠以节省投资,通道总长 1 004 m,流量 4.61 m³/s。方案三仿自然通道方案主要参数见表 4.4-4。

表 4.4-4 方案三仿自然通道方案主要参数

项目		指标	备注
运行特征	进口高程(m)	169.0	
	出口高程(m)	174.2	
	最大设计流速(m/s)	1.0	

续表 4.4-4

项目		指标	备注
	结构样式	交错石块式	
	池室长度(m)	8.0	
	通道宽度(m)	16.0	运行时水面净宽
	运行水深(m)	2.0	正常运行水深
	过水断面宽度(m)	3.0	有效尺度
结构尺寸	池间落差(m)	0.05	
	池室数量(个)	103	普通水池,不含休息池
	休息池数目(个)	9	水头每提升0.5 m设1个休息池
	休息池半径(m)	10.0	圆形或椭圆形
	鱼道总长度(m)	1 004.0	
	鱼道底坡	1/160	

方案一与方案二均为布置两个鱼道方案,方案三为布置一个鱼道方案。

泄洪闸右侧地形开阔,左侧空间狭小。因此,仿自然通道只能布置在泄洪闸右侧,可以利用导流明渠或团结桥下沟道布置仿自然通道,考虑团结桥下通道较长,工程量及占地均较大,投资相对较大,初估投资1 325.8万元,同时,考虑其进出口距离枢纽轴线较远、运行管理不便等因素,而且进口处已于1988年为稳定嫩江河势进行了溢流坝处理,在中小水年团结桥下不过流。导流明渠处可以利用现有工程进行鱼道布设,工程量及占地较小,初估投资685.46万元。因此,推荐仿自然通道位于导流明渠处。

从工程布置上看,泄洪闸与船闸之间空间狭小,若布置鱼道,鱼道出口距离泄洪闸进口较近,且与船闸也较近,由于本工程泄洪闸需频繁开启,同时船闸运行噪声、振动及产生的油污等均会影响鱼类洄游,因此不适宜进行鱼道的布置。进水闸与船闸之间虽然可布置鱼道,但鱼道长度较大,投资较高,初估投资2 084.67万元,而且由于鱼道与船闸距离较近,船闸运行噪声、振动及产生的油污等均会影响鱼类洄游,同时,鱼道出口位于泄洪闸、船闸及总干引水渠附近,水流流态复杂,上溯鱼类容易迷失方向,因此鱼道布置在泄洪闸左侧对于鱼类洄游是有较大影响的。从鱼道运行可靠性上推荐鱼道布设在泄洪闸左岸方案,泄洪闸右岸鱼道具有长度短、工程量节省等优点,初估投资1 338.4万元。

方案三为在泄洪闸导流明渠处布置一个仿自然通道方案,其流量规模较方案一、方案二均大很多,易于诱鱼,同时其投资最省,易于改造和维护管理。因此,方案三具有较大优势。

鱼道布置三个方案比较见表4.4-5。

表 4.4-5　鱼道布置三个方案比较

项目		右岸仿自然通道 + 右岸鱼道	右岸仿自然通道 + 左岸鱼道	右岸仿自然通道
诱鱼能力	进口位置	两处	两处	一处
	吸引水流	流量小,为 2.38 m³/s	流量小,为 2.38 m³/s	流量大,为 4.61 m³/s
过鱼能力及鱼类适应能力		能通过多数目标鱼类,过鱼数量很少,鱼类适应能力较差	能通过多数目标鱼类,过鱼数量很少,鱼类适应能力一般	能通过多数目标鱼类,过鱼数量较少,鱼类适应能力一般
工程量及投资	工程量	工程量稍大	工程量大	工程量小
	投资估算(万元)	2 023.86	2 770.13	1 229.38
运行维护		难改造,维护费用高	难改造,维护费用高	较易改造,需周期性维护

北引渠首工程为自流引水枢纽,闸坝上游蓄水量很少,没有调蓄调节能力,根据 32 年系列北引渠首取水口处引水期的来水量与引水量分析,本工程在引水期间由于引水量不大,泄洪闸中间 2~4 孔基本需长时间开启以下泄多余水量,因此从严格意义上讲,即使在工程引水期渠首工程也未完全截断嫩江主河道。同时,北引总干渠引水时间为每年的 4 月下旬至 10 月中旬共 183 天,非引水期闸门全部开启恢复天然河道,因此渠首泄洪闸基本不影响鱼类的越冬洄游。

考虑鱼类产卵地主要集中在诺敏河及支流河段,而诺敏河南支位于渠首下游 8 km 处,因此北引渠首工程并未完全截断鱼类的生殖洄游通道,这对鱼类洄游是有利的。因此,从工程布置、运行调度、鱼类生活习性、投资等角度考虑,设计考虑仿自然通道具有投资节省、结构简单、施工方便、利于调整、水力条件与天然过鱼条件相近、鱼类容易适应等优点,推荐方案三,即泄洪闸右侧布置一个仿自然通道方案。另外,从北引渠首运行及渠首并未截断诺敏河南支鱼类洄游通道等方面来看,在北引渠首处设计一条仿自然通道是可行的。

4.4.3.2　鱼道布置

1.鱼道运行水位和设计流速

进口水位:鱼道进口水位受泄洪闸泄水影响,根据鱼类洄游时间并结合北引渠首运行调度原则,鱼道洄游期间鱼道进口水位一般维持在 169.62~170.59 m,按多年系列调节成果,其平均水位为 170.34 m。

出口水位:采用渠首正常引水水位,为 176.20 m。

设计流速:根据主要经济鱼类的生态习性和天然河道的流速状况,北引渠首鱼道设计流速采用 0.8~1.0 m/s,进口流速不小于 0.2 m/s。

2.工程布置

过鱼设施位于泄洪闸右侧。仿自然通道位于导流明渠部位,与枢纽轴线交叉桩号 2+875.5。鱼道由进口、水池、休息池、出口、诱鱼拦鱼设施、检修闸门及观察室等组成。

鱼道进口布置在泄洪闸出口海漫下游 110 m 处,进口底高程 169.00 m。进口底板与河床平缓相接,以使底层鱼类可以沿河床找到仿自然通道进口,进口处通道底部铺设一些原河床的砾石,以模拟自然河床的底质和色泽,制造诱使鱼类进入的流场。

鱼道出口水位为176.20 m,鱼道出口底高程为174.20 m,上游正常运行水深为2 m。出口段设置闸室段控制鱼道水位及流量。

为适应上下游水位的较大变幅,通道的出口设置控制闸门,以调节和控制通道内的水流流量和流速,保证下游进口的水深不会过高或过低,确保通道水流能满足鱼类的上溯要求。本通道出口闸室长度为6 m,闸室净宽为5 m,闸门高度为2.3 m,闸室上部为启闭机室,用以控制闸门启闭。

综合考虑坝址处的鱼类资源量和工程坝址地形、工程布置等因素,为满足过鱼需要,本通道宽度取18 m,正常水位运行时水面宽度为16 m。仿自然通道全长1 004 m。

本通道池室长度取8 m。通道正常运行水深为2 m,最小运行水深为1 m,池室深度可取2.5 m。水头每提升0.5 m须设1个休息池,休息池无底坡,形状可为圆形或椭圆形,半径不小于6 m,可以根据地形进行开挖。本通道休息池半径为10 m,共设置9个休息池。仿自然通道两岸边坡可以种植树木以使两岸结构稳定。

仿自然通道方案主要参数见表4.4-6。

表4.4-6　仿自然通道方案主要参数

项目		指标	备注
运行特征	进口底高程(m)	169.00	
	出口底高程(m)	174.20	
	最大设计流速(m/s)	1.0	
结构尺寸	结构样式	交错石块式	
	池室长度(m)	8.0	
	通道宽度(m)	16.0	运行时水面净宽
	运行水深(m)	2	上游正常运行水深
	通道深度(m)	2.5	
	过水断面宽度(m)	3.0	有效尺度
	池间落差(m)	0.05	
	池室数量(个)	103	普通水池,不含休息池
	休息池数目(个)	9	水头每提升0.5 m设1个休息池
	休息池半径(m)	10	圆形或椭圆形
	通道总长度(m)	1 004	
	通道底坡	1/160	

注:以上参数均为理论计算值,设计时应经过物理模型试验结果进行验证、优化后方可使用。

3. 投资估算

初步估算鱼道投资1 229.38万元。

4.4.4　鱼类增殖放流站

4.4.4.1　鱼类增殖放流依据

根据《中华人民共和国渔业法》第四章第三十二条规定,在鱼、虾、蟹洄游通道建闸、筑坝,对渔业资源有严重影响的,建设单位应当建造过鱼设施或者采取其他补救措施。

2006 年 1 月 9 日,国家环境保护总局办公厅下发了《关于印发水电水利建设项目水环境与水生生态保护技术政策研讨会会议纪要的函》(环办函〔2006〕11 号),要求"在珍稀保护、特有、具有重要经济价值的鱼类洄游通道建闸、筑坝,须采取过鱼措施。对于拦河闸和水头较低的大坝,宜修建鱼道、鱼梯、鱼闸等永久性的过鱼建筑物;对于高坝大库,宜设置升鱼机,配备鱼泵、过鱼船,以及采取人工网捕过坝措施"。

应按中华人民共和国农业部令第 20 号《水生生物增殖放流管理规定》的有关规定开展放流活动。

4.4.4.2　增殖放流物种选择依据及物种

1. 增殖放流物种选择依据

(1)拟放流物种应为工程影响较大的土著珍稀、特有的水生生物物种;

(2)拟放流物种种群数量明显下降,分布区域缩小,但具有一定种群数量,并显现濒危趋势;

(3)拟放流物种具有经济、生态和遗传研究价值;

(4)拟放流物种具有一定的研究基础或放流历史(包括人工繁殖、苗种培育及放养数量等);

(5)经过人工增殖放流,拟放流物种资源可在一定时间内有所恢复;

(6)增殖放流种类应为原水域物种或与所放养水域生态环境相适应。

2. 放流物种选择

根据增殖放流物种选择依据和一期工程建设对水生生物物种影响的程度、资源现状,考虑到嫩江中游鱼类的特点,以苗种繁育技术较为成熟、已经形成一定生产规模的珍稀冷水性鱼类资源保护和恢复为目的,拟选择细鳞鲑、哲罗鲑等作为鱼类增殖放流物种类。考虑到渠首建设对洄游性鱼类产生较为明显的影响,因此对重要经济鱼类资源也实施补偿性放流,补偿性放流主要有草鱼、鲢、鳙、鲤、银鲫等经济鱼类。由北引渠首管理单位管理放流,渔业主管部门在放流种类、数量等方面进行监督。

3. 放流标准

放流的苗种必须是由野生亲本人工繁殖的子一代。放流的苗种必须无伤残和病害、体格健壮。供应商水产苗种生产和管理符合农业部颁发的《水产苗种管理办法》,并有省级水产管理部门核发的《水产苗种生产许可证》。

4.4.4.3　放流苗种数量和规格

放流数量:增殖放流数量的确定需要考虑的因素较为复杂,不确定的因素较多,针对开放性的天然水体合理放流数量的确定很困难,至今没有统一的规范计算方法。

根据渠首运行对鱼类的影响程度估算投放量,依据细鳞鲑、哲罗鲑的分布和资源量推算,考虑到细鳞鲑、哲罗鲑的产卵场多集中在中上游及支流、越冬场分布的特点,建议在支流放流数量占 10%,渠首上游占 70%,下游占 20%。放养比例细鳞鲑:哲罗鲑为3∶7;年放流数量为 40 万尾,其中,细鳞鲑 12 万尾,哲罗鲑 28 万尾,连续放流 10 年,根据资源恢复状况调整放流数量、比例,见表 4.4-7。

表 4.4-7　增殖放流站放流苗种数量和规格

种类	全长 (cm)	数量 (万尾/年)	放流地点及尾数(万尾/年)			放流起止年份
			支流	坝上	坝下	
细鳞鲑	4~6	12	1.2	8.4	2.4	2013~2022
哲罗鲑	5~7	28	2.8	19.6	5.6	
合计		40	4.0	28.0	8.0	

放流苗种规格:放流苗种的个体大小对放流效果影响很大。依据哲罗鲑、细鳞鲑人工繁育的技术、成活率、培育时间、放流时间等因素,这两种鱼放流规格宜分别为细鳞鲑 4~6 cm,哲罗鲑 5~7 cm。

4.4.4.4　增殖放流站建设

为了恢复和保护嫩江冷水性鱼类资源,恢复种群,在北引渠首管理站内建立冷水性鱼类增殖站,开展重要保护对象的人工繁殖,培育一定数目的冷水性鱼类进行放流,使其对洄游性的冷水性鱼类资源的影响降到最低,达到对水生生物资源养护的目的。

1. 增殖站位置与规模

根据引嫩扩建骨干一期工程建设位置和自然条件、增殖站的性质和建设规模,以及运转和放流的地点,增殖站拟布设在北引渠首管理站内,占地面积 15 000 m²,地类主要为草地。

2. 增殖站建设技术条件

1)技术条件

(1)水质。

增殖站建设水质技术条件见表 4.4-8。

表 4.4-8　增殖站建设水质技术条件

项目	标准值	项目	标准值
色度	<5°	透明度	清澈透明
溶解氧	6~10 mg/L	游离二氧化碳	<30 mg/L
硫化氢	0	碱度	毫克当量1.5
总硬度	8~10 mg/L	生化需氧量	<10 mg/L
氨氮	<0.007 5 mg/L	亚硝酸盐	<0.5 mg/L
硝酸盐	<1.0 mg/L	磷酸盐	<0.2 mg/L
硫酸盐	<5.0 mg/L	总铁	<1.0 mg/L

(2)水温

要求水温 5~20 ℃,最适温度 12~18 ℃。

(3)水量。

根据北引渠首目前具备的条件,供水量 0.5~1.0 m³/s,冬季必须达到 0.3 m³/s 以上。

（4）水源。

水源距场区 50 ~ 100 m。引水区采用封闭式，与鱼池水面有 1 ~ 3 m 落差。

（5）地形和土质。

满足建池坡降需求，交通便利，土池池底要求砂石底，土质适合于建池。

2）经济条件

（1）必须达到的放养要求及生产量。

（2）自身运转费用。

（3）周边市场环境及产品销路。

（4）流动资金的筹备。

（5）饲养管理条件：苗种自繁及部分外购，饵料生产及部分外购等。

（6）确定生产规模。

3. 增殖站建设设施

增殖站设有办公室、孵化室、鱼池、泵房、锅炉房、饲料房、备用库及车库等。其主要构筑物见表 4.4-9。其平面布置示意图见图 4.4-1。

表 4.4-9　鱼类增殖站主要构筑物

序号	名称	面积（m²）	备注
1	办公室	260	包括站长室、财务室、技术工作室、化验室
2	孵化室	120	用于放置孵化桶、平列槽、饲育槽
3	鱼池	400	共 13 个鱼池，其中苗种池 8 个，亲鱼池 1 个，成鱼池 4 个
4	泵房	55	供注水、补充水源
5	锅炉房	98	保证办公室和库房取暖
6	饲料房	98	包括原料间、加工间
7	备用库	98	用于存放养鱼工具、捕捞工具等
8	车库	70	包括停车间和工具间等

办公室：1 间，面积 260 m²。包括站长室、财务室、技术工作室、化验室等。

孵化室：1 间，面积 120 m²。孵化室内放置孵化桶 3 个，平列槽 6 个，饲育槽 10 个。孵化桶选用由食品级塑料或玻璃钢制成的圆桶，直径 0.6 m，高 1.0 m，每个孵化桶设有独立的进排水管道，单桶可孵化细鳞鲑卵 8 万 ~ 10 万尾；平列槽单槽尺寸 3 m×0.4 m×0.35 m，可孵化发眼卵 80 万粒；饲育槽 10 个，单槽尺寸 2 m×1 m×0.6 m，可育稚鱼 60 万尾。

鱼池：总面积 400 m²，包括 13 个鱼池，其中苗种池 8 个，亲鱼池 4 个，成鱼池 1 个，均采用混凝土结构。苗种池总面积 160 m²，单池面积 20 m²，单池尺寸为 10 m×2 m×0.8 m，坡度 15‰，可生产鱼种 60 万尾。亲鱼池面积 120 m²，亲鱼池尺寸为 20 m×6 m×1.0 m，坡度 15‰，可饲育亲鱼 200 万 ~ 500 万尾，可提供受精卵 100 万粒。成鱼池面积 120 m²，单池尺寸为 2 m×15 m×2 m。鱼池均设有进排水口，并安装拦鱼网。

泵房：1 间，面积 55 m²。内设供、排水泵，供注水和补充水源。供、排水泵的最小流量为 0.05 m³/s，最好利用地势条件让水自流排过，总的要求是水流必须畅通，没有死角。

锅炉房：1 间，面积 98 m²。保证办公室和库房取暖。

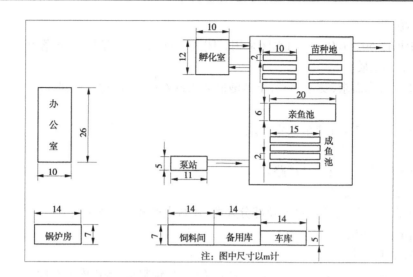

图 4.4-1　嫩江中游鱼类增殖站平面布置示意图

饲料房:1 间,面积 98 m²。包括原料间、加工间,并配备粉碎机 1 台,饲料机 1 台。

备用库:1 间,面积 98 m²。用于存放养鱼工具、捕捞工具等。

车库:1 间,面积 70 m²。包括停车间、工具间等。

4. 仪器设备

仪器设备:生物显微镜 1 台,生物解剖镜 1 台,简易水化学检验设备 1 套等。

车辆配备:客货汽车 1 台。

5. 增殖站预计年生产量

(1)亲鱼及后备亲鱼储备:5 000 尾。

(2)发眼卵:300 万~500 万粒。

(3)苗种:100 万~150 万尾。

(4)鱼种及成鱼:3.5 万~5.0 万 kg。

6. 管理机构

运行管理:考虑到行业专业技术特点和行政管理范围、权限,建议鱼类增殖站建成后,运行管理以隶属于地方渔业行政管理部门为宜;引嫩扩建骨干一期工程按照鱼类增殖站实际运转费用,每年应拨付运行与放流经费。

人员编制:共23 人,包括场长兼工程师 1 人,工作人员 14 人(技术员 3 人,财务人员 2人,保安员 3 人,电工兼机械工 1 人,司机 1 人,养鱼技工 4 人),季节临时工 8 人。

7. 增殖放流技术

细鳞鲑是我国特有的冷水性鱼类,它喜欢在水质清澈、水温较低的山涧溪流中生长,人工繁殖的水温必须控制在 20 ℃以下,才能保证正常的生长发育。根据黑龙江水产研究所渤海冷水性鱼试验站多年研究结果,水温为 13~16 ℃,水中溶解氧在 6 mg/L 以上生长较快,不易发病,涌泉水流水养殖效果较好,放养量依水流量而定,0.1 m³/s 水流量放养规格为 40g 左右的鱼种 4 000 尾。

细鳞鲑系冷水性鱼类,栖息于水质清澈的江河溪流,常年水温较低(最高水温不超过20

℃)水域,不在湖泊开阔水域生活,在江河及支流的深水区越冬。江河春季融冰时期溯向河流的上游产卵,产卵场在底质砾石或砂砾的水深不大的急流处。它为肉食性鱼类,以无脊椎动物、小鱼等为主要摄食对象,较大的个体也捕食蛙类、落浮在水面的昆虫及岸边的鼠类,在每日晨昏之际觅食活跃,冬季冰下也摄食。性成熟年龄,雄性较雌性为早,雄性多为3~4年,雌性多为5年,怀卵量0.3万~0.7万粒,卵径3~4 mm,橙黄色,卵沉性。产卵期4~5月,其时水温5~8℃以上。受精卵在水温5℃时,需45天以上才能孵化发育至仔鱼脐囊消失。细鳞鲑人工繁殖和放流技术流程图见图4.4-2。

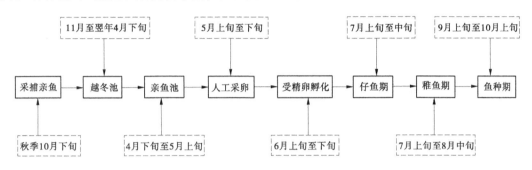

图 4.4-2　细鳞鲑人工繁殖和放流技术流程图

4.4.4.5　需要注意的问题

(1)水温水质调控,细鳞鲑在产卵、孵化及生长发育过程中均需在适宜的水温下进行,并对水质的清澈度及溶解氧有一定的要求,因此在人工增殖过程中应注意水温和水质的调控。

(2)定时定量投喂幼鱼(不同粒径)颗粒饲料。

(3)加强防治疾病。

(4)加强防逃措施。

(5)增设拦鱼栅。在北引渠首进水闸拦污栅后设置拦鱼栅,即在拦污栅后布设两道隔离网,避免嫩江鱼类随水流进入引嫩干渠。

4.4.5　施工期保护与恢复措施

4.4.5.1　对浮游生物保护措施

优化设计,合理选择施工方案。施工期间应对明渠段及其下游嫩江河段定期进行水质监测,如发现施工区域水体混浊严重,应根据实际情况改进施工工艺。

4.4.5.2　对底栖生物保护措施

渠首建设占用一定的底栖生物栖息地,所以底栖生物生物量的损失是无法避免的,施工过程中要遵循"不动、少动"的原则,尽量做到少破坏河床,对于无法避免的占用开挖应严格控制施工范围,尽量减少对底栖生物栖息地的破坏。

4.4.5.3　对鱼类保护措施

(1)渠首施工期间尽可能减少噪声,采取低噪声设备施工。合理安排施工时间,避免在鱼类繁殖期进行施工,施工过程中要尽量保证鱼类的洄游通道的畅通。

(2)加强对施工人员的管理:减少人为活动所造成的影响。施工时,首先对施工人员进行环保意识的教育,增加施工人员的环保意识和法律法规知识。杜绝由于人为活动所造成的环境破坏,如私捕乱捞、电鱼、毒鱼、垂钓等事件发生,保证鱼类种群数量的稳定。

(3)加强管理,杜绝将剩余残土、固体废物直接堆置河中,以免造成人为河道堵塞、水体污染,给水生生物造成灭顶之灾。

第 5 章　陆生生态影响与保护措施

5.1　陆生生态环境现状

5.1.1　陆生植物

5.1.1.1　区域植被类型

区域主要植被类型为草原、草甸、沼泽、水生植被和农业植被。

1. 草原

项目区所在区域为欧亚草原的最东部分,主要为以草甸草原植被为主的松嫩平原区,建群植物主要是禾本科的针茅属、羊草属、冰草属、恰草属、隐子草属以及菊科的线叶菊属、蒿属等属的一些种类。草甸草原的建群种以东西伯利亚成分的贝加尔针茅、达乌里 – 蒙古成分的羊草和温带亚洲成分的线叶菊为主,这些主要的建群种以来自西伯利亚和欧亚以至北美大陆的北方成分居多,在松嫩草原植被的建群中起着非常重要的作用。

2. 草甸

草甸植被广布于松嫩平原的低平地、山地丘陵、稍湿地、盐化土壤上,建群的种类以禾本科为最多,其他较多的有菊科、蔷薇科、豆科、藜科、蓼科、莎草科、毛茛科、百合科等科的植物。

草甸中大都是北温带范围内的种类,其中主要的建群植物有地榆和裂叶蒿、鹅绒委陵菜、拂子茅、无芒雀麦、草地早熟禾、散穗早熟禾、野古草、小叶章、多枝剪股颖、芦苇、看麦娘、星星草、牛鞭草、荻等。

盐化草甸较常见的建群种有虎尾草、角碱蓬、多根葱、羊草、芨芨草、短芒野大麦、碱蓬、西伯利亚蓼、碱蒿和马蔺等。这些建群植物由于生态幅度广、适应性强,可在不同类型成为主要建群种,如芦苇,既是草塘植被的主要建群种,也可成为沼泽草甸甚至一些盐生草甸的主要建群种;羊草既可是羊草草原的建群种,也可成为一些低洼河泛地盐化草甸的建群种,而小叶章既可是典型草甸的建群种,也可是沼泽草甸的建群种。

3. 沼泽

沼泽植被分布于松嫩平原的低洼地、水边、湖滨、溪流沿岸以及沼泽化的林内外低湿地,草本沼泽的建群种以莎草科植物为主,禾本科次之,主要有世界分布的菵草,北温带分布的卵穗苔草,旧大陆温带成分的羊胡子草和大穗苔草,亚洲温带 – 北极成分的灰脉苔草,西伯利亚成分的乌拉苔草以及东部西伯利亚成分的修氏苔草等。

4. 水生植被

项目区内有许多大大小小的块状水生植被群落,属于淡水湖沼。在淡水湖沼中有丰富的高等植物和低等植物,这些低等植物构成了各泡沼的浮游植物主体。高等水生植物在湖沼内一般呈簇状分布,但不同地段种类不同,概括起来有 4 种类型,即沉水型草塘、浮叶型草塘、飘浮型草塘和挺水性草塘。

5. 农业植被

项目区为松嫩平原的产粮区,主要栽培植被类型为水田和旱田,主要种植植被为玉米、大豆、小麦、谷子、高粱等粮食作物和甜菜、亚麻等经济作物。

5.1.1.2 项目区植被类型

项目区位于松嫩平原植物区,植物种类较贫乏,仅 500 余种。温带草甸草原是本区的代表植被,本区还有一部分沼泽草甸植被。

项目区内森林覆盖率不到 6%,林木较少,平原分布着草甸草原植物,一级阶地和高漫滩多已开垦为农田,主要为玉米、大豆、小麦、谷子、高粱等粮食作物和甜菜、亚麻等经济作物。20 世纪 70 年代以来农田防护林已形成单一的杨树林网,并列为国家三北防护林体系,低平原以草甸草原为主,在水源充足、不受洪涝灾害、土壤肥沃区局部也可种植水稻。根据草甸草原植被群落结构,基本可划分为以下几种类型。

1. 草甸草原

草甸草原类型以乌裕尔河、双阳河下游地区为代表,主要代表植被为羊草、杂类草组成的群落,草群茂密,覆盖度达 80%,每平方米有 30 种以上。在湿润地方有苔草,干燥处多为贝加尔针茅,大体可分三层,第一层以羊草为主,第二层以杂草类为主,第三层以连座状杂草类及苔草为主。

2. 草甸

草甸主要分布在低平洼地带,常年或季节性积水,由于土壤含盐碱量不同,可分为狼尾草草甸与星星草草甸两种。

狼尾草草甸:混有大量苔草,个别地段有羊草及杂草类、牛鞭草、刺儿草、野古草、裂叶草、地榆等,一般草层较高,草群茂密。

星星草草甸:主要分布在碱泡子周围,主要有野大麦、碱蒿、碱蓬、地肤子等。

3. 沼泽

沼泽常年积水,多由芦苇、苔草及莎草、苔藓组成,可分为以下三种类型:

漂筏苔草沼泽:分布于乌裕尔河、双阳河下游及无明显河床的沼泽性河漫滩之中,镶嵌在芦苇沼泽中,以漂筏苔草为主,伴生有芦苇、狭叶甜菜等,覆盖度达 80%。

芦苇沼泽:分布于泡沼低河漫滩,水深多在 10~30 m 以上,主要有根状类,常形成优势群落,草高 2~3 m,覆盖度为 80%,伴生有狭叶甜菜、毛果苔草、水车前、水葱和泽泻等植物。

苔草沼泽:植物组成多为苔草和莎草,覆盖度可达 80%~90%,常有较厚的草根层。苔草根茎交错盘结,通常达 40 cm 厚,地表积水 30 cm 左右,主要有毛果苔草、走茎苔草、无脉苔草、乌拉苔草和宽叶棉花莎草等。

此外,在水深 1~2 m 以上淡水湖泊中,还有丰富的藻类 30 余种,在 pH 达 9~12 的情况下,矿化度在 2.0~2.5 g/L 以上的盐碱泡子,不管泡沼水深浅均无生物生长。

该区植被随着水分的递增和递减将产生如下演替,见图 5.1-1。

5.1.1.3 植物区系

项目区以长白山植物区系为主,但也受东部蒙古植物区系、大兴安岭植物区系及南部华北植物区系的影响,植物区系成分复杂。

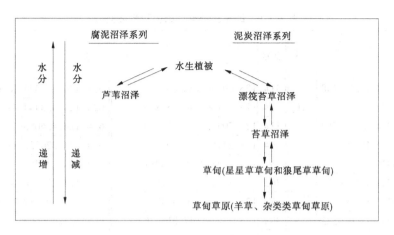

图 5.1-1　项目区植被演替图

5.1.1.4　植被样方调查

1. 调查方法与时间

采用调查和收集相关资料、遥感影像解译、实地样方调查相结合的方法。2010 年 7 ~ 8 月初对评价区域进行了全面踏勘和野外调查。

2. 调查范围

调查范围包括北引渠首沿乌北、乌南,中部引嫩干渠沿线及其北引灌区和中引灌区的沿线,扎龙国家级自然保护区。

重点调查区域包括永久占地区、临时占地区、扎龙国家级自然保护区。调查内容包括地质地貌、高程、土壤、植被类型、植被生物量、植物资源、动物资源、水土流失情况。

3. 样方布设

以植被类型、垂直分布带,结合工程布置为原则,设置调查样点,在工程区周边选择典型植被共计做样方 90 个。

草地样方:规格为 1 m × 1 m,统计该样方中植株的种类、密度、盖度、平均高度,收割植株地上部分并称重。

灌木样方:规格为 5 m × 5 m,统计该样方中植株的种类、密度、盖度、平均高度,收割植株地上部分并称重。

乔木样方:规格为 10 m × 10 m,测量胸径,用测高仪测量树高,利用模式计算出生物量,同时记录乔木种类、株数、盖度。

农田:不方便采用收割法,采用经验值和模式计算法获得生物量。

4. 野外调查点统计

本次野外植物调查总共确定了 90 个野外调查点,调查点涵盖了引嫩扩建骨干一期工程渠首、中部引嫩工程、北部引嫩工程沿线以及扎龙国家级自然保护区等地,调查和走访的范围较广,涵盖了项目区范围内的草甸、沼泽、盐碱地和林地。野外调查点经纬度和植被类型如表 5.1-1 所示。

表 5.1-1 野外调查点经纬度和植被类型

点号	经度(°)	纬度(°)	类型	点号	经度(°)	纬度(°)	类型	点号	经度(°)	纬度(°)	类型
1#	124.551687	48.254998	草甸	31#	125.099293	46.869735	草甸	61#	124.421324	48.032803	林地
2#	124.539827	48.250999		32#	125.151046	46.836899		62#	124.458444	48.009008	
3#	124.550904	48.241782		33#	125.204227	46.828690		63#	124.426083	47.990924	
4#	124.358566	47.993959	沼泽	34#	125.247697	46.509476		64#	124.320222	48.131104	旱田
5#	124.320336	47.946330		35#	125.177313	46.478781		65#	124.214767	48.081977	
6#	124.336749	47.976588		36#	125.172236	46.527123		66#	124.257598	48.073649	
7#	124.273216	47.695331		37#	124.329483	46.974280		67#	124.696819	48.312887	
8#	124.257226	47.689525		38#	124.394799	47.015326		68#	124.696608	48.219986	
9#	124.251135	47.713891		39#	124.365514	46.999386		69#	124.693039	48.263411	
10#	123.381426	46.985887	草甸	40#	125.581169	46.400830		70#	124.507224	47.868214	
11#	123.391837	47.001056		41#	125.639227	46.419865		71#	124.550768	47.915327	
12#	123.465897	46.951980		42#	125.700142	46.417010		72#	124.642139	47.867500	
13#	124.449348	47.956842		43#	123.949130	46.908666		73#	125.122532	47.463318	沼泽
14#	124.479425	47.937806		44#	124.011954	46.957207		74#	124.920277	47.502579	
15#	124.430122	47.912108		45#	123.943425	46.975767		75#	125.022594	47.508527	
16#	124.449018	47.835284		46#	124.094410	47.078433		76#	125.062415	46.979771	
17#	124.431505	47.855077		47#	124.182926	47.181226		77#	125.160365	47.070992	
18#	124.416086	47.814912		48#	124.215287	47.065108		78#	125.047103	47.074799	
19#	124.549347	47.742885	沼泽	49#	124.244514	47.199587	沼泽	79#	125.624820	46.373750	
20#	124.559627	47.694915		50#	124.249154	47.237064		80#	125.753311	46.402303	
21#	124.594747	47.757162		51#	124.331246	47.214578		81#	125.734751	46.326636	
22#	124.622813	47.691676	草甸	52#	124.442248	47.174603		82#	124.045463	47.516303	草甸
23#	124.604797	47.669099		53#	124.345166	47.111785		83#	124.155080	47.579055	
24#	124.569963	47.656465		54#	124.525053	47.238848		84#	124.155160	47.646667	
25#	124.434796	47.238328		55#	124.517914	47.355918		85#	124.469650	46.999309	盐碱地
26#	124.446693	47.276994		56#	124.440820	47.414452		86#	124.533009	46.975621	
27#	124.381258	47.234164		57#	124.419405	47.518673		87#	124.634372	46.968504	
28#	124.071214	47.249392		58#	124.947994	47.191135	林地*	88#	125.558096	46.596791	
29#	124.110238	47.207038		59#	124.955526	47.213415		89#	125.644599	46.613873	
30#	124.041709	47.214176		60#	124.924229	47.211596		90#	125.641299	46.659668	

注：*代表人工林。

5. 项目区范围内常见植物

在植物样方调查中,常见的植物有水烛、白茅、蓬子菜、无芒雀麦、碱草、山韭、芦苇、艾蒿、猪毛蒿、青蒿、黄花蒿、水莎草、东北蔍草、小蓟、苍耳、稀脉浮萍、苦荬菜、虎耳草、打碗花、苍蒲、拂子茅、山莴苣、水葱、乌拉苔草、野菊、葎草、水毛花、牛毛毡、浮萍、狗尾草、小叶章、冰草、野火球、灯心草、牛鞭草、蒲公英、小飞蓬、龙胆、虎尾草、山野豌豆、毛茛、马齿苋、大戟。

6. 植被样方及生物量调查结果

评价区植被样方及生物量调查情况见表 5.1-2。

表 5.1-2　评价区植被样方及生物量调查情况

样方序号	位置	经纬度	植被类型	规格 (m×m)	植物种类	平均高度	株数 (棵)	盖度 (%)	乔木胸径 (cm)	平均生物量 (kg/m²)
58	林甸灌区附近	经度 124.947994° 纬度 47.191135°	人工林	10×10	杨树	18 m	多数	90	胸径 25	1 912.46
64	农田内	经度 124.320222° 纬度 48.131104°	玉米田	1×1	田间及地头常见维管植物 52 种,其中蕨类植物 1 种,种子植物 51 种	50 cm	多数	90	—	
44	扎龙保护区内	经度 124.011954° 纬度 46.957207°	芦苇沼泽	1×1	地表常年积水,水体流动,水深在 20 cm 以上,组成植物 47 种,其中包括苔藓植物 2 种,蕨类植物 2 种,种子植物 43 种。多形成单优势群落,高 250~300 cm	50 cm	120	90	直径 0.5~0.87	830.477
3	北引渠首	经度 124.550904° 纬度 48.241782°	披碱草草甸	1×1	组成较丰富,伴生有少量拂子茅,无芒雀麦,羊草,贝加尔针茅,旱燕麦,光额及发草或硬质旱熟禾草类,偶尔有地榆,野火球,山黧豆,草木犀,黄花菜,箭头唐松草等	60~80 cm	多数	70	—	295.493
31	安达盐碱地	经度 125.099293° 纬度 46.869735°	星星草草甸	1×1	组成较单纯,以星星草为单优势,混有少量羊草,野大麦,朝鲜碱茅,碱地凤毛菊,碱地肤,碱蒿,海乳草,马蔺,红梗蒲公英,西伯利亚滨藜,西伯利亚蓼,碱蓬蓬和角碱蓬等	30 cm	多数	80	—	170.096
88	中本灌区附近	经度 125.558096° 纬度 46.596791°	盐碱地	1×1	主要植被为披碱草,少量小飞蓬及其他杂草,其中很多地方不长植被	10 cm	多数	10	—	107.264

5.1.1.5　国家重点保护野生植物分布

　　根据 1999 年 8 月 4 日国家林业局和农业部联合发布的《国家重点保护野生植物名录（第一批）》，项目区内有国家重点保护野生植物野大豆（*Glycine soja*）1 种，属于豆科（Leguminosae）植物，保护级别为Ⅱ级，分布在黑龙江扎龙国家级自然保护区内。

　　野大豆在中国从南到北都有生长，甚至沙漠边缘地区也有其踪迹，但都是零散分布。一年生草本，茎缠绕、细弱，疏生黄褐色长硬毛。叶为羽状复叶，具 3 小叶。野大豆分布在我国极为普遍，具有许多优良形状，如耐盐碱、抗寒、抗病等，与大豆是近缘种，而且适应能力强，只有当植被遭到严重破坏时，才难以生存。

5.1.2　陆生动物

5.1.2.1　项目区陆生动物

　　项目区在动物地理区划上属于古北界东北区。本区有哺乳类 20 种，脊椎动物 300 余种和两栖类 7 种，物种相对贫乏。但鸟类种类较丰富，约 260 种，基本上以扎龙国家级自然保护区为中心分布，有国家Ⅰ类保护动物丹顶鹤、白鹤等；Ⅱ类保护动物白枕鹤、白头鹤、大天鹅、小天鹅、蓑羽鹤、灰鹤等；其他动物有东北兔、黄鼬、赤狐等。其他主要动物：鸟类有豆雁、大杜鹃、极北柳莺、绿头鸭、角百灵、鹌鹑、乌鸦、麻雀、家麻雀和极北朱顶雀等；兽类有狍、狗獾、貉、赤狐、草兔、狼、黄鼬和豹猫等；两栖类有中华蟾蜍、东北林蛙、黑斑侧褶蛙等。

　　项目区内珍稀动物主要为鸟类，见表 5.1-3。主要分布在自然保护区内及其周边环境。

表 5.1-3　项目区域内主要保护鸟类一览表

序号	种名	生境与食物	保护等级
1	苍鹰 *Accipiter gentiles*	栖森林生境。蜥蜴	国家Ⅱ
2	雀鹰 *A. virgatus*	多栖山地林区。鸟、昆虫、鼠类、野兔、蛇	国家Ⅱ
3	普通鵟 *Buteo buteo*	多栖山区，省内多有分布。 蛙、蜥蜴、蛇、野兔、小鸟和大型昆虫	国家Ⅱ
4	毛脚鵟 *B. lagopus*	冬季省内各地均有分布。 小型啮齿类动物和小型鸟类，野兔、雉鸡、石鸡	国家Ⅱ
5	白尾鹞 *Circus cyaneus*	沼泽草甸及农田。 鸟类、鼠类、蛙、蜥蜴和大型昆虫	国家Ⅱ
6	白腹鹞 *C. spilonotus*	栖息于沼泽地。蛙类、小鸟、蚱蜢、蝼蛄	国家Ⅱ
7	红隼 *Falco tinnunculus*	栖息于草原、丘陵的稀疏林缘。昆虫、 两栖类、小型爬行类、小型鸟类和小型哺乳类	国家Ⅱ
8	红脚隼 *F. vespertinus*	栖息山地、草原及沼泽地。鼠类	国家Ⅱ

续表 5.1-3

序号	种名	生境与食物	保护等级
9	松雀鹰 *Accipiter virgatus*	常活动于林缘。鼠类、小鸟、昆虫等动物	国家Ⅱ
10	长耳鸮 *Asio otus*	栖山地森林及平原林区。以鼠类为主，小麝鼩、小家鼠、褐家鼠等啮齿类，蝙蝠、棕头鸦雀、麻雀、燕雀等小型鸟兽	国家Ⅱ
11	短耳鸮 *A. flammeus*	栖林缘及草地。小鸟、蜥蜴、昆虫等	国家Ⅱ
12	灰鹤 *Grus grus*	栖沼泽草原、沙滩及近水丘陵,省内为旅鸟	国家Ⅱ
13	丹顶鹤 *G. japonensis*	栖息于沼泽湿地。夏候鸟	国家Ⅰ
14	白头鹤 *G. monacha*	栖息于丘陵林间开阔的沼泽地。夏候鸟	国家Ⅰ
15	白鹤 *G. leucogeranus*	栖沼泽湿地。旅鸟	国家Ⅰ
16	白枕鹤 *G. vipio*	栖沼泽湿地。夏候鸟	国家Ⅱ
17	蓑羽鹤 *Anthropoides virgo*	体型最小的鹤,栖息于草原,也见沼泽边缘的草地。夏候鸟	国家Ⅱ
18	大天鹅 *Cygnus cygnus*	栖息于大型湖泊广阔水面。夏候鸟	国家Ⅱ
19	小天鹅 *C. columbianus*	栖息于沼泽、湖泡等浅水域。旅鸟	国家Ⅱ
20	大鸨 *Otis tarda*	栖息于草原、半荒漠及开阔的农田草地。夏候鸟	国家Ⅰ
21	东方白鹳 *Ciconia boyciana*	栖息于开阔而偏僻的平原、草地和沼泽地带	国家Ⅰ
22	黑鹳 *Ciconia nigra*	栖息于河流沿岸、沼泽山区溪流附近	国家Ⅰ
23	金雕 *Aquila chrysaetos*	栖息于高山草原、荒漠、河谷和森林地带,冬季亦常到山地丘陵和山脚平原地带活动	国家Ⅰ

5.1.2.2　工程区附近动物资源种类

由于工程附近沿线为北引、中引等渠道,沿线主要为农村地区,以农田为该地区的景观背景,动物资源也呈现以伴人的野生动物为主,动物资源贫乏。

农田居民点动物群落:主要分布于评价区内的各个村屯居民点及农田附近的地区,常见的种类有树麻雀、家燕、金腰燕、大嘴乌鸦、小嘴乌鸦、松鼠、褐家鼠、小家鼠、黑线姬鼠等。

沼泽草甸动物群落:主要分布在北引、中引两侧低洼地带的沼泽、草甸及河滩地,面积较小。常见的种类有黑喉石即鸟、黄喉鹀、黑线仓鼠、东方兔、东方田鼠、花背蟾蜍、黑斑侧褶蛙等。

水域带动物群落:主要分布在北引、中引近水处,常见种类有家燕、金腰燕、绿头鸭、灰鹡鸰、普通翠鸟等各种雀形目鸟类,兽类有草兔、麝鼠等。

5.1.3　区域土地利用及覆盖特征分析

研究根据2009~2010年项目区 Landsat(TM)遥感影像,经过系统辐射校正和地面控制点几何校正,进行了地形校正,对区域土地利用现状进行分析。结果表明,耕地(包括旱田和水田)的景观优势度最高,为48.37%;其次为盐碱地,为13.14%;然后是建筑用地(包括城市建筑用地和农村建筑用地),为9.07%。由于松嫩平原新中国成立以来农业开发一直是该区域主要的生产发展模式,所以耕地分布范围非常广泛,而且面积明显占优势。

5.1.4　区域生态完整性评价

5.1.4.1　区域生产力本底情况分析

生态系统的生产能力是由生物生产力来度量的。研究以自然植被净第一性生产力(NPP)来反映自然体系的生产力。采用周广胜、张新时根据水热平衡联系方程及生物生理生态特征而建立的自然植被净第一性生产力模型来测算自然植被净第一性生产力。该模型表达式如下:

$$NPP = RDI^2 \cdot \frac{r \cdot (1 + RDI + RDI^2)}{(1 + RDI) \cdot (1 + RDI^2)} \times \exp(-\sqrt{9.87 + 6.25RDI})$$

$$RDI = (0.629 + 0.237PER - 0.003\,13PER^2)^2$$

$$PER = PET/r = BT \times 58.93/r$$

$$BT = \sum t/365 \ \text{或} \ \sum T/12$$

式中　　RDI——辐射干燥度;

r——年降水量,mm;

NPP——自然植被净第一性生产力,$t/(hm^2 \cdot a)$;

PER——可能蒸散率;

PET——年可能蒸散率,mm;

BT——年平均生物温度,℃;

t——小于30 ℃与大于0 ℃的日均值;

T——小于30 ℃与大于0 ℃的月均值。

依据区域内气象资料,计算区域自然植被净第一性生产力背景值,各特征站点的净第一性生产力测算结果见表5.14,作出评价区内自然植被净第一性生产力等值线图(见

图 5.1-2）。

表 5.1-4 研究区自然植被本底的净第一性生产力测算结果

站名	经度	纬度	多年平均降水量（mm）	BT（℃）	NPP（t/（hm²·a））
讷河	124°51′	48°29′	450.8	7.49	4.63
依安	125°18′	47°54′	460.3	7.85	4.80
富裕	124°29′	47°48′	427.4	8.00	4.70
拜泉	126°06′	47°36′	488.2	7.65	4.86
齐齐哈尔	123°55′	47°23′	415.5	8.49	4.80
龙江	123°11′	47°20′	445.3	8.41	4.92
林甸	124°50′	47°11′	417.2	8.28	4.74
杜尔伯特	124°26′	46°52′	390.3	8.82	4.78
明水	125°54′	47°10′	476.9	7.91	4.90
安达	125°19′	46°23′	432.9	8.58	4.92
肇东	125°58′	46°04′	438.0	8.58	4.94
大庆	125°01′	46°36′	442.4	8.59	4.97

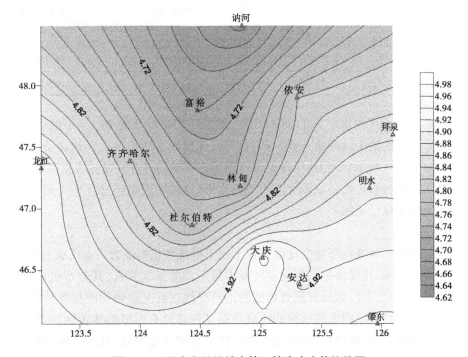

图 5.1-2 区内自然植被净第一性生产力等值线图

可见，本区域自然系统本底的自然植被净生产力处在 460~500 g/（m²·a）。参照奥德姆（Odum，1959）对森林、灌草、荒漠和沙漠的等级判定，本区域大部分地区生产力水平已略低于温带草原生态系统的阈值，由于研究区大部分位于中温带，其净第一性生产力本底标准相对于温带草原的标准应略有降低，因此仍可认为该区域尚属于温带草原生态系统类型，但已处于生态系统类型有可能发生变迁的阈值附近。研究区内平均生物量水平为 1.6 kg/m²，区域内生产力本底值呈由东南向西北逐渐减小的趋势。

5.1.4.2　区域自然系统的稳定状况

自然系统的稳定性包括两种特征,即恢复稳定性和阻抗稳定性。

1. 恢复稳定性

自然体系的恢复稳定性,是根据植被净第一性生产力(NPP)的高低进行度量的。如果植被净生产力高,则其恢复稳定性强;反之,则弱。为了分析研究区域内自然系统的稳定状况,利用区域内植被分布现状调查、生物量调查及实测,对区域内植被分布现状进行了调查统计,并根据各类植被类型净第一性生产力背景实测值及类比调查值,对区域自然系统生产力现状水平进行了计算。区域自然系统生产力现状水平见表5.1-5。

表 5.1-5　区域自然系统生产力现状水平

植被类型	面积(km²)	生物量(kg/(hm²·a))	总生物量(万t)
农业植被	14 046.9	5 789.47	81 324.11
禾草、莎草类沼泽	3 418.7	11 250.00	38 460.38
禾草、杂类草盐生草甸	893.2	17 952.00	16 034.73
水生植被	923.4	15 000.00	13 851.00
线叶菊草原	260.0	18 900.00	4 914.00
杂类草草甸草原	990	16 800.00	16 632.00
羊草草原	7 287.8	20 000.00	145 756.00
总计	27 820		316 972.22

评价区的生产力平均水平为 $11.39\ t/hm^2$,略低于温带草原的 $16\ t/hm^2$ 的生物量水平。通过比较各生态系统的平均净第一性生产力可知,评价区自然植被的平均净第一性生产力略低于温带草原的平均净生产力,尽管温带草原生态系统仍具有较强的恢复稳定性,但目前现状水平已不能充分满足温带草原生态系统的水平,这说明引嫩扩建骨干一期工程沿线区域内现状恢复稳定性已显脆弱。

2. 阻抗稳定性

阻抗稳定性是指景观在环境变化或潜在干扰下抵抗变化的能力。农田成为区域内分布面积最广的景观类型,连续性好。草地是区域内另一重要景观要素,其分布也相对集中,呈大片连续状分布,作为本区域具有重要功能的沼泽湿地在扎龙湿地周围呈大片集中连续分布。因此,总的来说,区域内天然植被的组成及类型分布具有明显的地带性特点,但就整个区域而言,在各种自然植被斑块内,点等人类干扰源呈破碎化分布,其对区域内自然植被的影响不容忽视,且必将呈加强的趋势。该区域内天然植被破碎化、岛屿化现象尚不严重,区域自然系统的阻抗稳定性仍较好。

5.1.4.3　工程建设对评价区内景观生态体系质量综合评价

通过对本地区土地利用现状的解译,计算背景地域的优势度,进行区域景观的模地判别,来综合评价区域景观生态质量。优势度及模地的计算判别方法如下:

$$密度\ R_d = \frac{拼块\ i\ 的数目}{嵌块总数} \times 100\%$$

$$频率\ R_\mathrm{f} = \frac{拼块\ i\ 出现的样方数}{总样方数} \times 100\%$$

$$景观比例\ L_\mathrm{p} = \frac{拼块\ i\ 的面积}{样地总面积} \times 100\%$$

$$优势度值\ D_\mathrm{o} = \left[(R_\mathrm{d} + R_\mathrm{f})/2 + L_\mathrm{p} \right]/2 \times 100\%$$

其中,样方规格为 1 km × 1 km,对景观全覆盖取样,并用 Merrington Maxine"t – 分布点的百分比表"进行检验。按照优势度从大到小排序,取最大优势度所对应的景观组分为区域的模地。

对土地利用现状进行了景观优势度计算,结果如表 5.1-6 所示。

表 5.1-6　评价区现状土地利用状况下的景观优势度

类型	拼块数	样方数	面积 (km²)	密度 R_d	频率 R_f	景观比例 L_p	优势度值 D_o
水田	387	1 436	1 434.80	4.08	5.15	5.16	4.89
旱田	2 889	13 318	13 312.10	30.49	47.73	47.85	43.48
城市建筑 用地	251	630	623.30	2.65	2.26	2.24	2.35
农村建筑 用地	1 865	674	665.20	19.68	2.42	2.39	6.72
林地	807	692	690.20	8.52	2.48	2.48	3.99
沼泽地	77	1 109	1 108.10	0.81	3.97	3.98	3.19
盐碱地	950	3 950	3 947.90	10.03	14.16	14.19	13.14
水体	1 017	739	737.10	10.73	2.65	2.65	4.67
草地	626	1 546	1 538.90	6.61	5.54	5.53	5.80
裸地	234	1 379	1 372.60	2.47	4.94	4.93	4.32
滩涂	240	1 418	1 409.80	2.53	5.08	5.07	4.44
水库	62	530	523.40	0.65	1.90	1.88	1.58
湖泊	70	480	456.70	0.74	1.72	1.64	1.44
总计	9 475	27 901	27 820.10				

在土地利用现状下,耕地(包括旱田和水田)的景观优势度最高,为 48.37%;其次为盐碱地,为 13.14%;然后是建筑用地(包括城市建筑用地和农村建筑用地),为 9.07%。可以看出,农田生态系统占近一半,由于农田生态系统受人工干扰大,调控能力相对灌草丛、林地等来说较低。土地利用呈现农业生态和草甸草原生态基本相当的格局,符合生态功能区划的总体要求。

5.1.5　水土流失现状

根据《关于划分国家级水土流失重点防治区的公告》(水利部公告 2006 年第 2 号)、《内蒙古自治区人民政府关于划分水土流失重点防治区的通告》(内政发〔1999〕62 号)及《黑龙江省人民政府关于公布水土流失重点防治区的通知》(黑政发〔1999〕4 号),项目区属国家级和省级的水土流失重点治理区。项目区现状为轻度侵蚀区,侵蚀类型以水蚀为主,部分地区也存在着一定程度的风力侵蚀。本工程位于东北黑土区内,容许土壤流失量为1 000 t/(km² · a)。

5.2 陆生生态环境影响预测

5.2.1 土地利用影响分析

5.2.1.1 淹没

北引渠首淹没占地情况见表 5.2-1。

表 5.2-1 北引渠首淹没占地情况

工程名称	旱田	水田	坑塘水面	林地	草地	沼泽地	住宅及农路用地	殡葬用地	河流水面	合计
北引渠首(hm²)	58.75	0	5.57	64.72	107.32	0	0.35	1.05	208.88	446.64
所占比例(%)	13.15	0	1.25	14.49	24.03	0	0.08	0.23	46.77	100

淹没占地为不可逆影响,它将改变土地使用功能,蓄水后,陆地生态环境变为水生生态环境,旱生植被不能继续生存。不同植被淹没损失情况不一,工程淹没影响最大的为河流水面,占淹没区总面积的 46.77%;其次为草地,占淹没区总面积的 24.03%;淹没占用林地和旱田的面积很小,仅占淹没区总面积的 14.49% 和 13.15%。

5.2.1.2 淹没及工程永久占地

淹没及工程永久占地主要包括工程占地和淹没,本工程永久占地以旱田为主,其次为草地,林地和水田等所占比重较小。淹没及工程永久占地共计 1 688.78 hm²。工程永久占地以农田为主,占永久占地总面积的 55.6%;其次为草地,占 18.3%。项目区内以农业耕种和牧业为主,工程占用的耕地和草地占本区农田和草原面积的比例很小,故工程占地造成的耕地资源的损失量很小。工程建设前后评价区土地利用结构没有发生变化,因此对区域土地利用影响轻微。淹没及工程永久占地统计见表 5.2-2。

表 5.2-2 淹没及工程永久占地统计 (单位:hm²)

旱田	水田	林地	坑塘水面	草地	沼泽地	其他	小计
798.31	141.48	199.87	6.36	308.56	4.47	229.73	1 688.78

5.2.2 植被及野生动物影响分析

新建的友谊干渠及富裕供水干渠开挖占用了一部分土地,使开挖地段原有的地表植被遭到永久损失,并给两侧的陆生动物带来一定的阻隔影响,但由于松嫩平原野生动物贫乏,尤其是陆生野生动物,相比较而言,水禽和鸟类为项目区的主要野生动物类群,渠道不影响这些动物的阻隔,总体来看,影响不大。

本工程实施后可以提高北引渠首引水能力,满足灌区发展要求,为农业稳产高产提供了水源保证,使农作物及牧草的生产能力大幅度提高。工程实施后,水稻单产由现在的 324 kg/亩提高到 550 kg/亩,小麦单产由 156 kg/亩提高到 240 kg/亩,玉米由 392 kg/亩提高到 600 kg/亩,大豆由 126 kg/亩提高到 200 kg/亩,其他经济作物(甜菜)、牧草等单产也将大幅度提高,在很大程度上改善了本区农业生态环境,有利于农业的稳产、高产。

灌溉面积的增加使该地区春季耕地风蚀现象减弱,降低土壤资源的流失,有利于地表植被的恢复和土壤生产力的提高。此外,工程还对项目区湿地进行湿地补水,改善了湿地来水不足、水资源短缺的现状,通过补水区域内明水沼泽及芦苇沼泽湿地面积有所增加。根据以往资料,湿地夏季平均气温要比裸露地区域低 1 ~ 2 ℃甚至更多,湿地面积的逐年恢复和增加,在一定程度上保持了当地的湿度和降雨量,改善了湿地及周边环境,调节了区域小气候。

工程实施后,调节了区域小气候,改善了区域生态环境,项目区内灌溉面积及湿地补水面积大幅度增加,与区域自然湿地、草地和林地等形成大面积的人工和自然生态复合系统,有利于该地区整体生态环境的恢复和改善。湿地水面面积增加,水质改善,维持了湿地生态系统各功能的平衡,为鸟类、鱼类、两栖类动物的繁殖、栖息、迁徙、越冬提供了广阔的空间,有利于区域内动植物资源的繁衍生息,使生物多样性得到恢复,水禽生境状况明显改善,数量明显增加,苇草和鱼类产量提高。

湿地可以为地下蓄水层补充水源,灌溉面积的加大,增加了地下水下渗量,对大庆地区地下水降落漏斗恢复也起到了一定的作用。

5.2.3 生态完整性分析

5.2.3.1 灌区生物生产力变化

工程建设过程中占地、弃渣、修建临时设施以及灌区工程运行后灌溉水量、灌溉方式的变化等都将改变灌区植被、土壤和土地的利用方式。

工程对评价区生物生产力的影响主要来自两个方面:一方面,由于工程占地改变原有植被情况,总体上使评价区内的平均生物生产力降低;另一方面,在灌区工程运行期灌溉条件得到改善,灌溉水量增加,原有水田灌溉保证率提高,旱田及牧草的浇灌条件也得到明显改善,从而使区内评价生物的生产力有较大幅度的升高。

5.2.3.2 占地造成的生产力变化

工程建设永久占地、施工临时占地共计 2 762.58 hm^2。对灌区植被的改变情况见表 5.2-3。由此造成的生产力变化情况见表 5.2-4。

表 5.2-3 工程占地改变主要植被统计   (单位:hm^2)

占地类型	工程永久占地	施工临时占地	合计
旱田	798.31	556.24	1 354.55
水田	141.48	0	141.48
林地	199.87	16.89	216.76
草地	308.56	741.23	1 049.79

表 5.2-4　工程占地引起的生产力变化

工程活动	原拼块类型	面积(hm²)	生产力减少值(kg/(hm²·a))	生产量减少值(t/a)
占地	旱田	1 354.55	5 789.47	7 842.127
	水田	141.48	8 519.21	1 205.298
	林地	216.76	300 000	65 028
	草地	1 049.79	20 000	20 995.8
	合计			95 071.225

因工程占地而减少的生产量为 9.5 万 t/a，与整个项目区相比，因工程占地造成的生物生产力变化很小，工程建设对区域生态体系生产能力的影响是自然体系可以承受的。

5.2.3.3　生产力变化

工程建设运行后，耕地总面积不变，灌溉面积大幅度增加，灌溉条件的改善和水量的增加将使灌区内水田、旱田以及牧草的生物生产力在原有基础上大幅度提高。预计 2020 年灌区实际生产力如表 5.2-5 所示。灌区土地利用结构调整后耕地总生产量达到 223.06 万 t/a，灌溉区生物生产力水田为 16.83 t/(hm²·a)，旱田为 9.35 t/(hm²·a)，平均值为 14.26 t/(hm²·a)，平均生物生产力由现状的 5.04 t/(hm²·a) 升高至 14.26 t/(hm²·a)。

表 5.2-5　灌区农田生态系统生产力变化

生态系统类型	土地利用类型		2020 年预测生产力(t/(hm²·a))	面积(万亩)	生产量(万 t/a)
农田生态系统	水田	水稻	16.83	79.98	89.74
	旱田	小麦	6.60	13.21	5.81
		玉米	16.17	70.95	76.48
		大豆	5.28	31.11	10.95
	牧草		26.40	22.77	40.08
	平均		14.26		

5.2.4　景观影响分析

根据工程设计文件，对本期工程实施后的土地利用状况的变化情况进行了预测，计算得到运行期土地利用变化状况下的景观优势度，见表 5.2-6。在工程正常运行后，自然资源类斑块略有下降，而人工引入拼块则略有上升，基本呈各占 50% 的态势，但自然资源类斑块的景观优势度仍占微弱优势，且由于高覆盖度草地的增加相当于改善了原有自然资源类斑块的功能和质量，水体景观优势度的增加具有维持湿地的功能，因此研究认为，工程的建设和运行对本区域的景观格局具有一定的影响，区域内自然生态系统的脆弱度有所增强，但应属于可以承受的程度。在工程运行调度过程中应进一步加强管理，注意加强生态保护建设。

表 5.2-6　评价区工程运行期土地利用预测变化状况下的景观优势度

类型	拼块数	样方数	面积（km²）	密度 R_d	频率 R_f	景观比例 L_p	优势度值 D_o	优势度的变化
水田	397	1 444	1 433.39	4.19	5.17	5.15	4.92	−0.03
旱田	2 880	13 420	13 304.12	30.38	48.07	47.82	43.52	−0.06
城市建筑用地	251	630	623.30	2.65	2.26	2.24	2.35	0.00
农村建筑用地（工程用地）	1 755	821	685.26	19.71	1.98	2.46	6.39	0.13
林地	921	701	688.20	9.72	2.51	2.47	4.29	−0.02
沼泽地	78	1 109	1 108.06	0.82	3.97	3.98	3.19	0
盐碱地	950	3 950	3 947.90	10.02	14.15	14.19	13.14	0
水体	1 017	740	734.75	10.73	2.65	2.64	4.67	0
草地	630	1 546	1 535.81	6.65	5.54	5.52	5.81	−0.03
裸地（其他占地）	234	1 379	1 365.15	2.47	4.94	4.91	4.31	−0.01
滩涂	240	1 418	1 409.80	2.53	5.08	5.07	4.44	0
水库	45	549	527.87	0.47	1.97	1.90	1.56	0.02
湖泊	70	480	456.70	0.74	1.72	1.64	1.44	0
合计	9 468	28 187	27 820.31					

5.2.5　水土流失

5.2.5.1　水土流失分析

1. 施工建设期

施工建设期新增水土流失主要来源于主体工程施工、场外道路、管理区、施工生产生活区及临时弃渣场等区域。在施工过程中，由于土方开挖，弃土临时堆放，以及填筑边坡等工程施工，各施工区域遇大风、降雨等自然因素的作用产生以风蚀为主、伴有水蚀的侵蚀形式。田间工程施工面积大，施工时段短，同时由于在农闲时期进行施工，施工期产生的水土流失具有面广、量大、时段短的特点。

2. 自然恢复期

自然恢复期水土流失仅存在于非硬化地面的裸露土地区域。工程竣工后，植物措施实施初始，植物根系不发达，扎根浅且地面亦未形成覆盖层，防风固土抗侵蚀能力差，故仍存在一定程度的水土流失。待竣工 1～2 年后，林草已全面覆盖施工区域，水土流失程度逐渐稳定，达到预期的土壤侵蚀模数目标值。

施工期及自然恢复期水土流失影响分析见表 5.2-7。

表5.2-7　施工期及自然恢复期水土流失影响分析

<table>
<tr>
<th colspan="2" rowspan="2">工程
项目</th>
<th colspan="2">施工建设期</th>
<th colspan="2">自然恢复期</th>
</tr>
<tr>
<th>工程建设特点</th>
<th>侵蚀方式</th>
<th>工程建设特点</th>
<th>侵蚀方式和程度</th>
</tr>
<tr>
<td rowspan="2">主体
工程
施工
区</td>
<td>北引
渠首</td>
<td>渠首工程开挖明渠进行导流,并布设施工围堰对坝基进行清基,填筑砂石材料,坝体外壳采用钢筋混凝土结构</td>
<td>工程布设了导流明渠、施工围堰、大坝清基等工程,均为土方施工,如遭遇恶劣天气,将产生一定程度的水土流失</td>
<td>渠首坝体外壳采用钢筋混凝土,背水坡采取碎石防护</td>
<td>基本无水土流失</td>
</tr>
<tr>
<td>渠道
工程</td>
<td>渠道工程是骨干工程和灌区工程的主要项目,施工中多为清淤、清基、土方开挖、土方填筑,局部渠段进行混凝土板护砌</td>
<td>渠道工程均为土方施工,开挖料均堆放在渠道两侧。施工期间,开挖、回填土方裸露在外,土体松散,受恶劣天气作用产生水土流失</td>
<td>渠道土方施工结束,部分渠段进行混凝土护砌,背水坡采取草皮防护</td>
<td>渠道土方已压实,部分渠段进行了混凝土护砌,并采取了草皮护坡,水土流失轻微</td>
</tr>
<tr>
<td colspan="2">管理
占地区</td>
<td>该单元为坝址下游及两侧坝肩一定范围,以及渠道两侧已有的保护区内,施工期间有大量的开挖土方的堆置</td>
<td>受工程施工影响,土坝管理区受到影响;渠道管理占地区内将堆置大量工程开挖土方及弃渣,土体松散,受恶劣天气作用产生水土流失</td>
<td>管理占地区内布设撒播种草及渠道防护林带</td>
<td>实施植物措施后,经过1~2年的恢复期,林草覆盖度达到最大限度,水土流失已完全控制在允许范围内</td>
</tr>
<tr>
<td colspan="2">土料场</td>
<td>土料场包括集中料场和沿线料场。料场在开采前,将表层腐殖土剥离,进行土料开采施工,施工结束后,将腐殖土回填</td>
<td>1.弃土结构疏松,堆置时间较长,将产生一定量的水土流失,流失形式为风蚀、水蚀兼重。
2.施工后,料场开采面成为陡峭边坡,受地表径流冲刷,形成沟蚀,甚至造成滑坡、坍塌</td>
<td>表层腐殖土及工程开挖弃料回填,并恢复原地貌或种植植被</td>
<td>实施植物措施后,植物根系还未发达到有较强的固土能力,所以仍存在一定量的水土流失,程度为微度,侵蚀类型水蚀、风蚀兼有。再经过1~2年的恢复期,林草覆盖度达到最大限度,水土流失已完全控制在允许范围内</td>
</tr>
<tr>
<td colspan="2">弃渣场</td>
<td>弃渣场为河道冲沟及渠道沿线区域,用于堆放工程清基、开挖的土石料,足以容纳弃渣量</td>
<td>堆置弃渣以土方为主,少部分有砂砾石混合渣,结构松散,表面裸露,水土流失类型为水蚀,土壤侵蚀强度加大</td>
<td>工程弃渣回填,并覆盖剥离的腐殖土,种植植被</td>
<td>弃渣场堆放弃料多为土料,水土流失严重,在种植植被后,水土流失基本消失</td>
</tr>
</table>

续表 5.2-7

工程项目	施工建设期		自然恢复期	
	工程建设特点	侵蚀方式	工程建设特点	侵蚀方式和程度
施工生产生活区	施工生产生活区包括施工工厂、仓库、临时生活区等,分散布设在干渠、渠首、水库的保护区内;施工结束后,将施工生产生活区拆除	1. 破坏占地区的原有地貌。 2. 施工生产生活区沿干渠分散布设,施工期施工机械、建筑材料堆放,水土流失轻微。 3. 施工结束形成裸地,但土体已被压实,故水土流失轻微	施工生产生活区被拆除,恢复原地貌	实施水土保持耕作措施复垦后,恢复了植物吸养水分、防风固土的能力,所以水土流失得到有效控制。 林草措施在初期仍存在一定程度的水土流失;林草恢复后期,林草措施完全发挥效用,水土流失达到稳定状态
施工道路	施工道路包括渠道工程沿线道路、干渠与料场的运输道路;施工结束后,施工道路废除	1. 施工道路破坏占地区原有地貌。 2. 施工期间路面受机械碾压,土质紧密,水土流失轻微	施工道路被废弃,恢复为耕地或种植植被	该区域已采取恢复耕地,并种植植被,治理初期尚有少量水土流失;在植被完全发挥效用后,水土流失基本消除
管理单位区	管理单位主要是灌区工程的管理站所,多布设在灌区周边	1. 该区域被管理区房建遮蔽,径流线缩短,水土流失轻微。 2. 在进行管理建设时,有基础开挖施工,其开挖弃料的堆放易产生水土流失	管理单位的房建已完成,布设了绿化树木、行道树和铺设草皮	管理单位建设完成,除楼房、硬化路面外,均为绿化植被,水土流失基本得以控制

5.2.5.2　水土流失面积

1.扰动原地貌、破坏土地和植被的面积

本工程的施工建设共涉及土地面积 6 015.84 hm², 其中新征用土地面积 3 003.15 hm², 使用引嫩工程已有面积 3 012.69 hm²。本工程扰动原地貌、破坏土地和植被的面积为 5 775.99 hm², 其中旱田 1 295.81 hm², 水田 141.48 hm², 林地 149.34 hm², 草地 1 138.52 hm², 原有工程占地 3 012.69 hm², 其他 38.15 hm²。

2.损坏水土保持设施的面积和数量

项目区内无水土保持工程设施,因工程施工损坏的水土保持设施仅为项目区的植被面积,即林地和草地,本工程损坏的水土保持设施面积为 1 071.85 hm²。

5.2.5.3　水土流失预测

1.时段划分

本工程属于建设类项目,施工总工期 4 年。各施工区预测时段根据施工时序安排及实际施工时间确定,引水干渠、单项灌区等工程分标段施工,该区域水土流失预测时段小于4年,土料场、弃渣场、施工生产生活区及临时道路等附属施工区域考虑到林草措施的迟效性和项目区林草成活郁闭速度,水土流失预测时段延后2年。

2.水土流失定量计算

1)基本建设期水土流失量

(1)扰动区域水土流失量。

在施工建设期内,引嫩扩建一期工程扰动原地貌的面积为5 775.99 hm²。工程施工多为渠道、坝体的土方工程,在无水保预防保护措施的情况下,项目区内因施工扰动产生水土流失量30.03万t;在施工期内,扰动区域在维持原有地貌的情况下将产生水土流失量21.93万t。

(2)临时弃渣水土流失量。

在工程施工期间,工程开挖的弃土及临时占地区域的表层土需临时堆放,堆放位置分别布设在渠道保护区内、弃渣场及土料场等区域,在无水土保持治理措施的前提下,工程临时堆放弃渣的流失量为15.55万t;在维持原有地貌的情况下将产生水土流失量4.22万t。

2)自然恢复期水土流失量

自然恢复初期植物根系扎根较浅,还不具备较强的固土能力,仍有一定量的水土流失,其水土流失仅恢复为施工前的状态,进行量化计算时将自然恢复期第一年土壤侵蚀模数定为预测单元施工初期的土壤侵蚀模数。在自然恢复后期,林草措施完全发挥效用,水土流失达到稳定状态。通过对项目区林地进行实地调查,并结合项目区的发展规划等资料的分析,将植被恢复后期的土壤侵蚀模数定为1 000 t/(km²·a)。经计算,自然恢复期可能产生的水土流失量为6.90万t。

3)水土流失量分析

经计算,施工建设期内在无水土保持防护措施的前提下,将产生的流失量为52.45万t,新增水土流失量为19.63万t。其中,扰动区域内将产生30.03万t的流失量,扰动区域内在无工程实施的情况下将产生21.93万t的流失量;弃渣临时堆置区将产生15.55万t的流失量,无工程实施时将产生4.22万t的流失量;在自然恢复期内,通过采取合理的水土保持防治措施,自然恢复期可能产生的水土流失量为6.90万t。水土流失量统计表见表5.2-8。

5.2.5.4　水土流失影响综合分析

项目区位于松嫩平原内,地势比较平坦,降雨分配不均,蒸发量大,植被覆盖率低,分布有风沙土,水土流失以水蚀为主,并有风蚀。由于施工时段受总干渠运行的限制,大量土方施工多在入冬前进行,这些区域将在每年的汛期前后进行短暂的土方开挖、堆置、回填等施工。工程施工过程中,在没有采取相应的水土保持治理措施的前提下,必将产生大量的水土流失。因工程施工而产生的新增水土流失量以工程临时弃渣流失、施工扰动区水土流失为主,所以工程开挖弃渣临时堆置区、施工扰动区将作为水土流失治理的重点区域。引嫩扩建骨干一期工程在施工期间扰动地表、破坏植被面积为5 775.99 hm²;损坏具有水土保持功能的林地、草地为1 071.85 hm²;施工建设期内总流失量为52.45万t,因工程施工将新增水土流失量为19.63万t。

工程产生水土流失主要发生在管理占地区、土料场开采区及弃渣堆置区,这些区域将为本工程水土流失重点治理区。建设施工期各施工迹地产生的水土流失类型以水蚀为主,并分布有风蚀;自然恢复期内项目区实施的植物措施处于成活生长期,防风固土能力较差,故存在一定强度的水土流失,土壤侵蚀类型为水蚀,待植物措施发挥水保作用后,工程建设产生的水土流失方得到消除。

表 5.2-8　水土流失量统计表

项目		扰动区域		堆土区域		自然恢复期		总流失量（万 t）	新增流失量（万 t）
		预测面积（hm²）	流失量（万 t）	预测面积（hm²）	流失量（万 t）	预测面积（hm²）	流失量（万 t）		
北引	北引渠首(内)	51.23	0.58	33.76	0.96	59.08	0.19	1.73	1.09
	北引渠首(黑)	53.98	0.59	15.73	0.42	47.55	0.14	1.15	0.64
	乌北总干渠	1 245.51	8.74	228.26	3.77	658.52	1.66	14.17	5.69
	乌南总干渠	1 433.06	9.32	225.91	4.03	664.17	1.78	15.13	4.92
	红旗引水干渠	248.33	1.66	15.10	0.30	100.55	0.28	2.24	0.59
	富裕干渠	25.22	0.08	3.99	0.04	23.77	0.06	0.18	0.04
	友谊干渠	119.08	0.57	15.03	0.22	74.69	0.18	0.97	0.26
	小计	3 176.41	21.54	537.78	9.74	1 628.33	4.29	35.57	13.23
中引	中引干渠	41.39	0.20	4.54	0.05	36.20	0.09	0.34	0.13
灌区	兴旺灌区	101.94	0.61	17.67	0.23	77.06	0.22	1.06	0.40
	富西灌区	54.69	0.25	6.38	0.06	36.32	0.09	0.40	0.15
	友谊灌区	23.50	0.04	5.44	0.03	23.37	0.05	0.12	0.03
	富裕牧场	75.79	0.32	2.73	0.03	33.73	0.08	0.43	0.13
	富路灌区	17.25	0.06	2.85	0.03	17.84	0.04	0.13	0.03
	富南灌区	558.67	2.93	120.97	1.81	306.19	0.72	5.46	1.99
	依安灌区	160.47	1.25	51.94	1.03	163.55	0.47	2.75	1.09
	林甸灌区	373.42	2.43	125.60	2.19	275.06	0.74	5.36	2.11
	明青灌区	72.62	0.40	23.29	0.35	43.05	0.11	0.86	0.34
	小计	1 438.35	8.29	356.87	5.76	976.17	2.52	16.57	6.27
合计		4 656.15	30.03	899.19	15.55	2 640.70	6.90	52.48	19.63

5.3　陆生生态保护与修复措施

5.3.1　保护目标

保护对象:陆域生态环境。

区域生态环境保护目标如下:

(1)维护区域生态系统的完整性以及生物多样性,对工程建设占用和破坏的地表植被采取切实有效的恢复措施,尽快恢复因项目建设受损的生态环境及生物减少量,减免工程建设对施工区地表植被的破坏,保护输水渠沿线的基本农田,保护北二十里泡、红旗水库等湿地。

(2)制订水土保持治理方案,确保施工区新增水土流失得到有效治理,使工程区及其影响区治理后的水土保持水平达到或超过建设前的水平。水土流失总治理度达到95%,扰动土地整治率达到95%,土壤流失控制比达到1.0,拦渣率达到95%,林草植被恢复率达到97%,林草覆盖率达到25%。

5.3.2 保护与修复措施

5.3.2.1 生态影响的避免与缓减

提倡科学文明施工,反对野蛮作业。工程车辆运输等应控制噪声及粉尘,禁止污水随意排放、建筑剩余材料随意堆放,减少对附近植物的影响。

工程施工区封闭,严格控制施工范围,减少占用自然植被,避免对其他地方的生态影响。

5.3.2.2 生态影响的补偿

加强渠道工程两侧行道树的建设,应采用乔、灌、草结合种植方式,委托专业部门进行设计,做到景观的一致性。

5.3.2.3 生态影响的恢复

临时施工用地在工程完工后要尽快恢复林草植被,生态恢复所用植物种类尽量选用本地树种,防止外来生物入侵。

5.3.2.4 景观保护

施工临时开挖裸露面要尽快恢复,施工迹地尽可能恢复为原地类,对施工场地围挡进行适当美化。渠道新建和扩建过程中,两侧的行道树应采用大树移植法进行移植,保证本区域植被的生物量不受损失。

5.3.2.5 对动物的保护

本项目在施工期内,应特别注意对动物的保护,严禁随意捕杀动物,若发现其栖息地,应采取有效措施安全转移。

5.3.2.6 对施工及管理人员普及生态保护知识,增强生态保护意识

在施工动土中,对表土要倍加爱护,表层土壤单独存放,用于受损区域的回填覆盖,植树种草。施工中凡是土石方开采量大的项目应避开暴雨,减少暴雨冲刷,减轻水土流失。建设方应对各项削减生态影响的措施提出详细施工方案和运行方案,并接受地方环保部门和水保部门的监督。结合农业生态环境建设,积极开展植保知识的普及教育,健全植保队伍,建立病虫害防治和报告制度,发现问题及时解决。广泛采用各种农业防治和生物防治措施,进一步贯彻预防为主、综合防治和植保工作方针,控制灌区农药、化肥的施用量,提倡科学用药及适时用药,减少农药使用量,加强农药使用的有效管理,防止各类污染事故的发生,使灌区农业生态环境得到保护和改善。

5.3.2.7 施工期鸟类繁殖期的保护措施

(1)本项目施工期为3年,准备期0.5年,主体工程施工期为2.5年。在扎龙国家级自

然保护区、大庆林甸东兴草甸草原自然保护区、乌裕尔河自然保护区、明水自然保护区内的工程,应避开丹顶鹤、灰鹤、白头鹤、白枕鹤、蓑羽鹤、大天鹅、小天鹅、大鸨、东方白鹳、黑鹳等国家保护鸟类的繁殖期、迁徙期、育雏期,主要采取避让措施。

(2)在 4 月中旬至 5 月下旬,8 月中下旬至 9 月上旬,停止施工,严格控制施工范围,避免越界施工。

(3)建设单位与自然保护区管理部门协商,施工期间自然保护区管理部门全程跟踪监督,并签订协议,严格施工范围,具体实施停止施工时段和强度。

(4)偶然遇到保护动物,停止施工,减少影响。

(5)遇到迷路的鸟和雏鸟,不许伤害,送当地自然保护区管理部门。

(6)施工期间对涉及自然保护区的沿线进行全线巡查,搜寻鸟巢、雏鸟、鸟蛋等,采取停工、避让等措施。

第6章　地表水水环境影响与保护措施

6.1　水环境现状调查与评价

6.1.1　污染源现状调查

6.1.1.1　点源调查

本工程城市供水范围为大庆市和富裕县,其中,大庆市生活、生产废污水经安肇新河排入松花江,富裕县废污水经塔哈河汇入嫩江。

1. 点源排放情况

大庆市是我国重要的石油工业城市,是本区排污量最大的城市,现状年废污水排放量13 262 万 m^3。其中,生活污水4 278 万 m^3,主要排入市区内的哑葫芦泡、东卡梁泡、八百晌泡、团结泡等,废污水经人工开挖的安肇新河和肇兰新河两条排水干线进入松花江,废水中污染物以 COD、BOD$_5$、石油类和氨氮为主,生活污水中 COD、氨氮年排放量分别为 5 133.6 t、1 497.3 t;工业废水8 984 万 m^3,主要排入市区内的上游泡、大明水泡、齐家泡、帖补帖泡、对喜泡等,COD、氨氮年排放量分别为 13 476 t、539 t。主要工矿企业包括大庆石化分公司乙烯联合、大庆石化分公司炼油厂、大庆石化分公司热电厂、黑龙江石油化工厂等,以原油开采、火力发电等产业排放量为较大。

富裕县共4家重点企业,分别为富裕县晨鸣纸业有限责任公司、光明松鹤乳品有限责任公司、明星食品有限公司、富裕老窖酒业有限公司。《富裕县污染源排污状况报告书(2009年)》显示,该县现状年工业废水排放量为385.55 万 m^3,排放量较大的是富裕县晨鸣纸业有限责任公司,废水排放量222.65 万 m^3。根据现状供水量计算,富裕县生活污水排放量为85.6 万 m^3。

区域城市污染源调查表见表 6.1-1。

表 6.1-1　区域城市污染源调查表

城市名称	废污水排放量（万 m^3/a)			污染物量(t/a)				排污去向
				COD		氨氮		
	合计	生活	工业	生活	工业	生活	工业	
大庆市	13 262	4 278	8 984	5 133.6	13 476	1 497.3	539	经市内排干、湖泡、肇兰新河和安肇新河,最后进入松花江
富裕县	471.15	85.6	385.55	256.8	1 218.3	42.8	39.7	进入塔哈河,汇入嫩江
合计	13 733.15	4 363.6	9 369.55	5 390.4	14 694.3	1 540.1	578.7	

2. 废污水处理及回用状况

大庆市市区现有污水处理厂 9 座,设计污水现状处理能力为 47.7 万 t/d,实际日处理污水 22.6 万 t,现状年大庆市污水回用达 3 600 万 m³,用于补充北引区内环境生态用水。大庆市市区各区污水处理厂基本情况见表 6.1-2。

表 6.1-2　大庆市市区各区污水处理厂基本情况

污水处理厂名称	现状处理能力(万 t/d)		是否有除磷脱氮工艺	服务人口(万人)	污泥处理方式	污泥去向	是否再生利用	纳污水体	执行标准
	设计	实际							
乘风庄污水处理厂	3	2	否	10	填埋	杏南生活垃圾处理场	是	油田注水	一级 A
东城区污水处理厂(一期)	5	4.9	是	50	填埋	向阳生活垃圾处理场	是	北十二里泡	一级 A
东城区污水处理厂(二期)	10	3.2	是						
申东污水处理厂	1.2		是	3	填埋	杏南生活垃圾处理场	是	油田注水	一级 A
西城区污水处理厂	8	4.5	否	25	填埋	杏南生活垃圾处理场	否	让胡路泡	一级 A
总厂生活污水处理厂	2.5	1.2	是	8	填埋	向阳生活垃圾处理场	否	北十二里泡	一级 B
八百响污水处理厂	6	0.8	是	10	填埋	杏南生活垃圾处理场	否	碧绿湖	一级 B
大同污水处理厂	6	3	是	5	填埋	大同生活垃圾场	否	西排干	一级 B
陈家大院泡污水处理厂	6	3	是	10	填埋	杏南生活垃圾处理场	否	陈家大院泡	一级 A
合计	47.7	22.6		121					

注:执行标准为《城镇污水处理厂污染物排放标准》(GB 18918—2002)。

富裕县污水处理厂设计处理能力为 2 万 t/d,现状处理能力为 1.2 万 t/d,其规模满足县城生活污水处理的需要,2011 年收水管网已全部覆盖县城区域。

3. 废污水入河情况

大庆市排水有南线排水和东线排水系统。安肇新河为大庆市南线排水主干,南线排水系统主要由中央排干、西排干、东二排干和东排干四条排水干渠及排水支渠组成;加上与之相配套的湖泡排水干渠和泵站以及相应的小区污水排放系统,形成了目前比较完善的排水系统和排水网络,南线以安肇新河为主要承泄区,最后经肇源县古恰闸排入松花江。南线排水冬储夏排,枯水期部分排水干渠是断流的。工业生产达标排放的废水和生活污水通过管线或排水支渠排入附近的泡沼,经调蓄后由泵站提升或自流排入主干渠。四条排水干渠总长 209 km,沿途共有排水口 39 个。

肇兰新河为大庆东线排水主干,东线排水系统主要将石油化工总厂和石化公司的生产污水经处理后,利用输水管道入青肯泡氧化塘,经处理调节后汛期排入肇兰新河,再排入呼兰河下游,在哈尔滨下游入松花江。大庆市城市退水系统见图 6.1-1。

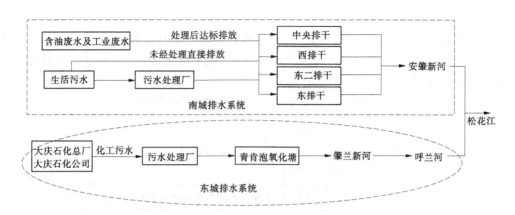

图 6.1-1　大庆市城市退水系统

富裕县全县 3 个排污口,分别是嫩江主干鸡心滩、氧化塘、自然洼地。工业废水中,嫩江干流仅接纳富裕县晨鸣纸业有限责任公司排放的废污水及其污染物,废水接纳量为 222.65 万 t。光明松鹤乳品有限责任公司、明星食品有限公司污水主要排放去向是氧化塘,富裕老窖酒业有限公司污水去向是自然洼地。富裕县生活污水经污水处理厂处理后排入塔哈河,最终汇入嫩江。

6.1.1.2　非点源调查

松嫩平原农业发达,降雨径流及农田灌溉退水是区域地表水的主要面污染源,进入河流的污染物除地面径流挟带的泥沙等悬浮物外,还有残留的化肥和农药。

1. 灌溉制度

项目区主要作物有水稻、春小麦、大豆、玉米、饲草、经济作物等 6 种。项目区经济作物灌溉期为 5~8 月,集中灌溉 4 次,主要在 5 月中旬、6 月上旬、7 月上旬和 8 月中旬。灌区经济作物灌溉制度见表 6.1-3。

表 6.1-3　灌区经济作物灌溉制度　　　　　　（单位:m³/s）

日期 (月-日)	5-1~ 5-10	5-11~ 5-20	5-21~ 5-31	6-1~ 6-10	6-11~ 6-20	6-21~ 6-30	7-1~ 7-10	7-11~ 7-20	7-21~ 7-31	8-1~ 8-10	8-11~ 8-20	8-21~ 8-31	9-1~ 9-10	合计
灌溉定额		25			25			25			25			100

根据调查,水田在作物生育期内需要排 3 次水,分别在 5 月中下旬、7 月上旬和 8 月下旬,总计约 12 天。

2. 化肥及农药使用情况

根据现状调查,旱田施用化肥种类主要为氮肥(尿素、硫铵、碳铵)、磷肥(磷酸二氢铵、过磷酸钙)、钾肥(硫酸钾、氯化钾、硝酸钾)和复合肥(磷酸铵、氮磷钾复合肥);水田使用的化肥种类主要有氮肥(尿素)、磷肥(磷酸二铵)及钾肥。

根据《黑龙江省农业统计年鉴》,旱田化肥施用强度商品量为 325 kg/hm²、折纯量为 130 kg/hm²,水田化肥施用强度商品量为 450 kg/hm²、折纯量为 180 kg/hm²。根据实地典型调查并结合《黑龙江省农业统计年鉴》,项目区灌区每年平均施用化肥商品量为 46 622.60 t。

灌区化肥使用量统计见表6.1-4。

表 6.1-4　灌区化肥使用量统计

灌区名称	本次设计(万亩)				化肥使用量(t)			
	合计	水田	旱田	牧草	氮肥(尿素)	磷肥(磷酸二铵)	钾肥	总施肥量
兴旺灌区	6.86	6.86			489.12	489.80	68.60	1 047.52
富西灌区	7.97	3.17	4.8		557.90	549.93	143.46	1 251.29
友谊灌区	10.55	2.23	6.04	2.28	738.5	727.95	189.9	1 656.35
富裕基地灌区	2	0.5	1.5		738.5	138	36	912.5
富裕牧场灌区	3.93	2.39	1.54		275.1	271.17	70.74	617.01
富路灌区	5		5		350	345	90	785
富南灌区	68.78	18.17	44.48	6.13	4 814.6	4 745.82	1 238.04	10 798.46
依安灌区	34.65		34.65		1 437.975	1 555.785	277.2	3 270.96
林甸引嫩北灌区	33.99	13.97	20.02		2 549.25	2 549.25	1 019.7	6 118.20
林甸引嫩南灌区	3.13	3.13			234.75	234.75	93.9	563.40
马场灌区	1	1			37.5	80	8	125.50
隆山灌区	0.9	0.9			67.5	67.5	27	162.00
明青灌区	7.09	0.5	2.43	4.16	265.88	567.2	56.72	889.80
任民镇灌区	1	1			260	80	40	380.00
中本灌区	1	1			260	80	40	380.00
江东灌区	32.2	22		10.2	11 172.84	3 575.31	1 787.66	16 535.81
胜利灌区	0.5	0.5			75	60	15	150.00
南岗灌区	2.06	2.06			404.5	304.5	61.8	770.80
建国灌区	0.6	0.6			107.5	82.5	18	208.00
合计	223.21	79.98	120.46	22.77	24 836.415	16 504.465	5 281.72	46 622.60

通过农业部门调查,项目区目前使用的农药可分为三种类型,即除草剂、杀虫剂和杀菌剂。旱田农药以除草剂为主,使用的种类有宝收、都尔、90%乙草胺、广灭灵、拿捕净、氟磺胺草醚(虎威)等6种;水田农药主要种类有阿罗津、农得时、富士一号等几种,全部为低毒农药,主要用于除草和杀虫。全省耕地以种植玉米、大豆、水稻为主,农药以除草剂为主,杀菌剂为辅,再次为杀虫剂,植物生长调节剂应用很少。

根据实地典型调查并结合农业统计年鉴,近年来规划区旱田农药施用强度折纯量

1.509 kg/hm²;水田农药施用强度折纯量 1.652 kg/hm²。项目规划灌区内年农药施用强度折纯量为 209.27 t。

3. 灌区退水排放方式及排放去向

只考虑水田灌溉退水,旱田无退水水量。现有灌区均有排水系统,退水通过支沟、分干以及排干等,最终分别进入嫩江、乌裕尔河、大庆市湖泡、安肇新河、九道沟湿地等水域。现有灌区退水去向见图 6.1-2。

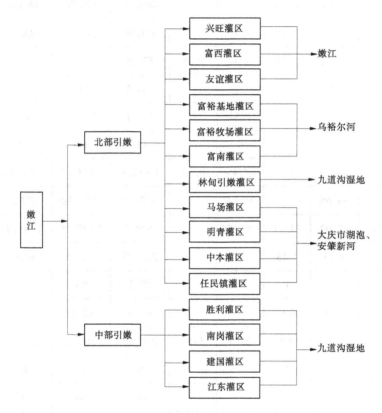

图 6.1-2　现有灌区退水去向

4. 退水水质

灌区退水水质类别为Ⅳ类～劣Ⅴ类,主要污染物为化学需氧量(COD)和总氮。

松嫩低平原中的草甸土和一部分平地部位的草甸黑钙土是本灌区主要积盐区,土壤盐渍化客观存在,因此灌区排水的同时有排盐作用。北引干渠水质全盐量为 110.70 mg/L,而富西灌区(非盐碱土灌区)和林甸引嫩灌区(盐碱土灌区)退水水质全盐量分别为155 mg/L和 256 mg/L。

6.1.2　地表水

6.1.2.1　调查范围和调查时间

1. 调查范围

地表水水质现状的调查范围由引水区、输水区、受水区、退水区 4 部分组成,并对灌溉退水水质进行了监测。

2. 调查时期和水质参数的选择

项目收集了 2008～2011 年评价区水体常规断面丰、平、枯各水期的水质监测数据,包括 pH、溶解氧、高锰酸盐指数、生化需氧量、氨氮、挥发酚、总氰化物、总砷、总汞、六价铬、总铅、总镉、石油类等 13 项。

对未设置常规水质监测断面的水体,于 2004 年 7 月、10 月,2011 年 7 月对其进行了补充监测,监测项目包括水温、pH、溶解氧、高锰酸盐指数、化学需氧量、五日生化需氧量、氨氮、总磷、总氮、铜、锌、氟化物、硒、砷、汞、六价铬、铅、石油类、粪大肠菌群、硫酸盐、氯化物、硝酸盐、铁、锰、全盐量、钾、钠、钙、镁、CO_3^{2-}、HCO_3^- 等 31 项。2011 年 7～8 月,对部分灌区灌溉退水进行了水质监测,监测项目包括水温、pH、高锰酸盐指数、化学需氧量、五日生化需氧量、氨氮、总磷、总氮、汞、六价铬、铅、砷、镉、氟化物、全盐量、氯化物等 16 项指标。

6.1.2.2　评价断面

根据项目所在区的引、蓄、排水系统分布情况,分别在项目涉及的引水区、输水区、受水区、退水区布设水质监测断面,地表水水质监测断面布设见表6.1-5,地表水常规水质监测断面布设见表6.1-6。

表 6.1-5　地表水水质监测断面布设

工程区域	水域	断面			断面代表性	执行标准
		丰水期 (2004 年 7 月)	平水期 (2004 年 10 月)	丰水期 (2011 年 7 月)		
引水区	嫩江干流	拉哈 (北引渠首)	拉哈 (北引渠首)		嫩江北引渠首水质现状	Ⅲ
		大登科 (中引渠首)	大登科 (中引渠首)	大登科 (中引渠首)	嫩江中引渠首水质现状	Ⅲ
输水区	北引总干渠	友谊干渠引水口 (乌北 49 km)	友谊干渠引水口 (乌北 49 km)		引水干渠水质现状	Ⅲ
		末端 (乌南 113 km)		末端 (乌南 113 km)	渠道水质现状及 沿程变化情况	Ⅲ
	中引总干渠	赵三亮子闸	赵三亮子闸		渠道水质现状及 沿程变化情况	Ⅲ
受水区	大庆水库	库中	水库进水口		水源水质现状	Ⅲ
	红旗水库	库中	水库进水口		水源水质现状	Ⅲ
	龙虎泡水库	库中	水库进水口		水源水质现状	Ⅲ
	东升水库	库中	水库进水口	东升水库库中	水源水质现状	Ⅲ
				东升水库 第一泄洪闸	水源水质现状	Ⅲ

续表 6.1-5

工程区域	水域		断面			断面代表性	执行标准
			丰水期(2004 年 7 月)	平水期(2004 年 10 月)	丰水期(2011 年 7 月)		
退水区	乌裕尔河		乌裕尔河交叉		乌裕尔河交叉	将受工程退水影响的水域水质现状	III
					双阳河交叉	将受工程退水影响的水域水质现状	III
	扎龙自然保护区		扎龙湖	扎龙湖	扎龙湖	自然保护区水质现状	II
	大庆湖泡		北湖			排水区水质现状	
			周瞎泡			排水区水质现状	
			东卡梁泡			排水区水质现状	
			月亮泡			排水区水质现状	
	安肇新河	支河	西部支河出口		西部支河出口	排水区水质现状	
			中部支河出口			排水区水质现状	
			东部支河出口		东部支河出口	排水区水质现状	
			东二支河出口			排水区水质现状	
		滞洪区	北二十里泡		北二十里泡出口	排水区水质现状	IV
			王花泡		王花泡	排水区水质现状	
			中内泡			排水区水质现状	IV
			库里泡			排水区水质现状	IV
	肇兰新河		青肯泡			排水区水质现状	
			清污汇合口下100 m			排水区水质现状	
	松花江			古恰闸下松花江断面	肇源古恰闸下 500 m	将受工程退水影响的水域水质现状	III
					肇源古恰闸上500 m		
	兴旺灌区				新兴排干	灌区退水水质现状	
					富裕西排干		
	友谊灌区				富裕西排干		
	富南灌区				三排干		
	中本灌区				排水干渠		
	江东灌区				翁海排干		
	林甸灌区				西南排干出口		
					中排干		

表 6.1-6　地表水常规水质监测断面布设

河流、湖库	断面名称	工程区域	位置	水质目标
嫩江	拉哈	引水区	拉哈镇	Ⅲ
	浏园		富裕县	Ⅱ
	富上		齐齐哈尔	Ⅳ
	江桥		江桥镇	Ⅲ
大庆水库	水库出口	受水区	大庆市	Ⅲ
红旗水库	水库出口		大庆市	Ⅲ
大庆市西排干		退水区	大庆市	—
大庆市中排干			大庆市	—
松花江	肇源		肇源县	Ⅲ
	朱顺屯		哈尔滨市	Ⅲ

6.1.2.3　评价标准及方法

1. 评价标准

水域功能类别按《黑龙江省地表水功能区标准》和《黑龙江省地面水环境质量功能区划分和水环境质量补充标准》执行,评价标准采用《地表水环境质量标准》(GB 3838—2002)中相应标准。

2. 评价方法

采用单项标准指数法。标准指数计算公式为

$$P_i = \frac{C_i}{S_i} \quad (\text{pH、DO 除外})$$

式中　P_i——i 污染物的标准指数;

　　　C_i——i 污染物的实测浓度,mg/L;

　　　S_i——i 污染物的标准浓度,mg/L。

pH 的标准指数计算公式为

$$P_i = \frac{7.0 - \text{pH}_i}{7.0 - \text{pH}_{sd}} \quad (\text{pH}_i < 7.0)$$

$$P_i = \frac{\text{pH}_i - 7.0}{\text{pH}_{su} - 7.0} \quad (\text{pH}_i \geqslant 7.0)$$

式中　P_i——某监测点 pH 的标准指数;

　　　pH_i——某监测点 pH 的实测值;

　　　pH_{sd}——pH 标准值的下限;

　　　pH_{su}——pH 标准值的上限。

DO 的标准指数计算公式为

$$P_{\text{DO},j} = \frac{|\text{DO}_f - \text{DO}_j|}{\text{DO}_f - \text{DO}_s} \quad (\text{DO}_j \geqslant \text{DO}_s)$$

$$P_{\mathrm{DO},j} = 10 - 9\frac{\mathrm{DO}_j}{\mathrm{DO}_s} \quad (\mathrm{DO}_j < \mathrm{DO}_s)$$

式中　$P_{\mathrm{DO},j}$——DO 在 j 点的标准指数;

　　　DO——溶解氧浓度,mg/L;

　　　DO_f——饱和溶解氧浓度,mg/L;

　　　DO_j——j 点的溶解氧监测浓度,mg/L;

　　　DO_s——地表水溶解氧评价标准,mg/L。

水质参数的标准指数 $P_i>1$ 时,表明该水质参数超过了规定的水质标准,不能满足水域功能的要求;$P_i<1$ 时,表示能满足本水域功能的要求。

6.1.2.4　评价结果

常规监测断面 2010 年各水期水质监测及评价结果见表 6.1-7。2011 年 7 月水质监测及评价结果见表 6.1-8。2004 年丰水期、平水期水质监测及评价结果见表 6.1-9、表 6.1-10。2011 年灌区农灌退水水质监测及评价结果见表 6.1-11。评价范围内水体的水质评价结果如下。

1. 引水区嫩江干流水质

拉哈断面(北引渠首):2004 年丰水期和平水期均为Ⅲ类水质,符合水质目标;2008 年各水期,2009 年枯水期、平水期,2010 年枯水期均为Ⅲ类水质,符合水质目标;2009 年丰水期,2010 年平水期、丰水期为Ⅳ类水质,高锰酸盐指数超标,其原因与上游尼尔基水库水质有直接关系。

大登科断面(中引渠首):2004 年丰水期为Ⅲ类水质,平水期为Ⅳ类水质,平水期主要超标污染物为高锰酸盐指数和总氮。2011 年丰水期为Ⅲ类水质,符合水质目标。

嫩江干流浏园断面 2010 年枯水期、平水期水质均为Ⅳ类,未达到Ⅱ类水质目标,超标因子为高锰酸盐指数,分别超标 0.52 倍和 0.53 倍,主要由上游城镇排污所致;富上断面 2010 年枯水期水质为Ⅲ类,平水期为Ⅳ类,达到Ⅳ类水质目标;江桥断面 2010 年枯水期、平水期水质均为Ⅲ类,满足水质目标。

2. 输水区引嫩干渠水质

北引总干渠乌北 49 km(友谊干渠引水口)断面:2004 年丰水期、平水期均为Ⅲ类水质,符合水质目标。

北引乌南 113 km 断面:2004 年丰水期、2011 年丰水期为Ⅲ类水质,符合水质目标。

中引总干渠赵三亮子闸断面:2004 年丰水期、平水期均为Ⅳ类水质,丰水期主要超标污染物为总磷,平水期主要超标污染物为总氮。

3. 受水区水库水质

红旗水库:2004 年丰水期库中为Ⅲ类水质,平水期红旗水库进水口为Ⅴ类水质,主要超标污染物为总磷,超标 1.2 倍。2008 年枯水期、2009 年各水期水质均为Ⅲ类,达到水质目标。

大庆水库:2004 年丰水期库中为Ⅳ类水质,主要超标污染物为化学需氧量和总磷,超标 0.01 倍和 0.4 倍。平水期水库进水口为Ⅳ类水质,主要超标污染物为总磷,超标 0.2 倍。2008 ~ 2010 年水库均为Ⅲ类水质,达到水质目标,水质较 2004 年有所好转。

表6.1-7 常规监测断面2010年各水期水质监测及评价结果

（单位：pH 无量纲，其余 mg/L）

河流	断面名称	年度	水期	项目	pH	溶解氧	高锰酸盐指数	生化需氧量	氨氮	挥发酚	总氰化物	总砷	总汞	六价铬	总铅	总镉	石油类	评价结果	水质目标
嫩江	拉哈	2010	枯水期	监测值	7.57	6.98	5.58	1	0.162	0.001	0.002	0.001	0	0.002	0.002	0.00038	0.03	Ⅲ	Ⅲ
				类别	Ⅰ	Ⅱ	Ⅲ	Ⅰ	Ⅱ	Ⅰ	Ⅰ	Ⅰ	Ⅰ	Ⅰ	Ⅰ	Ⅰ	Ⅰ		
			平水期	监测值	7.7	10.15	6.65	1.9	0.205	0.0002	0.002	0.001	0.00001	0.002	0	0.00002	0.03	Ⅳ	
				类别	Ⅰ	Ⅰ	Ⅳ	Ⅰ	Ⅱ	Ⅰ	Ⅰ	Ⅰ	Ⅰ	Ⅰ	Ⅰ	Ⅰ	Ⅰ		
			丰水期	监测值	7.62	6.48	6.65	2.02	0.186	0.0002	0.002	0	0	0.002	0.002	0.00005	0.03	Ⅳ	
				类别	Ⅰ	Ⅱ	Ⅳ	Ⅰ	Ⅱ	Ⅰ	Ⅰ	Ⅰ	Ⅰ	Ⅰ	Ⅰ	Ⅰ	Ⅰ		
	富上	2010	枯水期	监测值	7.52	7.66	5.26	1	0.402	0.001	0.002	0.001	0	0.002	0.002	0.00038	0.03	Ⅲ	Ⅳ
				类别	Ⅰ	Ⅱ	Ⅲ	Ⅰ	Ⅱ	Ⅰ	Ⅰ	Ⅰ	Ⅰ	Ⅰ	Ⅰ	Ⅰ	Ⅰ		
			平水期	监测值	8	8.87	6.45	1.6	0.389	0.0002	0.002	0.001	0	0.002	0	0.00002	0.03	Ⅳ	
				类别	Ⅰ	Ⅰ	Ⅳ	Ⅰ	Ⅱ	Ⅰ	Ⅰ	Ⅰ	Ⅰ	Ⅰ	Ⅰ	Ⅰ	Ⅰ		
			丰水期	监测值	7.81	7.12	5.65	1.62	0.26	0.0002	0.002	0.001	0	0.002	0.002	0.00005	0.03	Ⅲ	
				类别	Ⅰ	Ⅰ	Ⅲ	Ⅰ	Ⅱ	Ⅰ	Ⅰ	Ⅰ	Ⅰ	Ⅰ	Ⅰ	Ⅰ	Ⅰ		
	浏园	2010	枯水期	监测值	7.5	9.64	6.07	1	0.197	0.001	0.002	0.001	0	0.002	0.002	0.00038	0.03	Ⅳ	Ⅱ
				类别	Ⅰ	Ⅰ	Ⅳ	Ⅰ	Ⅱ	Ⅰ	Ⅰ	Ⅰ	Ⅰ	Ⅰ	Ⅰ	Ⅰ	Ⅰ		
			平水期	监测值	8.09	8.96	6.12	1.6	0.193	0.0002	0.002	0.001	0.00002	0.002	0	0.00002	0.03	Ⅳ	
				类别	Ⅰ	Ⅰ	Ⅳ	Ⅰ	Ⅱ	Ⅰ	Ⅰ	Ⅰ	Ⅰ	Ⅰ	Ⅰ	Ⅰ	Ⅰ		
			丰水期	监测值	7.84	7.52	5.63	1.92	0.168	0.0002	0.002	0.001	0	0.002	0.002	0.00005	0.03	Ⅲ	
				类别	Ⅰ	Ⅰ	Ⅲ	Ⅰ	Ⅱ	Ⅰ	Ⅰ	Ⅰ	Ⅰ	Ⅰ	Ⅰ	Ⅰ	Ⅰ		
	江桥	2010	枯水期	监测值	7.42	8.76	4.8	1.89	0.941	0.001	0.002	0.002	0.00001	0.002	0.002	0.00038	0.03	Ⅲ	Ⅲ
				类别	Ⅰ	Ⅰ	Ⅲ	Ⅰ	Ⅲ	Ⅰ	Ⅰ	Ⅰ	Ⅰ	Ⅰ	Ⅰ	Ⅰ	Ⅰ		
			平水期	监测值	7.8	8.65	5.27	1.53	0.249	0.0002	0.002	0.002	0.00002	0.002	0	0.00002	0.03	Ⅲ	
				类别	Ⅰ	Ⅰ	Ⅲ	Ⅰ	Ⅱ	Ⅰ	Ⅰ	Ⅰ	Ⅰ	Ⅰ	Ⅰ	Ⅰ	Ⅰ		
			丰水期	监测值	7.9	7.29	5.08	1.78	0.15	0.0002	0.002	0.002	0.00001	0.002	0.002	0.00005	0.03	Ⅲ	
				类别	Ⅰ	Ⅰ	Ⅲ	Ⅰ	Ⅰ	Ⅰ	Ⅰ	Ⅰ	Ⅰ	Ⅰ	Ⅰ	Ⅰ	Ⅰ		
大庆水库	水库出口	2010	枯水期	监测值	8.26	10.17	4.61	2.58	0.147	0.001	0.002	0.002	0.00001	0.003	0.006	0.00016		Ⅲ	Ⅲ
			平水期	监测值	8.09	9.39	4.63	2.7	0.164	0.001	0.002	0.003	0.00002	0.002	0.006	0.00012		Ⅲ	
			丰水期	监测值	8.77	6.97	4.71	2.57	0.134	0.0009	0.002	0.002	0.00001	0.003	0.005	0.00017		Ⅲ	

续表 6.1-7

河流	断面名称	年度	水期	项目	pH	溶解氧	高锰酸盐指数	生化需氧量	氨氮	挥发酚	总氰化物	总砷	总汞	六价铬	总铅	总镉	石油类	评价结果	水质目标
红旗水库	水库出口	2010	枯水期	监测值	7.47	11.21	4.61	2.23	0.133	0.001	0.002	0.004	0.00002	0.002	0.004	0.0001		Ⅲ	Ⅲ
				类别	Ⅰ	Ⅰ	Ⅲ	Ⅰ	Ⅰ	Ⅰ	Ⅰ	Ⅰ	Ⅰ	Ⅰ	Ⅰ	Ⅰ			
			平水期	监测值	7.89	9	4.51	2.24	0.127	0.001	0.002	0.004	0.00002	0.002	0.004	0.0001		Ⅲ	—
				类别	Ⅰ	Ⅰ	Ⅲ	Ⅰ	Ⅰ	Ⅰ	Ⅰ	Ⅰ	Ⅰ	Ⅰ	Ⅰ	Ⅰ			
			丰水期	监测值	8.17	7.46	4.45	2.33	0.226	0.001	0.002	0.004	0.00002	0.002	0.004	0.0001		Ⅲ	—
				类别	Ⅰ	Ⅱ	Ⅲ	Ⅰ	Ⅱ	Ⅰ	Ⅰ	Ⅰ	Ⅰ	Ⅰ	Ⅰ	Ⅰ			
	大庆市西排干	2010	平水期	监测值	8.27	8.85	8.65	14.68	2.693	0.0018	0.003	0.004	0.00002	0.003	0.009	0.00013	0.243	劣Ⅴ	—
				类别	Ⅰ	Ⅰ	Ⅳ	劣Ⅴ	劣Ⅴ	Ⅰ	Ⅰ	Ⅰ	Ⅰ	Ⅰ	Ⅰ	Ⅰ	Ⅳ		
			丰水期	监测值	8.66	6.05	11.6	13.45	1.42	0.003	0.004	0.001	0.00001	0.004	0.009	0.0002	0.11	劣Ⅴ	—
				类别	Ⅰ	Ⅰ	Ⅴ	劣Ⅴ	Ⅳ	Ⅲ	Ⅰ	Ⅰ	Ⅰ	Ⅰ	Ⅰ	Ⅰ	Ⅳ		
			枯水期	监测值	7.64	10.69	31.5	16.55		0.001	0.002	0.004	0.00002	0.002	0.011	0.0001	0.13	劣Ⅴ	—
				类别	Ⅰ	Ⅰ	劣Ⅴ	劣Ⅴ		Ⅰ	Ⅰ	Ⅰ	Ⅰ	Ⅰ	Ⅲ	Ⅰ	Ⅳ		
	大庆市中排干	2010	平水期	监测值	7.94	8.33	8.47	17.6	4.23	0.0017	0.003	0.003	0.00002	0.003	0.011	0.00013	0.167	劣Ⅴ	—
				类别	Ⅰ	Ⅰ	Ⅳ	劣Ⅴ	劣Ⅴ	Ⅰ	Ⅰ	Ⅰ	Ⅰ	Ⅰ	Ⅲ	Ⅰ	Ⅳ		
			丰水期	监测值	8.92	6.72	6.23	9.73	1.31	0.001	0.002	0.003	0.00001	0.003	0.012	0.00017	0.067	Ⅴ	—
				类别	Ⅰ	Ⅱ	Ⅳ	Ⅴ	Ⅳ	Ⅰ	Ⅰ	Ⅰ	Ⅰ	Ⅰ	Ⅲ	Ⅰ	Ⅳ		
松花江	肇源	2010	枯水期	监测值	7.35	8.13	4.82	2.79	0.82	0.001	0.002	0	0.00003	0.002	0.001	0.00005	0.645	Ⅳ	Ⅲ
				类别	Ⅰ	Ⅰ	Ⅲ	Ⅰ	Ⅲ	Ⅰ	Ⅰ	Ⅰ	Ⅰ	Ⅰ	Ⅰ	Ⅰ	Ⅳ		
			平水期	监测值	7.9	9.11	5.4	3.25	1.0	0.001	0.002	0.002	0.00003	0.002	0.001	0.00005	0.232	Ⅳ	
				类别	Ⅰ	Ⅰ	Ⅲ	Ⅱ	Ⅲ	Ⅰ	Ⅰ	Ⅰ	Ⅰ	Ⅰ	Ⅰ	Ⅰ	Ⅳ		
			丰水期	监测值	7.57	5.87	4.65	2.9	1.0	0.001	0.002	0.002	0.00003	0.004	0.001	0.00005	0.265	Ⅳ	
				类别	Ⅰ	Ⅲ	Ⅲ	Ⅰ	Ⅲ	Ⅰ	Ⅰ	Ⅰ	Ⅰ	Ⅰ	Ⅰ	Ⅰ	Ⅳ		
	朱顺屯	2010	枯水期	监测值	6.94	10.15	4.06	3.83	0.670	0.001	0.001	0	0.00001	0.002	0.001	0.0002	0.005	Ⅲ	Ⅲ
				类别	Ⅰ	Ⅰ	Ⅲ	Ⅲ	Ⅲ	Ⅰ	Ⅰ	Ⅰ	Ⅰ	Ⅰ	Ⅰ	Ⅰ	Ⅰ		
			平水期	监测值	7.72	9.03	4.5	2.47	0.573	0.0004	0.001	0	0.00001	0.002	0.001	0.0002	0.01	Ⅲ	
				类别	Ⅰ	Ⅰ	Ⅲ	Ⅰ	Ⅲ	Ⅰ	Ⅰ	Ⅰ	Ⅰ	Ⅰ	Ⅰ	Ⅰ	Ⅰ		
			丰水期	监测值	7.53	6.03	4.77	2.27	0.268	0.0002	0.001	0	0.00001	0.002	0.001	0.0002	0.005	Ⅲ	
				类别	Ⅰ	Ⅱ	Ⅲ	Ⅰ	Ⅱ	Ⅰ	Ⅰ	Ⅰ	Ⅰ	Ⅰ	Ⅰ	Ⅰ	Ⅰ		

表 6.1-8　2011 年 7 月水质监测及评价结果

（单位：pH 无量纲，其余 mg/L）

所在河流	断面名称	监测时间	项目	水温(℃)	pH	溶解氧	高锰酸盐指数	化学需氧量	五日生化需氧量	氨氮	总磷	总氮	铜	锌	氟化物	硒	砷	汞	镉	六价铬	挥发酚	硫化物	评价结果	水质目标
嫩江干流	大登科	7月6日	监测值	21.9	7.25	7.18	4.83	20.7	2.44	0.244		0.664	0.002	0.02L	0.14	0.0001L	0.0001L	0.00001L	0.0004L	0.004L	0.001L	0.01L	Ⅲ	Ⅲ
			类别		Ⅰ	Ⅱ	Ⅲ	Ⅲ	Ⅰ	Ⅱ		Ⅲ	Ⅰ	Ⅰ	Ⅰ	Ⅰ	Ⅰ	Ⅰ	Ⅰ	Ⅰ	Ⅰ	Ⅰ	Ⅲ	
		7月7日	监测值	22.1	7.31	6.99	5.12	15.3	2.56	0.432		0.612	0.003	0.02L	0.11	0.0001L	0.0001L	0.00001L	0.0004L	0.004L	0.001L	0.01L	Ⅲ	
			类别		Ⅰ	Ⅱ	Ⅲ	Ⅲ	Ⅰ	Ⅱ		Ⅲ	Ⅰ	Ⅰ	Ⅰ	Ⅰ	Ⅰ	Ⅰ	Ⅰ	Ⅰ	Ⅰ	Ⅰ	Ⅲ	
松花江干流	肇源古恰闸上500m	7月6日	监测值	28.0	8.01	6.1	4.91	37.2	4.28	0.328		0.73	0.001L	0.02L	0.07	0.0001L	0.0001L	0.00001L	0.0004L	0.004L	0.001L	0.01L	Ⅴ	Ⅲ
			类别		Ⅰ	Ⅱ	Ⅲ	Ⅴ	Ⅳ	Ⅱ		Ⅲ	Ⅰ	Ⅰ	Ⅰ	Ⅰ	Ⅰ	Ⅰ	Ⅰ	Ⅰ	Ⅰ	Ⅰ	Ⅴ	
		7月7日	监测值	26.0	8.07	6.6	4.81	16.5	2.79	0.504		0.718	0.001L	0.02L	0.12	0.0001L	0.0001L	0.00001L	0.0004L	0.004L	0.001L	0.01L	Ⅲ	
			类别		Ⅰ	Ⅱ	Ⅲ	Ⅲ	Ⅰ	Ⅲ		Ⅲ	Ⅰ	Ⅰ	Ⅰ	Ⅰ	Ⅰ	Ⅰ	Ⅰ	Ⅰ	Ⅰ	Ⅰ	Ⅲ	
	肇源古恰闸下500m	7月6日	监测值	26.1	8.57	7.23	4.43	17.3	3.41	0.234		0.764	0.002	0.02L	0.08	0.0001L	0.0001L	0.00001L	0.0004L	0.004L	0.001L	0.01L	Ⅲ	Ⅲ
			类别		Ⅰ	Ⅱ	Ⅲ	Ⅲ	Ⅲ	Ⅱ		Ⅲ	Ⅰ	Ⅰ	Ⅰ	Ⅰ	Ⅰ	Ⅰ	Ⅰ	Ⅰ	Ⅰ	Ⅰ	Ⅲ	
		7月7日	监测值	26.2	8.48	7.01	4.1	13.7	2.8	0.356		0.708	0.002	0.02L	0.11	0.0001L	0.0001L	0.00001L	0.0004L	0.004L	0.001L	0.01L	Ⅲ	
			类别		Ⅰ	Ⅱ	Ⅲ	Ⅱ	Ⅰ	Ⅱ		Ⅲ	Ⅰ	Ⅰ	Ⅰ	Ⅰ	Ⅰ	Ⅰ	Ⅰ	Ⅰ	Ⅰ	Ⅰ	Ⅲ	
双阳河	双阳河交叉	7月6日	监测值	25.2	8.96	7.11	4.69	21.4	1.78	0.19		0.315	0.002	0.02L	0.08	0.0001L	0.0001L	0.00001L	0.0004L	0.004L	0.001L	0.1	Ⅳ	Ⅲ
			类别		Ⅰ	Ⅱ	Ⅲ	Ⅳ	Ⅰ	Ⅱ		Ⅱ	Ⅰ	Ⅰ	Ⅰ	Ⅰ	Ⅰ	Ⅰ	Ⅰ	Ⅰ	Ⅰ	Ⅱ	Ⅳ	
		7月7日	监测值	25.1	8.94	7.09	4.83	14.3	2.01	0.256		0.33	0.003	0.02L	0.04	0.0001L	0.0001L	0.00001L	0.0004L	0.004L	0.001L	0.13	Ⅲ	
			类别		Ⅰ	Ⅱ	Ⅲ	Ⅱ	Ⅰ	Ⅱ		Ⅱ	Ⅰ	Ⅰ	Ⅰ	Ⅰ	Ⅰ	Ⅰ	Ⅰ	Ⅰ	Ⅰ	Ⅲ	Ⅲ	
乌裕尔河	乌裕尔河交叉	7月6日	监测值	23.9	7.8	6.41	4.58	18.6	2.56	0.472		1.29	0.001L	0.02L	0.50	0.0001L	0.0001L	0.00001L	0.0004L	0.004L	0.001L	0.01L	Ⅳ	Ⅲ
			类别		Ⅰ	Ⅱ	Ⅲ	Ⅲ	Ⅰ	Ⅱ		Ⅳ	Ⅰ	Ⅰ	Ⅰ	Ⅰ	Ⅰ	Ⅰ	Ⅰ	Ⅰ	Ⅰ	Ⅰ	Ⅳ	
		7月7日	监测值	23.8	7.79	6.44	4.83	19	2.73	0.651		1.29	0.001L	0.02L	0.58	0.0001L	0.0001L	0.00001L	0.0004L	0.004L	0.001L	0.01L	Ⅳ	
			类别		Ⅰ	Ⅱ	Ⅲ	Ⅲ	Ⅰ	Ⅲ		Ⅳ	Ⅰ	Ⅰ	Ⅰ	Ⅰ	Ⅰ	Ⅰ	Ⅰ	Ⅰ	Ⅰ	Ⅰ	Ⅳ	
扎龙国家级自然保护区	扎龙湖	7月6日	监测值	26.0	8.33	6.78	9.31	31.4	4.6	0.432	0.023	0.62	0.001L	0.02L	0.66	0.0001L	0.0001L	0.00001L	0.0004L	0.004L	0.001L	0.01L	Ⅴ	Ⅱ
			类别		Ⅰ	Ⅱ	Ⅳ	Ⅴ	Ⅳ	Ⅱ	Ⅱ	Ⅲ	Ⅰ	Ⅰ	Ⅰ	Ⅰ	Ⅰ	Ⅰ	Ⅰ	Ⅰ	Ⅰ	Ⅰ	Ⅴ	
		7月7日	监测值	26.3	8.37	6.83	9.7	40	4.74	0.432	0.027	0.623	0.001L	0.02L	0.81	0.0001L	0.0001L	0.00001L	0.0004L	0.004L	0.001L	0.01L	Ⅴ	
			类别		Ⅰ	Ⅱ	Ⅳ	Ⅴ	Ⅳ	Ⅱ	Ⅲ	Ⅲ	Ⅰ	Ⅰ	Ⅰ	Ⅰ	Ⅰ	Ⅰ	Ⅰ	Ⅰ	Ⅰ	Ⅰ	Ⅴ	
连环湖	西葫	7月6日	监测值	26.1	9.85	7.28	11.8	74.3	4.59	0.262	0.15	0.695	0.003	0.02L	1.52	0.0001L	0.0001L	0.00001L	0.0004L	0.004L	0.001L	0.31	劣Ⅴ	—
			类别		Ⅰ	Ⅱ	Ⅴ	劣Ⅴ	Ⅳ	Ⅱ	Ⅴ	Ⅲ	Ⅰ	Ⅰ	劣Ⅴ	Ⅰ	Ⅰ	Ⅰ	Ⅰ	Ⅰ	Ⅰ	Ⅳ	劣Ⅴ	
	芦泡	7月7日	监测值	26.0	9.81	7.24	11.4	72.9	4.13	0.432	0.14	0.688	0.003	0.02L	1.62	0.0001L	0.0001L	0.00001L	0.0004L	0.004L	0.001L	0.26	劣Ⅴ	—
			类别		Ⅰ	Ⅱ	Ⅴ	劣Ⅴ	Ⅳ	Ⅱ	Ⅴ	Ⅲ	Ⅰ	Ⅰ	劣Ⅴ	Ⅰ	Ⅰ	Ⅰ	Ⅰ	Ⅰ	Ⅰ	Ⅳ	劣Ⅴ	

续表 6.1-8

所在河流	断面名称	监测时间	项目	水温(℃)	pH	溶解氧	高锰酸盐指数	化学需氧量	五日生化需氧量	氨氮	总磷	总氮	铜	锌	氟化物	硒	砷	汞	镉	六价铬	挥发酚	硫化物	评价结果	水质目标
支河	西部支河出口	7月6日	监测值	23.8	9.69	8.31	15.3	61.4	6.93	2.22		3.26	0.004	0.02L	1.06	0.0001L	0.0001L	0.00001L	0.0004L	0.004L	0.001L	0.07	劣V	—
			类别		I		劣V	劣V	V	劣V		劣V	I	I	IV	I	I	I	I	I	I	II		
		7月7日	监测值	29.0	9.87	7.85	15.8	75.7	6.7	2.48	0.68	3.22	0.005	0.02L	1.15	0.0001L	0.0001L	0.00001L	0.0004L	0.004L	0.001L	0.12	劣V	
			类别		I		劣V	劣V	V	劣V	劣V	劣V	I	I	IV	I	I	I	I	I	I	III		
	东部支河出口	7月6日	监测值	26.1	8.78	9.05	15.7	103	7.72	7		9.5	0.003	0.02L	2.11	0.0001L	0.0001L	0.00001L	0.0004L	0.004L	0.001L	0.01L	劣V	—
			类别		I		劣V	劣V	V	劣V		劣V	I	I	劣V	I	I	I	I	I	I	I		
		7月7日	监测值	27.5	8.83	8.53	14.7	101	7.3	6.64	0.79	9.73	0.002	0.02L	2.41	0.0001L	0.0001L	0.00001L	0.0004L	0.004L	0.001L	0.05	劣V	
			类别		I		V	劣V	V	劣V	劣V	劣V	I	I	劣V	I	I	I	I	I	I	I		
安肇新河湿洪区	北二十里泡出口	7月6日	监测值	23.5	8	10.79	29.3	168	9.59	2.22		3.8	0.001L	0.02L	2.45	0.0001L	0.0001L	0.00001L	0.0004L	0.004L	0.001L	0.26	劣V	IV
			类别		I	I	劣V	劣V	V	劣V		劣V	I	I	劣V	I	I	I	I	I	I	IV		
		7月7日	监测值	23.1	8.13	10.97	20.8	215	9.14	2.16	0.086	3.84	0.001L	0.02L	2.36	0.0001L	0.0001L	0.00001L	0.0004L	0.004L	0.001L	0.36	劣V	
			类别		I	I	劣V	劣V	V	劣V	IV	劣V	I	I	劣V	I	I	I	I	I	I	劣V		
	王花泡	7月6日	监测值	27.7	9.02	15.17	15.8	60	11.81	0.366		1.38	0.001L	0.02L	2.26	0.0001L	0.0001L	0.00001L	0.0004L	0.004L	0.001L	0.01L	劣V	
			类别		I	I	劣V	劣V	劣V	II		IV	I	I	劣V	I	I	I	I	I	I	I		
		7月7日	监测值	27.1	9	15.26	14.1	58.7	12.61	0.432	0.086	1.39	0.001L	0.02L	2.31	0.0001L	0.0001L	0.00001L	0.0004L	0.004L	0.001L	0.01L	劣V	
			类别		I	I	V	劣V	劣V	II	IV	IV	I	I	劣V	I	I	I	I	I	I	I		
安肇新河	安肇新河入松花江河口上500 m	7月6日	监测值	26.7	9.28	7.26	12.4	66.7	6.09	0.572		1.28	0.001L	0.02L	2.11	0.0001L	0.0001L	0.00001L	0.0004L	0.004L	0.001L	0.01L	劣V	IV
			类别		I	II	V	劣V	V	III		IV	I	I	劣V	I	I	I	I	I	I	I		
		7月7日	监测值	30.5	9.33	6.58	11.7	61.4	5.45	0.5	0.058	1.08	0.001L	0.02L	2.05	0.0001L	0.0001L	0.00001L	0.0004L	0.004L	0.001L	0.01L	劣V	
			类别		I	II	V	劣V	IV	II	II	IV	I	I	劣V	I	I	I	I	I	I	I		
总干渠	末端（乌南113 km）	7月6日	监测值	23.8	8.23	8.1	4.45	13	2.99	0.222		0.342	0.002	0.02L	0.03	0.0001L	0.0001L	0.00001L	0.0004L	0.004L	0.001L	0.01L	III	III
			类别		I	I	III	I	I	II		II	I	I	I	I	I	I	I	I	I	I		
		7月7日	监测值	23.4	8.19	8.27	4.75	20.9	2.79	0.25	0.023	0.364	0.002	0.02L	0.06	0.0001L	0.0001L	0.00001L	0.0004L	0.004L	0.001L	0.04	III	
			类别		I	I	III	IV	I	II	I	II	I	I	I	I	I	I	I	I	I	I		
北引反调节水库	东升水库库中	7月6日	监测值	26.1	7.83	5.14	5.42	15.7	2.76	0.328		0.51	0.001L	0.02L	0.05	0.0001L	0.0001L	0.00001L	0.0004L	0.004L	0.001L	0.01L	III	III
			类别		I	III	III	III	I	II		III	I	I	I	I	I	I	I	I	I	I		
		7月7日	监测值	26.3	5.19	7.86	5.42	18.2	2.86	0.306	0.027	0.59	0.001L	0.02L	0.07	0.0001L	0.0001L	0.00001L	0.0004L	0.004L	0.001L	0.01L	III	
			类别		I	I	III	III	I	II	II	III	I	I	I	I	I	I	I	I	I	I		
	东升水库库首泄洪闸	7月6日	监测值	25.1	9.24	6.83	5	21.4	2.15	0.284		0.407	0.001L	0.02L	0.12	0.0001L	0.0001L	0.00001L	0.0004L	0.004L	0.001L	0.01L	IV	III
			类别		I	II	III	IV	I	II		III	I	I	I	I	I	I	I	I	I	I		
		7月7日	监测值	25.4	9.26	6.87	5.15	25.7	2.31	0.328	0.035	0.426	0.001L	0.02L	0.09	0.0001L	0.0001L	0.00001L	0.0004L	0.004L	0.001L	0.01L	IV	
			类别		I	II	III	IV	I	II	III	III	I	I	I	I	I	I	I	I	I	I		

注：L 代表仪器检测线。

表6.1-9 2004年丰水期水质监测及评价结果

（单位:pH 无量纲,其余 mg/L）

编号	水域	断面	项目	pH	溶解氧	高锰酸盐指数	化学需氧量	五日生化需氧量	氨氮	总磷	总氮	铜	氟化物	砷	六价铬	铅	氰化物	挥发酚	汞	硫酸盐	氯化物	粪大肠菌群	综合评价
1	嫩江干流	拉哈(北引渠首)	监测值	8.47	7.07	4.73	12.93	0.57	0.26	0.1	0.41	<0.001	0.2	<0.007	0.007	<0.001	<0.004	<0.002	<0.00005	14.77	1.13	97	
			评价结果	I	II	III	I	I	II	II	II	I	I	I	I	I	I	I	I			I	III
			超标倍数			0.18																	
2		大登科(中引渠首)	监测值	8.53	6.73	5	11.8	1.23	0.34	0.12	0.72	<0.001	0.53	<0.007	0.017	<0.001	0.002	<0.002	<0.00005	11.9	1.48	97	
			评价结果	I	II	III	I	I	II	III	III	I	I	I	I	I	I	I	I			I	III
			超标倍数			0.25																	
3	总干渠	友谊干渠进水闸	监测值	8.77	6.87	4.93	10.87	1.17	0.31	0.16	0.61	<0.001	0.23	<0.007	0.006	<0.001	<0.004	<0.002	<0.00005	12.3	2.12	110	
			评价结果	I	II	III	I	I	II	III	III	I	I	I	I	I	I	I	I			I	III
			超标倍数			0.23																	
4	乌南	末端(乌南113km)	监测值	8.43	6.4	3.63	6.03	0.5	0.52	0.09	0.8	0.011	0.2	<0.007	0.008	<0.001	<0.004	<0.002	<0.00005	18.63	4.52	0	
			评价结果	I	II	II	I	I	III	II	III	I	I	I	I	I	I	I	I			I	III
			超标倍数						0.04														
5	北引—大庆水库	库中	监测值	8.43	6.27	4.97	20.2	0.87	0.67	0.07	1	0.011	0.4	<0.007	<0.004	<0.001	<0.004	<0.002	<0.00005	15.1	5.3	370	
			评价结果	I	II	III	IV	I	III	IV	III	I	I	I	I	I	I	I	I			II	IV
			超标倍数				0.01																
6	红旗水库	库中	监测值	8.4	6.13	4.7	11.07	0.8	0.59	0.03	0.78	0.012	0.27	<0.007	0.008	<0.001	<0.004	<0.002	<0.00005	15.17	6.64	0	
			评价结果	I	II	III	I	I	III	III	III	I	I	I	I	I	I	I	I			I	III
			超标倍数																				
7	东湖水库	库中	监测值	8.43	5.17	5.27	18.53	2.4	1.06	0.09	1.62	0.01	1.87	<0.007	0.016	<0.001	<0.004	<0.002	<0.00005	18.27	11.7	7	
			评价结果	I	III	III	III	I	IV	IV	V	I	>V	I	I	I	I	I	I			I	>V
			超标倍数						0.06	0.8	0.62		0.87										
8	总干渠	赵三亮子闸	监测值	8.5	6.93	5.33	14.53	2.43	0.34	0.22	0.73	<0.001	0.1	<0.007	0.02	<0.001	<0.004	<0.002	<0.00005	10.57	1.7	230	
			评价结果	I	II	III	I	I	II	IV	III	I	I	I	I	I	I	I	I			II	IV
			超标倍数							0.1													
9	中引—龙虎泡水库	库中	监测值	8.57	6	4.9	15.27	0.9	0.52	0.077	0.74	0.01	0.17	<0.007	0.005	<0.001	<0.004	<0.002	<0.00005	12.83	1.94	27	
			评价结果	I	II	III	III	I	III	IV	III	I	I	I	I	I	I	I	I			I	IV
			超标倍数							0.54													
10	东升水库	库中	监测值	8.5	6.6	10.33	30.53	2.67	0.41	0.09	1.02	<0.001	0.3	<0.007	0.01	<0.001	<0.004	<0.002	<0.00005	12.2	8.48	43	
			评价结果	I	II	V	V	I	II	IV	IV	I	I	I	I	I	I	I	I			I	V
			超标倍数			0.72	0.53			0.8													
11	乌裕尔河	乌裕尔河交叉	监测值	8.63	8.73	9.13	18.6	2.33	0.73	0.33	0.92	<0.001	0.43	<0.007	0.009	<0.001	<0.004	<0.002	<0.00005	12.47	12.67	1733	
			评价结果	I	I	IV	III	I	III	V	III	I	I	I	I	I	I	I	I			II	V
			超标倍数			0.52				0.65													

续表6.1.9

编号	水域	断面	项目	pH	溶解氧	高锰酸盐指数	化学需氧量	五日生化需氧量	氨氮	总磷	总氮	铜	氟化物	砷	六价铬	铅	氰化物	挥发酚	汞	硫酸盐	氯化物	粪大肠菌群	综合评价
12	扎龙国家级自然保护区	扎龙湖	监测值	8.9	7.13	11.17	28.47	1.3	0.53	0.03	1.15	<0.001	0.67	<0.007	<0.004	<0.001	<0.004	<0.002	<0.00005	15.07	3.96	0	
			评价结果	I	II	V	IV	I	III	III	IV	I	I	I	I	I	I	I	I			I	V
			超标倍数			1.79	0.9				1.31												
13		北湖	监测值	8.47	6.4	5.07	8.6	0.67	0.67	0.12	0.94	0.01	0.37	<0.007	0.006	<0.001	<0.004	<0.002	<0.00005	12.8	3	27	
			评价结果	I	I	III		I	III	III	III	I	I	I	I	I	I	I	I			I	V
14	大庆泡沼	周瞎泡	监测值	9.2	1.8	44.97	265.1	9.17	4.29	24.17	5.63	0.06	1.43	0.29	0.069	0.055	<0.004	<0.002	0.043			0	
			评价结果	>V	>V	>V	>V	V	>V	>V	>V	II	IV	>V	II	II	I	I	>V			I	>V
15		东卡梁泡	监测值	9.43	0	24.8	249	25.87	13.63	2.19	13.83	0.02	1	<0.007	0.049	<0.001	<0.004	<0.002	<0.0001			2433	
			评价结果	>V	>V	>V	>V	>V	>V	>V	>V	II	I	I	II	I	I	I	III			III	>V
16		月亮泡	监测值	9.5	1.7	37.13	255.67	23.37	10.69	2.38	10.89	0.05	2.03	0.33	0.036	0.091	<0.004	<0.002	0.034			27	
			评价结果	>V	>V	>V	>V	>V	>V	>V	>V	III	>V	>V	II	II	I	I	>V			I	>V
17	安肇新河 支河	西部支河出口	监测值	9.17	6.87	31.97	162.43	18.77	2.14	0.59	3.07	0.02	1.63	0.036	0.009	<0.001	<0.004	0.002	0.0037			107	
			评价结果	>V	II	>V	>V	>V	>V	>V	>V	II	>V	I	I	I	I	I	>V			I	>V
18		中央支河出口	监测值	9.27	8.83	20.73	132.23	6.03	0.52	1.66	3.31	0.02	1.33	0.02	0.02	<0.001	<0.004	0.003	0.0037			7	
			评价结果	>V	I	>V	>V	IV	III	>V	>V	II	IV	I	I	I	I	III	>V			I	>V
19		东部支河出口	监测值	9.07	9.97	18.37	120.23	4.47	1.86	1.8	4.67	0.02	1.5	0.02	0.02	<0.001	<0.004	<0.002	0.0037			13	
			评价结果	>V	I	>V	>V	IV	>V	>V	>V	II	IV	I	I	I	I	I	>V			I	>V
20		东二支河出口	监测值	8.87	6	12.77	46.83	5.53	2.02	0.96	4.83	<0.007	2.1	0.03	0.015	<0.001	<0.004	0.003	0.0013			4133	
			评价结果	I	II	V	>V	IV	>V	>V	>V	I	>V	I	I	I	I	III	III			III	>V
21	滞洪区	北二十里泡	监测值	8.6	4.07	30.77	121.6	7.07	9.4	0.39	6.09	0.01	1.4	<0.007	0.029	<0.001	<0.004	0.002	<0.0001			0	
			评价结果	>V	IV	>V	>V	V	>V	>V	>V	II	IV	I	II	I	I	I	III			I	>V
22		王花泡	监测值	10.3	7.03	14.63	36.83	4.2	0.9	0.18	1.17	0.01	1.67	<0.007	<0.004	<0.001	<0.004	<0.002	<0.0001			0	
			评价结果	>V	I	V	>V	IV	III	II	IV	I	IV	I	I	I	I	I	III			I	>V
23		中内泡	监测值	9.63	8.47	32.9	213.07	14	0.52	2.36	3.92	0.02	1.97	<0.007	0.014	<0.001	<0.004	0.003	<0.0001			0	
			评价结果	>V	I	>V	>V	>V	III	>V	>V	II	IV	I	I	I	I	III	III			I	>V
24		库里泡	监测值	9.5	9.63	28.9	176.73	12	1.28	0.6	2.51	0.02	1.73	<0.007	0.01	<0.001	<0.004	0.003	0.0027			0	
			评价结果	>V	I	>V	>V	>V	IV	>V	III	II	IV	I	I	I	I	III	>V			I	>V
25	肇兰新河	青青泡	监测值	9.03	4.3	39.27	184.23	6.17	1.78	0.91	3.36	0.02	1.73	0.076	0.034	<0.001	<0.004	<0.002	0.003			0	
			评价结果	>V	IV	>V	>V	IV	>V	>V	>V	II	IV	I	II	I	I	I	>V			I	>V
26		清泠汇合口下104 m	监测值	8.9	6.3	30.2	143.47	4.93	3.76	0.22	4.87	0.02	2.07	0.043	0.004	<0.001	<0.004	<0.002	0.002			120	
			评价结果	I	II	>V	>V	IV	>V	>V	>V	II	>V	I	I	I	I	I	>V			I	>V

表6.1-10 一期工程2004年平水期水质监测及评价结果

（单位：pH 无量纲，其余 mg/L）

序号	监测断面	项目	pH	溶解氧	高锰酸盐指数	化学需氧量	五日生化需氧量	总磷	氟化物	硒	氨氮	总氮	综合评价
1	嫩江干流 拉哈	监测结果	7.8	9.2	4	11.9	1.2	0.06	0.5	<0.0005	0.32	0.87	
		评价结果	I	I	II	I	I	II	I	I	II		III
2	大容科	监测结果	8.1	9.5	4.7	13.1	1.3	0.05	0.6	<0.0005	0.36	1.05	
		评价结果	I	I	III	I	I	II	I	I	II		IV
		超标倍数			0.17							1.1	
3	北引 友谊干渠进水闸	监测结果	8.1	9.2	4.2	11.7	1.2	0.06	0.5	<0.0005	0.34	0.64	
		评价结果	I	I	III	I	I	II	I	I	II		III
		超标倍数			0.05							0.28	
4	大庆水库进水口	监测结果	8	10.4	4.8	<10	1.7	0.06	0.7	<0.0005	0.56	0.97	
		评价结果	I	I	III	I	I	IV	I	I	III		IV
		超标倍数						0.2					
5	大庆水库出水口	监测结果	8.4	10.6	5.9	<10	1.7	0.07	0.9	<0.0005	0.44	1.21	
		评价结果	I	I	III	I	I	IV	I	I	II		IV
		超标倍数						0.4				0.21	
6	红旗水库出水口	监测结果	8.4	10.6	5.3	<10	1.6	0.14	0.9	<0.0005	0.48	1.39	
		评价结果	I	I	III	I	I	V	I	I	II		V
		超标倍数						1.8				0.39	
7	东湖水库进水口	监测结果	8.4	10.7	5.8	<10	1.7	0.1	0.9	<0.0005	0.47	1.19	
		评价结果	I	I	III	I	I	IV	I	I	II		IV
		超标倍数						1				0.19	
8	赵三亮子闸	监测结果	7.9	10.8	4.8	<10	1.7	0.09	0.3	<0.0005	0.3	1.33	
		评价结果	I	I	III	I	I	II	I	I	II		IV
		超标倍数										0.33	
9	中引 龙虎泡水库进水口	监测结果	8.4	11.4	6.2	21.9	1.9	0.25	0.5	<0.0005	0.4	1.23	
		评价结果	I	I	IV	IV	I	>V	I	I	II		>V
		超标倍数			0.03	0.1		4				0.23	
10	东升水库进水口	监测结果	8	11	4.9	<10	2.2	0.1	0.3	<0.0005	0.5	1.34	
		评价结果	I	I	III	I	I	IV	I	I	II		IV
		超标倍数						1				0.34	
11	扎龙国家级自然保护区 扎龙湖	监测结果	7.9	10.2	11.2	18.9	2.2	0.02	0.7	<0.0005	0.46	1.15	
		评价结果	I	I	V	III	I	II	I	I	II		V
		超标倍数			1.8	0.26						1.3	
12	松花江 古恰闸下断面	监测结果	7.8	12.1	6	22.2	3	0.1	0.3	<0.0005	0.68	3.03	
		评价结果	I	I	III	IV	I	II	I	I	III		>V
		超标倍数				0.11						2.03	

表6.1-11　2011年灌区农灌退水水质监测及评价结果

（单位:pH 无量纲,其余 mg/L）

监测断面名称		监测时间	项目	水温(℃)	pH	化学需氧量	五日生化需氧量	高锰酸盐指数	氨氮	总磷	总氮	汞	镉	铅	砷	六价铬	氟化物	全盐量	评价结果
兴旺灌区	新兴排干	8月	监测值	23.9	8.3	30.3	3.0	6.1	0.91	0.04	1.77	0.00001	0.0004	0.001	0.0001	0.004	0.095	81	V
			类别		I	V	II	IV	III	II	V	I	I	I	I	I	I		
富裕灌区	富裕西排干	8月	监测值	27.3	7.2	28.6	2.6	5.3	0.32	0.04	0.71	0	0.0004	0.001	0.0001	0.004	0.505	155	IV
			类别		I	IV	II	III	III	II	III	I	I	I	I	I	I		
友谊灌区		8月	监测值	27.1	8.3	30.0	3.7	6.7	0.34	0.03	0.94	0.00001	0.0004	0.001	0.0001	0.004	0.2	128	IV
			类别		I	IV	III	IV	II	II	III	I	I	I	I	I	I		
富南灌区	三排干	8月	监测值	27.0	7.8	50.8	5.3	8.8	0.55	0.05	1.34	0.00001	0.0004	0.001	0.0001	0.004	0.19	204	劣V
			类别		I	劣V	IV	IV	III	II	IV	I	I	I	I	I	I		
中本灌区	排水干渠	8月	监测值	30.1	9.2	38.9	7.4	9.6	0.55	0.08	1.38	0.00001	0.0004	0.001	0.0001	0.004	2.2925	254	劣V
			类别		I	V	V	IV	III	II	IV	I	I	I	I	I	劣V		
江东灌区	翁海排干	8月	监测值	25.1	8.6	40.7	4.1	7.3	0.35	0.05	0.92	0.00001	0.0004	0.001	0.0001	0.004	0.7025	327	劣V
			类别		I	劣V	IV	IV	II	II	III	I	I	I	I	I	I		
林甸灌区	西南排干	8月	监测值	27.2	9.1	24.3	3.9	4.1	0.43	0.08	1.26	0.00001	0.0004	0.001	0.0001	0.004	0.505	380	IV
			类别		I	IV	III	III	II	II	IV	I	I	I	I	I	I		
	中排干	8月	监测值	25.2	6.8	36.4	3.4	6.4	0.48	0.08	1.52	0.00001	0.0004	0.001	0.0001	0.004	0.17	132	V
			类别		I	V	III	IV	II	II	V	I	I	I	I	I	I		

东升水库:2004 年丰水期为 V 类水质,主要超标污染物为高锰酸盐指数、化学需氧量、总磷和总氮,超标 0.02~0.81 倍。平水期水库进水口为 IV 类水质,主要超标污染物为总磷和总氮,分别超标 1.0 倍、0.34 倍。2011 年丰水期库中水质为 III 类,水质较 2004 年好转,达到水质目标要求。第一泄洪闸水质为 IV 类,超标因子为 COD。

龙虎泡水库:2004 年丰水期库中为 IV 类水质,主要超标污染物为总磷,超标 0.54 倍。平水期水库进水口为劣 V 类水质,主要超标污染物为总磷、高锰酸盐指数、化学需氧量和总氮,超标 0.03~4 倍。

扎龙湖:2004 年丰水期和平水期均为 V 类水质。丰水期主要超标污染物为高锰酸盐指数、化学需氧量、氨氮、总磷和总氮,超标 0.06~1.79 倍;平水期主要超标污染物为高锰酸盐指数、化学需氧量和总氮,超标 0.26~1.8 倍。2011 年丰水期水质评价结果显示,水体水质仍为 V 类,主要超标污染物为化学需氧量、高锰酸盐指数、五日生化需氧量、总氮,其中化学需氧量超标倍数相对较大,达到 1.33。现状水质远未达到 II 类水质目标要求。扎龙湖水质较差的原因:一是来水水质不好,汇入扎龙湖的乌裕尔河水质超标,农田退水水质亦较差;二是林甸县等县城部分废污水的直接汇入。

4.退水区河流水质

乌裕尔河交叉断面:2004 年丰水期为 V 类水质,主要超标污染物为高锰酸盐指数和总磷,分别超标 0.52 倍、0.65 倍。2011 年丰水期乌裕尔河水质为 IV 类,超标因子为总氮,超标倍数为 0.29,水质较 2004 年有所好转,但仍未达到 III 类水质目标。上游城镇排水以及附近农田施用的化肥、农药等通过地表径流进入水质,是造成乌裕尔河水质污染的主要原因。

大庆市:2008~2010 年水质评价结果显示,大庆市西排干水质为劣 V 类,中排干 2010 年丰水期水质为 V 类,其他时段为劣 V 类。安肇新河、北二十里泡水质仍劣于 V 类水质标准,北二十里泡水体的高锰酸盐指数、化学需氧量、氨氮、总磷、总氮、氟化物等指标均劣于 V 类水质标准。王花泡水质也劣于 V 类水质标准,水体的高锰酸盐指数、化学需氧量、五日生化需氧量、氟化物等指标均劣于 V 类水质标准。

松花江:2003 年,松花江古恰闸断面劣于 V 类水质,主要超标污染物为化学需氧量和高锰酸盐指数,古恰闸下游下岱吉断面,高锰酸盐指数超标,水质类别达到 IV 类。2004 年,监测平水期古恰闸下松花江断面为劣 V 类水质,主要超标污染物为化学需氧量和总氮,分别超标 0.11 倍和 2.03 倍。2010 年,松花江朱顺屯断面水质为 III 类,达到水质目标,水质较 2004 年有所改善。

灌区灌溉退水:2011 年丰水期监测结果显示,兴旺灌区的排水干渠新兴排干水质为 V 类,灌区另一条排干富裕西排干水质为 IV 类。友谊灌区退水水质为 IV 类。富南灌区的排水干渠三排干水质为劣 V 类,主要污染因子为 COD。中本灌区的排水干渠水质也为劣 V 类,主要污染因子是氟化物,这与当地地下水氟化物含量高有关。江东灌区的翁海排干为劣 V 类,主要污染因子为 COD。林甸灌区的西南排干和中排干,水质分别为 IV 类和 V 类,主要污染因子是总氮、五日生化需氧量、化学需氧量、高锰酸盐指数等。

地表水水质现状评价结果简表见表 6.1-12。

表 6.1-12　地表水水质现状评价结果简表

工程区域	河流、湖库	断面	现状水质类别		水质目标
			枯水期	平水期	
引水区	嫩江	拉哈	Ⅲ	Ⅳ	Ⅲ
		浏园	Ⅳ	Ⅳ	Ⅱ
		富上	Ⅲ	Ⅳ	Ⅳ
		江桥	Ⅲ	Ⅲ	Ⅲ
输水区	北引干渠	乌北 49 km	Ⅲ（丰水期）		Ⅲ
		乌南 113 km	Ⅲ（丰水期）		
	中引干渠	赵三亮子闸	Ⅳ（丰水期）		Ⅲ
受水区	红旗水库	水库出口	Ⅲ	Ⅲ	Ⅲ
	大庆水库	水库出口	Ⅲ	Ⅲ	Ⅲ
	扎龙湖	湖中	Ⅴ（丰水期）		Ⅱ
退水区	乌裕尔河	交叉	Ⅳ（丰水期）		—
	安肇新河	大庆市郊	劣Ⅴ	劣Ⅴ	—
	松花江	朱顺屯	Ⅲ	Ⅲ	Ⅲ

6.2　地表水环境影响预测

6.2.1　引水区

6.2.1.1　对引水区水文情势的影响

水文情势分析主要以尼尔基水库建成运行为前提,以 1951～1982 年长系列水文资料开展嫩江主要水文断面水量、流量过程等要素的变化分析。

嫩江干流北引渠首及其以下依次分布有拉哈(北引渠首)、塔哈(中引取水口)、富拉尔基、江桥、白沙滩、大赉等水文断面。其中,拉哈至塔哈断面约 100 km;塔哈至富拉尔基约 112 km,其间有阿伦河汇入;富拉尔基至江桥约 99 km,其间有雅鲁河、绰尔河汇入;江桥至大赉约 240 km,其间有洮儿河汇入。

1. 对北引渠首上游影响

工程蓄水及运行过程中,北引渠首以上至回水末端河段内水位、水深、水面面积等水文要素发生不同程度的变化:

(1)蓄水过程中,水位从坝前至回水末端均有不同程度的抬高,蓄水区水位抬高引起水面面积增加,水体流速变缓。

(2)工程 4 月下旬到 10 月中旬引水过程中,水位基本维持正常蓄水位 176.2 m,相应淹没积 4.47 km²,蓄水区水面面积增加,水面蒸发加剧。50 年一遇回水长度为 7.6 km,正常蓄水位下回水长度小于 7.6 km,蓄水区从回水末端到坝前水位抬升介于 0～0.20 m,水位变幅较小。11 月上旬到翌年 4 月中旬,工程不引水,蓄水区河道恢复原有河道状态,水位高程 176 m。

综上所述,由于渠首坝高有限,河道仍然维持流水状态,蓄水和运行过程中水位变化不大,蓄水区回水距离较短,淹没面积相对较小。因此,工程运行期对引水枢纽上游河道水文情势总体影响不大。

2. 北引渠首下游嫩江水文情势影响

1)拉哈、塔哈、富拉尔基断面

(1)多年引水量影响分析。

①拉哈断面。

一期工程建成后,北引工程多年平均取水量为 15.18 亿 m³,年下泄水量 82.94 亿 m³,较工程建设前多年平均减少 15.5%;75% 保证率情况下,取水量为 15.51 亿 m³,年下泄水量 42.77 亿 m³,较工程建设前减少 26.6%;90% 保证率情况下,取水量为 15.03 亿 m³,年下泄水量 40.55 亿 m³,较工程建设前减少 27.0%。

多年下泄水量介于 26.93 亿～173.98 亿 m³,减少比例介于 8.3%～34.2%;其中,一期工程新增减少比例平均为 10.1%,多年介于 5.3%～25.9%。

②塔哈断面。

一期工程建成后,中引工程多年平均取水量为 7.37 亿 m³,年下泄水量 85.48 亿 m³,较工程建设前减少 20.87%;75% 保证率情况下,取水量为 5.85 亿 m³,年下泄水量 41.28 亿 m³,较工程建设前减少 34.10%;90% 保证率情况下,取水量为 5.69 亿 m³,年下泄水量 38.98 亿 m³,较工程建设前减少 34.71%。

多年下泄水量介于 27.41 亿～178.29 亿 m³,减少比例介于 11.69%～42.31%;其中,一期工程新增减少比例平均为 9.58%,多年介于 4.95%～21.18%。

③富拉尔基断面。

一期工程建成后,年平均下泄水量 132.97 亿 m³,较工程建设前减少 14.50%;75% 保证率情况下年下泄水量 74.57 亿 m³,较工程建设前减少 22.27%;90% 保证率情况下,年下泄水量 70.47 亿 m³,较工程建设前减少 22.72%。

多年下泄水量介于 52.46 亿～265.84 亿 m³,减少比例介于 8.15%～28.58%;其中,一期工程新增减少比例平均为 6.66%,多年介于 3.61%～14.3%。

总体来看,多年平均情况下,一期工程对拉哈、塔哈和富拉尔基断面径流量减少比例分别为 15.5%、20.87% 和 14.50%,枯水年(75% 保证率)和特枯水年(90% 保证率)断面径流量减少比例相对较大,3 断面年径流量多年减少比例最大达到 34.2%、40.7% 和 28.58%。工程引水期嫩江河道不同位置年际间径流量比较见表 6.2-1,黑龙江省引嫩骨干一期工程建设前后拉哈、塔哈、富拉尔基断面多年水量变化见图 6.2-1。

表 6.2-1　工程引水期嫩江河道

年份	拉哈									塔			
	上游来水	现状			一期建成后			影响		上游来水	现状		
		工程引水	下泄水	减少水量比例(%)	工程引水	下泄水	减少水量比例(%)	水量	比例(%)		工程引水	下泄水	减少水量比例(%)
1951	134.74	6.14	128.6	4.6	15.35	119.39	11.4	9.21	6.8	139.76	7.21	126.41	9.55
1952	91.67	5.85	85.82	6.4	15.92	75.75	17.4	10.07	11.0	93.98	7.22	80.91	13.91
1953	189.71	6.15	183.56	3.2	15.73	173.98	8.3	9.58	5.0	201.88	6.98	188.75	6.50
1954	72.57	4.07	68.5	5.6	14.02	58.55	19.3	9.95	13.7	75.39	5.83	65.49	13.13
1955	106.42	5.99	100.43	5.6	15.94	90.48	15.0	9.95	9.3	107.73	7.19	94.55	12.23
1956	156.71	6.16	150.55	3.9	14.64	142.07	9.3	8.48	5.4	170.13	7.43	156.54	7.99
1957	165.77	6.15	159.62	3.7	14.5	151.27	8.7	8.35	5.0	194.51	7.43	180.93	6.98
1958	149.36	6.16	143.2	4.1	15.78	133.58	10.6	9.62	6.4	161.91	7.43	148.32	8.39
1959	99.62	6.15	93.47	6.2	16.07	83.55	16.1	9.92	10.0	128.07	7.43	114.49	10.60
1960	162.1	6.16	155.94	3.8	14.57	147.53	9.0	8.41	5.2	191.63	7.43	178.04	7.09
1961	88.92	6.15	82.77	6.9	15.42	73.5	17.3	9.27	10.4	118.62	7.43	105.04	11.45
1962	130.27	6.15	124.12	4.7	15	115.27	11.5	8.85	6.8	151.92	7.41	138.36	8.93
1963	162.88	6.16	156.72	3.8	14.61	148.27	9.0	8.45	5.2	155.19	7.43	141.6	8.76
1964	73.58	5.2	68.38	7.1	15.22	58.36	20.7	10.02	13.6	79.42	6.7	67.52	14.98
1965	85.51	4.97	80.54	5.8	15.36	70.15	18.0	10.39	12.2	88.32	6.66	76.69	13.17
1966	112.75	6.16	106.59	5.5	14.75	98	13.1	8.59	7.6	119.02	7.39	105.47	11.38
1967	81.73	5.59	76.14	6.8	15.68	66.05	19.2	10.09	12.3	89.36	7.02	76.75	14.11
1968	55.58	4.35	51.23	7.8	15.03	40.55	27.0	10.68	19.2	59.7	6.31	49.04	17.86
1969	146.71	4.45	142.26	3.0	16.05	130.66	10.9	11.6	7.9	168.57	7.43	156.69	7.05
1970	91.35	6.01	85.34	6.6	16.08	75.27	17.6	10.07	11.0	104.27	7.39	90.87	12.85
1971	70.76	4.3	66.46	6.1	15.33	55.43	21.7	11.03	15.6	79.79	6.65	68.84	13.72
1972	98.94	5.7	93.24	5.8	14.66	84.28	14.8	8.96	9.1	109.62	6.6	97.32	11.22
1973	101.8	6.13	95.67	6.0	14.51	87.29	14.3	8.38	8.2	111.85	6.83	98.89	11.59
1974	51.84	4.31	47.53	8.3	14.09	37.75	27.2	9.78	18.9	55.17	6.14	44.72	18.94
1975	51.02	4.13	46.89	8.1	14.61	36.41	28.6	10.48	20.5	55.02	6.04	44.85	18.48
1976	53.75	4.46	49.29	8.3	15.44	38.31	28.7	10.98	20.4	58.94	6.51	47.97	18.61
1977	40.95	3.4	37.55	8.3	14.01	26.94	34.2	10.61	25.9	46.87	6.06	37.41	20.18
1978	40.9	3.4	37.5	8.3	13.97	26.93	34.2	10.57	25.8	46.25	5.96	36.89	20.24
1979	47.26	3.93	43.33	8.3	16.01	31.25	33.9	12.08	25.6	50.01	6.64	39.44	21.14
1980	73.38	5.16	68.22	7.0	16.11	57.27	22.0	10.95	14.9	76.72	7.07	64.49	15.94
1981	92.91	6.03	86.88	6.5	15.8	77.11	17.0	9.77	10.5	104.52	7.15	91.34	12.61
1982	58.28	4.42	53.86	7.6	15.51	42.77	26.6	11.09	19.0	62.64	6.4	51.82	17.27
多年平均	98.12	5.3	92.82	5.4	15.18	82.94	15.5	9.88	10.1	108.03	6.9	95.83	11.29
75%	58.28	4.42	53.86	7.6	15.51	42.77	26.6	11.09	19.0	62.64	6.4	51.82	17.27
90%	55.58	4.35	51.23	7.8	15.03	40.55	27.0	10.68	19.2	59.7	6.31	49.04	17.86

不同位置年际间径流量比较　　　　　　　　　　　　　　　　　　（单位：亿 m³）

哈					富拉尔基					
一期建成后			影响		上游来水	现状		一期建成后		影响比例（%）
工程引水	下泄水	减少水量比例（%）	水量	比例（%）		下泄水	减少水量比例（%）	下泄水	减少水量比例（%）	
8.45	115.96	17.03	10.45	7.48	225.64	212.29	5.92	201.84	10.55	4.63
7.82	70.25	25.26	10.66	11.35	172	158.93	7.60	148.26	13.80	6.20
7.86	178.29	11.69	10.46	5.18	289.43	276.3	4.54	265.84	8.15	3.61
5.27	56.1	25.59	9.39	12.46	112.6	102.7	8.79	93.31	17.13	8.34
7.69	84.11	21.93	10.44	9.70	181.43	168.25	7.26	157.8	13.02	5.76
9.03	146.46	13.91	10.08	5.92	251	237.41	5.41	227.33	9.43	4.02
8.71	171.3	11.93	9.63	4.95	255.9	242.32	5.31	232.69	9.07	3.76
9.62	136.51	15.69	11.81	7.29	207.4	193.81	6.55	182	12.25	5.69
9.4	102.6	19.89	11.89	9.28	187.94	174.36	7.23	162.47	13.55	6.33
8.94	168.12	12.27	9.92	5.18	248.65	235.06	5.47	225.14	9.46	3.99
8.95	94.25	20.54	10.79	9.10	159.2	145.62	8.53	134.83	15.31	6.78
8.6	128.33	15.53	10.03	6.61	203.24	189.68	6.67	179.64	11.61	4.94
8.95	131.62	15.18	9.98	6.43	236.77	223.18	5.74	213.21	9.95	4.21
6.87	57.32	27.82	10.20	12.83	108.6	96.7	10.96	86.51	20.34	9.38
6.56	66.4	24.82	10.29	11.65	123.16	111.53	9.44	101.24	17.80	8.35
8.3	95.97	19.37	9.50	7.98	174.38	160.83	7.77	151.33	13.22	5.45
7.26	66.41	25.67	10.34	11.56	123.97	111.36	10.17	101.03	18.50	8.33
5.69	38.98	34.71	10.06	16.85	91.19	80.53	11.69	70.47	22.72	11.03
9.03	143.5	14.88	13.19	7.83	214.78	202.9	5.53	189.7	11.68	6.15
7.99	80.2	23.08	10.67	10.23	147.77	134.37	9.07	123.7	16.29	7.22
6.16	58.3	26.93	10.54	13.21	115.83	104.88	9.45	94.34	18.55	9.10
7.4	87.56	20.12	9.76	8.90	165.25	152.95	7.44	143.19	13.35	5.91
7.96	89.39	20.09	9.50	8.50	157.17	144.21	8.25	134.7	14.30	6.05
5.85	35.22	36.15	9.50	17.21	73.38	62.93	14.24	53.44	27.17	12.93
5.54	34.86	36.63	9.99	18.15	78.21	68.04	13.00	58.06	25.76	12.76
6.27	37.24	36.83	10.73	18.22	83.77	72.8	13.10	62.06	25.92	12.82
4.84	28.02	40.22	9.39	20.03	71.31	61.85	13.27	52.46	26.43	13.17
4.86	27.41	40.72	9.48	20.48	73.91	64.55	12.66	55.08	25.48	12.81
5.15	28.85	42.31	10.59	21.18	74.03	63.46	14.28	52.87	28.58	14.31
7.01	53.6	30.14	10.89	14.19	128.2	115.97	9.54	105.08	18.03	8.49
7.87	80.85	22.65	10.49	10.04	144.65	131.47	9.11	120.98	16.36	7.25
5.85	41.28	34.10	10.54	16.83	95.93	85.11	11.28	74.57	22.27	10.99
7.37	85.48	20.87	10.35	9.58	155.52	143.32	7.84	132.97	14.50	6.66
5.85	41.28	34.10	10.54	16.83	95.93	85.11	11.28	74.57	22.27	10.99
5.69	38.98	34.71	10.06	16.85	91.19	80.53	11.69	70.47	22.72	11.03

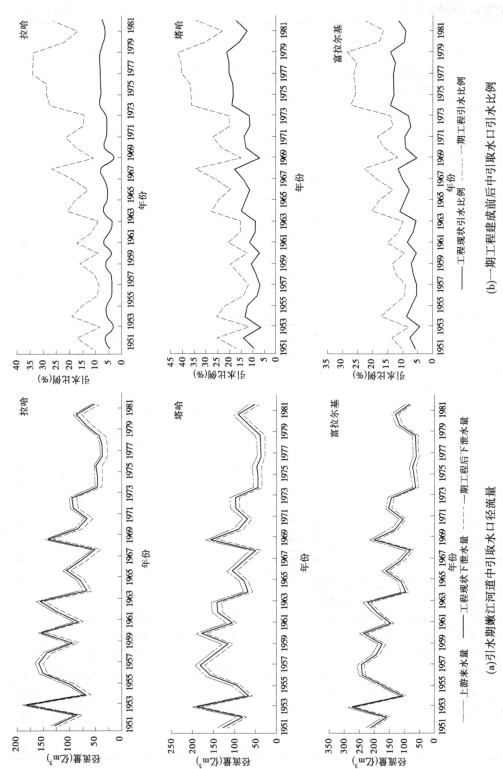

(a) 引水期嫩江河道中引取水口径流量

(b) 一期工程建成前后引嫩中引取水口引水比例

图6.2-1　黑龙江省引嫩骨干一期工程建设前后拉哈、塔哈、富拉尔基断面多年水量变化

（2）年内各月下泄流量影响分析。

引水期在4月下旬至10月中旬，非引水期内工程对嫩江及松花江水文情势没有影响。工程建成前拉哈、塔哈、富拉尔基断面逐月流量过程见表6.2-2，一期工程建成前后拉哈、塔哈、富拉尔基断面不同保证率下逐月流量过程线见图6.2-2。

①多年平均。

一期工程建成后，拉哈断面逐月流量变化范围为 236 ~ 734 m³/s、逐月减少比例介于 10.3% ~ 18.1%，月平均流量为 331 m³/s，减少比例 12.7%，其中受影响最大的是6月；塔哈断面逐月流量变化范围为 249 ~ 727 m³/s、逐月减少比例介于 13.2% ~ 24.8%，月平均流量为 350 m³/s，减少比例 16.9%，其中受影响最大的是6月；富拉尔基断面逐月流量变化范围为 193 ~ 861 m³/s、逐月减少比例介于 12.1% ~ 22.1%，月平均流量为 419 m³/s，减少比例 14.5%，其中受影响最大的是6月。

其中，拉哈、塔哈、富拉尔基断面月平均流量新增减少比例分别为 8.5%、7.9%、3.3%，拉哈断面流量逐月减少比例介于 7.3% ~ 11.4%，塔哈断面流量逐月减少比例介于 5.9% ~ 11.5%，富拉尔基断面流量逐月减少比例介于 3.1% ~ 4.9%。

②枯水年（75%保证率）。

一期工程建成后，拉哈断面逐月流量变化范围为 69 ~ 684 m³/s、逐月减少比例介于 13.6% ~ 50.0%，月平均流量为 190 m³/s，减少比例 20.5%，其中受影响最大的是6月、9月；塔哈断面逐月流量变化范围为 64 ~ 647 m³/s、逐月减少比例介于 19.1% ~ 56.0%，月平均流量为 194 m³/s，减少比例 25.7%，其中受影响最大的是6月、9月；富拉尔基断面逐月流量变化范围为 189 ~ 628 m³/s、逐月减少比例介于 15.1% ~ 43.6%，月平均流量为 236 m³/s，减少比例 22.3%，其中受影响最大的是5月、6月。

拉哈、塔哈、富拉尔基断面月平均流量新增减少比例分别为 14.6%、12.3%、6.5%，其中，拉哈断面流量逐月减少比例介于 7.3% ~ 42.0%，塔哈断面流量逐月减少比例介于 8.9% ~ 31.6%，富拉尔基断面流量逐月减少比例介于 2.9% ~ 17.2%。

③特枯年（90%保证率）。

一期工程建成后，拉哈断面逐月流量变化范围为 82 ~ 615 m³/s、逐月减少比例介于 15.1% ~ 48.6%，月平均流量为 180 m³/s，减少比例 20.7%，其中受影响最大的是8月、9月；塔哈断面逐月流量变化范围为 83 ~ 623 m³/s、逐月减少比例介于 17.6% ~ 56.1%，月平均流量为 184 m³/s，减少比例 26.4%，其中受影响最大的是6月、8月、9月；富拉尔基断面逐月流量变化范围为 122 ~ 637 m³/s、逐月减少比例介于 21.0% ~ 37.3%，月平均流量为 223 m³/s，减少比例 22.8%，其中受影响最大的是6、8、9月。

其中，拉哈、塔哈、富拉尔基断面月平均流量新增减少比例分别为 15.0%、12.8%、6.4%，拉哈断面流量逐月减少比例介于 8.2% ~ 40.3%，塔哈断面流量逐月减少比例介于 9.0% ~ 30.7%，富拉尔基断面流量逐月减少比例介于 3.3% ~ 12.7%。

工程建成后北中引工程取水断面不同频率下逐月流量过程情况见表6.2-2和图6.2-2。

总的来看，多年平均情况下，拉哈、塔哈和富拉尔基断面月平均流量减少比例分别为 12.7%、16.9%和 14.5%，枯水年月平均流量减少比例分别为 20.5%、25.7%、22.3%，特枯水年月平均流量减少比例分别为 20.7%、26.4%、22.8%，枯水年和特枯水年影响相对较大，尤其是枯水年和特枯水年6月、8月、9月，个别月份甚至接近或超过50%。因此，评价建议遇枯水年和特枯水年需用水量较大月份可适当加大尼尔基水库下泄水量,供水区域优先使用调蓄水库中蓄存水量,适当启用地下水,缓解对嫩江水量的影响。

表 6.2-2　工程建成前后拉哈、塔哈、富拉尔基断面逐月流量过程

（单位:流量,m³/s;比例,%）

频率	断面	项目		1月	2月	3月	4月	5月	6月	7月	8月	9月	10月	11月	12月	全年
多年平均	拉哈	上游来水		94	93	92	263	696	598	840	686	520	392	147	101	379
		现状	下泄	94	93	92	255	655	558	798	656	497	378	147	101	363
			减少比例	0.0	0.0	0.0	3.0	5.9	6.7	5.0	4.4	4.4	3.6	0.0	0.0	4.2
		一期工程	下泄	94	93	92	236	589	490	734	589	442	342	147	101	331
			减少比例	0.0	0.0	0.0	10.3	15.4	18.1	12.6	14.1	15.0	12.8	0.0	0.0	12.7
		影响	下泄	0	0	0.0	19	66	68	64	67	55	36	0	0	32
			减少比例	0.0	0.0	0.0	7.3	9.5	11.4	7.6	9.7	10.6	9.2	0.0	0.0	8.5
	塔哈	上游来水		114	111	111	287	727	648	889	781	618	447	172	124	421
		现状	下泄	114	111	111	266	639	562	800	708	554	406	172	124	383
			减少比例	0.0	0.0	0.0	7.3	12.1	13.3	10.0	9.3	10.4	9.2	0.0	0.0	9.0
		一期工程	下泄	114	111	111	249	564	487	727	640	503	373	172	124	350
			减少比例	0.0	0.0	0.0	13.2	22.3	24.8	18.2	17.9	18.6	16.4	0.0	0.0	16.9
		影响	下泄	0	0	0	17	75	75	73	68	51	33	0	0	33
			减少比例	0.0	0.0	0.0	5.9	10.2	11.5	8.2	8.6	8.2	7.2	0.0	0.0	7.9
	富拉尔基	上游来水		122	119	120	231	760	725	999	1002	836	613	221	135	493
		现状	下泄	122	119	120	202	631	600	867	899	750	558	221	135	438
			减少比例	0.0	0.0	0.0	12.6	17.0	17.2	13.2	10.3	10.3	9.0	0.0	0.0	11.2
		一期工程	下泄	122	119	120	193	597	565	837	861	721	539	221	135	419
			减少比例	0.0	0.0	0.0	16.2	21.5	22.1	16.2	14.0	13.8	12.1	0.0	0.0	14.5
		影响	下泄	0	0	0	9	34	35	30	38	29	19	0	0	19
			减少比例	0.0	0.0	0.0	3.6	4.5	4.9	3.0	3.7	3.5	3.1	0.0	0.0	3.3
P=75%	拉哈	上游来水		101	98	101	182	512	210	792	345	138	197	67	96	239
		现状	下泄	101	98	101	177	469	192	742	317	127	186	67	96	225
			减少比例	0.0	0.0	0.0	2.7	8.4	8.6	6.3	8.1	8.0	5.6	0.0	0.0	5.9
		一期工程	下泄	101	98	101	152	402	106	684	238	69	140	67	96	190
			减少比例	0.0	0.0	0.0	16.5	21.5	49.5	13.6	31.0	50.0	28.9	0.0	0.0	20.5
		影响	下泄	0	0	0	25	67	86	58	79	58	46	0	0	35
			减少比例	0.0	0.0	0.0	13.8	13.1	40.9	7.3	22.9	42.0	23.3	0.0	0.0	14.6
	塔哈	上游来水		124	119	123	183	491	225	819	439	144	263	67	115	262
		现状	下泄	124	119	123	168	400	170	721	364	107	224	67	115	227
			减少比例	0.0	0.0	0.0	8.2	18.5	24.4	12.0	17.1	25.7	14.8	0.0	0.0	13.4
		一期工程	下泄	124	119	123	148	327	99	647	286	64	188	67	115	194
			减少比例	0.0	0.0	0.0	19.1	33.3	56.0	20.9	34.9	55.6	28.5	0.0	0.0	25.7
		影响	下泄	0	0	0	20	73	71	74	78	43	36	0.0	0	33
			减少比例	0.0	0.0	0.0	10.9	14.8	31.6	8.9	17.8	29.9	13.7	0.0	0.0	12.3
	富拉尔基	上游来水		131	124	130	232	376	315	800	492	449	334	124	122	304
		现状	下泄	131	124	130	211	242	243	651	389	401	284	124	122	256
			减少比例	0.0	0.0	0.0	9.1	35.6	22.9	18.6	20.9	10.7	15.0	0.0	0.0	15.8
		一期工程	下泄	131	124	130	197	212	189	628	339	369	259	124	122	236
			减少比例	0.0	0.0	0.0	15.1	43.6	40.1	21.5	31.0	17.8	22.5	0.0	0.0	22.3
		影响	下泄	0	0	0	14	30	54	23	50	32	25	0	0	20
			减少比例	0.0	0.0	0.0	6.2	8.0	17.2	2.9	10.1	7.2	7.5	0.0	0.0	6.5

续表 6.2-2

频率	断面	项目		1 月	2 月	3 月	4 月	5 月	6 月	7 月	8 月	9 月	10 月	11 月	12 月	全年
$P = 90\%$	拉哈	上游来水		91	92	85	160	724	306	541	181	153	186	93	99	227
		现状	下泄	91	92	85	156	674	280	496	166	140	175	93	99	214
			减少比例	0.0	0.0	0.0	2.5	6.9	8.5	8.3	8.3	8.5	5.9	0.0	0.0	5.7
		一期工程	下泄	91	92	85	134	615	197	431	93	82	130	93	99	180
			减少比例	0.0	0.0	0.0	16.3	15.1	35.6	20.3	48.6	46.4	30.1	0.0	0.0	20.7
		影响	下泄	0	0	0	22	59	83	65	73	58	45	0	0	34
			减少比例	0.0	0.0	0.0	13.8	8.2	27.1	12.0	40.3	37.9	24.2	0.0	0.0	15.0
	塔哈	上游来水		109	109	99	187	796	273	553	189	183	259	108	117	250
		现状	下泄	109	109	99	171	700	206	461	141	139	220	108	117	216
			减少比例	0.0	0.0	0.0	8.6	12.1	24.5	16.6	25.4	24.0	15.1	0.0	0.0	13.6
		一期工程	下泄	109	109	99	154	623	137	384	83	93	183	108	117	184
			减少比例	0.0	0.0	0.0	17.6	21.7	49.8	30.6	56.1	49.2	29.3	0.0	0.0	26.4
		影响	下泄	0	0	0	17	77	69	77	58	46	37	0	0	32
			减少比例	0.0	0.0	0.0	9.0	9.6	25.3	14.0	30.7	25.2	14.2	0.0	0.0	12.8
	富拉尔基	上游来水		112	112	118	155	810	365	596	339	266	316	131	123	289
		现状	下泄	112	112	118	135	664	273	459	276	209	267	131	123	242
			减少比例	0.0	0.0	0.0	12.9	18.0	25.2	23.0	18.6	21.4	15.5	0.0	0.0	16.3
		一期工程	下泄	112	112	118	122	637	229	427	233	176	240	131	123	223
			减少比例	0.0	0.0	0.0	21.3	21.4	37.3	28.4	31.3	33.8	24.1	0.0	0.0	22.8
		影响	下泄	0	0	0	13	27	44	32	43	33	27	0	0	19
			减少比例	0.0	0.0	0.0	8.1	3.3	12.1	5.3	12.7	12.4	8.6	0.0	0.0	6.4

（3）引水枢纽初期蓄水对水文情势的影响。

引水枢纽为低水头径流式枢纽，水库无调蓄能力，库容仅 950 万 m^3，扣除库内存余水量需蓄 430 万 m^3，坝址断面 4 月多年平均流量为 263 m^3/s，即在多年平均流量条件下，水库初期蓄水蓄满仅需 5 h 左右。因此，引水枢纽初期蓄水对河流水文情势影响极小。为保证枢纽初期蓄水时段河道不断流，蓄水期间泄洪闸应保持部分开启，保证枢纽蓄水期间按河段生态流量的要求保持水量的下泄。

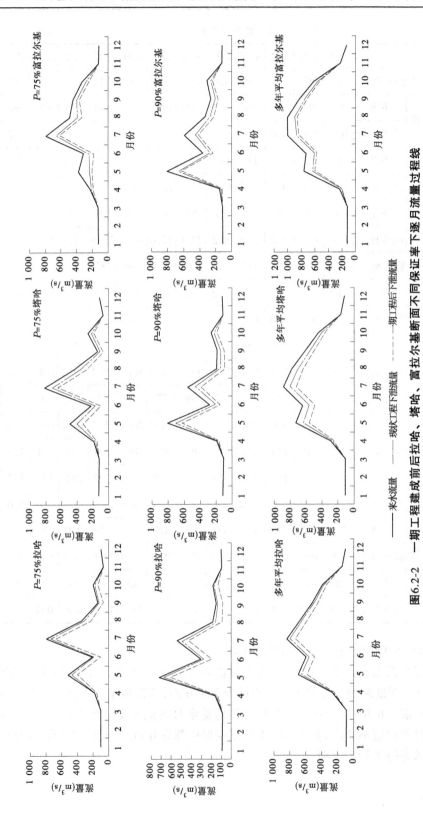

图6.2-2 一期工程建成前后拉哈、塔哈、富拉尔基断面不同保证率下逐月流量过程线

(4)年内各月水位影响分析。

引水期在 4 月下旬至 10 月中旬,非引水期内工程对嫩江及松花江水文情势没有影响,见表 6.2-3。

表 6.2-3　工程建成后逐月中北引工程取水断面水位变化　　　　(单位:m³/s)

频率	断面	方案	1月	2月	3月	4月	5月	6月	7月	8月	9月	10月	11月	12月
多年平均	拉哈	水库调节	173.15	173.14	173.14	173.75	175.08	174.80	175.47	175.06	174.57	174.18	173.34	173.17
		引水后	173.15	173.14	173.14	173.66	174.78	174.48	175.19	174.78	174.33	174.01	173.34	173.17
		水位变化(m)	0.00	0.00	0.00	−0.09	−0.30	−0.32	−0.28	−0.28	−0.24	−0.17	0.00	0.00
	塔哈	水库调节	153.60	153.58	153.58	154.33	155.50	155.29	155.90	155.66	155.29	154.85	153.91	153.65
		引水后	153.60	153.58	153.58	154.28	155.35	155.13	155.76	155.55	155.18	154.77	153.91	153.65
		水位变化(m)	0.00	0.00	0.00	−0.05	−0.15	−0.16	−0.14	−0.11	−0.11	−0.08	0.00	0.00
P = 75%	拉哈	水库调节	173.17	173.16	173.17	173.47	174.55	173.57	175.34	174.02	173.31	173.52	173.05	173.16
		引水后	173.17	173.16	173.17	173.36	174.21	173.19	175.05	173.66	173.05	173.32	173.05	173.16
		水位变化(m)	0.00	0.00	0.00	−0.11	−0.34	−0.38	−0.29	−0.36	−0.26	−0.20	0.00	0.00
	塔哈	水库调节	153.65	153.62	153.65	153.81	154.79	153.64	155.72	154.62	153.36	154.08	153.31	153.60
		引水后	153.65	153.62	153.65	153.78	154.60	153.51	155.57	154.44	153.29	153.99	153.31	153.60
		水位变化(m)	0.00	0.00	0.00	−0.03	−0.19	−0.13	−0.15	−0.18	−0.07	−0.09	0.00	0.00
P = 90%	拉哈	水库调节	173.14	173.14	173.11	173.39	175.16	173.90	174.64	173.46	173.36	173.48	173.14	173.17
		引水后	173.14	173.14	173.11	173.30	174.85	173.52	174.30	173.14	173.10	173.28	173.14	173.17
		水位变化(m)	0.00	0.00	0.00	−0.09	−0.31	−0.38	−0.34	−0.32	−0.26	−0.20	0.00	0.00
	塔哈	水库调节	153.57	153.57	153.51	153.85	155.67	153.87	155.00	153.52	153.58	154.07	153.56	153.61
		引水后	153.57	153.57	153.51	153.82	155.51	153.73	154.81	153.41	153.47	153.97	153.56	153.61
		水位变化(m)	0.00	0.00	0.00	−0.03	−0.16	−0.14	−0.19	−0.11	−0.11	−0.10	0.00	0.00

①多年平均。

拉哈、塔哈断面月平均水位减少分别为 0.14 m、0.06 m,其中,拉哈断面水位逐月减少介于 0.09 ~ 0.32 m,塔哈断面流量逐月减少介于 0.05 ~ 0.16 m。

②75% 保证率。

拉哈、塔哈断面月平均水位减少分别为 0.16 m、0.07 m,其中,拉哈断面水位逐月减少介于 0.11 ~ 0.38 m,塔哈断面水位逐月减少介于 0.03 ~ 0.19 m。

③90% 保证率。

拉哈、塔哈断面月平均水位减少分别为 0.16 m、0.07 m,其中,拉哈断面水位逐月减少介于 0.09 ~ 0.38 m,塔哈断面水位逐月减少介于 0.03 ~ 0.19 m。

(5)对齐齐哈尔浏园水源地影响。

齐齐哈尔市区现状用水需求为 3 m³/s,远小于下泄流量。一期工程扩建前后,对齐齐哈尔浏园水源地断面水位影响不大,对下游用水户影响较小。此外,齐齐哈尔市为了引水及景观要求,已建有橡胶坝,畅流期橡胶坝运行水位为 145.50 m,浏园水厂位于橡胶坝上游,在枯水期由于橡胶坝的存在,对其引水基本没有影响。

一期工程建设前后齐齐哈尔市浏园断面水位变化见表6.2-4。

表6.2-4 一期工程建设前后齐齐哈尔市浏园断面水位变化

项目	时段	频率	
		75%	90%
流量(m³/s)	工程前	312	184
水位(m)		143.52	143.20
流量(m³/s)	工程后	291	160
水位(m)		143.47	143.13
水位变化(m)		0.05	0.07

2) 江桥、白沙滩和大赉

随着富拉尔基以下支流水量的汇入,工程引水对嫩江河道流量的影响呈现逐渐减弱的趋势。江桥断面在多年平均、75%、90%情况下,流量月均减少比例分别为5.0%、8.2%、8.1%;白沙滩断面在多年平均、75%、90%情况下,流量月均减少比例分别为5.2%、8.6%、10.4%;大赉断面在多年平均、75%、90%情况下,流量月均减少比例分别为5.0%、9.7%、10.3%。总体来看,工程引水对嫩江江桥、白沙滩、大赉断面水文情势影响不大。

嫩江主要控制断面江桥、白沙滩和大赉断面在工程建成前后流量见表6.2-5、图6.2-3。

表6.2-5 工程建成前后嫩江主要控制断面逐月流量变化情况

(单位:流量,m³/s;比例,%)

控制断面	频率	方案	1月	2月	3月	4月	5月	6月	7月	8月	9月	10月	11月	12月	全年
江桥	P = 50%	取水前	95.91	90.89	100.21	405.35	871.08	599.47	1224.43	1495.16	849.72	714.54	208.46	119.08	562.51
		取水后	95.91	90.89	100.21	387.96	786.7	519.89	1144.55	1417.93	798.31	685.49	208.46	119.08	523.51
		流量减少比例	0.0	0.0	0.0	4.3	9.7	13.3	6.5	5.2	6.1	4.1	0.0	0.0	6.9
	P = 75%	取水前	90.05	88.39	96.59	366.91	825.95	475.39	910.9	689.35	670.87	447.77	188.34	112.69	422.12
		取水后	90.05	88.39	96.59	350.55	739.98	399.07	824.24	618.76	616.05	425.7	188.34	112.69	387.31
		流量减少比例	0.0	0.0	0.0	4.5	10.4	16.1	9.5	10.2	8.2	4.9	0.0	0.0	8.2
	P = 90%	取水前	85.87	84.71	91.2	318.89	744.4	299.85	435.08	452.82	515.33	319.53	172.96	105.96	295.47
		取水后	85.87	84.71	91.2	298.92	659.43	218.9	371.04	379.49	459.4	294.52	172.96	105.96	271.53
		流量减少比例	0.0	0.0	0.0	6.3	11.4	27.0	14.7	16.2	10.9	7.8	0.0	0.0	8.1
	多年平均	取水前	95.39	91.36	100.07	411.45	841.68	674.9	1432.14	2018.82	930.66	663.29	215.07	119.45	632.86
		取水后	95.39	91.36	100.07	393.77	761.6	602.99	1358.07	1952.94	885.84	634.95	215.07	119.45	600.96
		流量减少比例	0.0	0.0	0.0	4.3	9.5	10.7	5.2	3.3	4.8	4.3	0.0	0.0	5.0

续表 6.2-5

控制断面	频率	方案	1月	2月	3月	4月	5月	6月	7月	8月	9月	10月	11月	12月	全年
白沙滩	$P=$ 50%	取水前	95.38	90.7	99.87	398.25	855.16	582.54	1181.52	1432.2	808.49	697.53	202.49	117.65	543.27
		取水后	95.38	90.7	99.87	381.14	773.29	506.57	1101.65	1354.97	757.07	664.52	202.49	117.65	504.27
		流量减少比例	0.0	0.0	0.0	4.3	9.6	13.0	6.8	5.4	6.4	4.7	0.0	0.0	7.2
	$P=$ 75%	取水前	89.78	88.11	96.17	358.85	812.62	460.54	877.64	641.86	641.16	440.25	184.53	111.5	405.21
		取水后	89.78	88.11	96.17	342.44	726.6	384.21	790.94	567.64	579.8	411.63	184.53	111.5	370.56
		流量减少比例	0.0	0.0	0.0	4.6	10.6	16.6	9.9	11.6	9.6	6.5	0.0	0.0	8.6
	$P=$ 90%	取水前	85.73	84.66	91.11	310.01	730.83	283.8	404.48	406.55	478.89	308.76	170.76	105.25	300.55
		取水后	85.73	84.66	91.11	290.04	645.85	200.71	340.44	337.39	427.73	280.66	170.76	105.25	269.43
		流量减少比例	0.0	0.0	0.0	6.4	11.6	29.3	15.8	17.0	10.7	9.1	0.0	0.0	10.4
	多年平均	取水前	95	91.16	99.59	402.91	821.6	652.44	1388.01	1954.2	892.07	642.64	209.84	118.12	613.96
		取水后	95	91.16	99.59	385.23	741.51	580.53	1313.94	1888.32	847.25	614.3	209.84	118.12	582.07
		流量减少比例	0.0	0.0	0.0	4.4	9.7	11.0	5.3	3.4	5.0	4.4	0.0	0.0	5.2
大赉	$P=$ 50%	取水前	104.22	93.06	100.5	359.65	795.06	557.76	1184.63	1406.17	822.56	680.54	212.04	119.88	542.79
		取水后	104.22	93.06	100.5	338.8	712.52	478.66	1096.49	1328.95	791.4	646.34	212.04	119.88	503.79
		流量减少比例	0.0	0.0	0.0	5.8	10.4	14.2	7.4	5.5	3.8	5.0	0.0	0.0	7.2
	$P=$ 75%	取水前	98.58	89.98	96.75	331.63	760.14	407.79	883.04	710.5	610.67	431.4	181.91	113.32	383.41
		取水后	98.58	89.98	96.75	312.95	674.36	333.07	798.43	628.12	549.31	406.01	181.91	113.32	346.04
		流量减少比例	0.0	0.0	0.0	5.6	11.3	18.3	9.6	11.6	10.0	5.9	0.0	0.0	9.7
	$P=$ 90%	取水前	93.46	85.28	91.91	272.76	617.25	241.1	349.83	370.82	420.8	281.39	160.22	105.94	301
		取水后	93.46	85.28	91.91	252.79	537.3	194.01	285.79	301.66	368.98	258.07	160.22	105.94	269.88
		流量减少比例	0.0	0.0	0.0	7.3	13.0	19.5	18.3	18.7	12.3	8.3	0.0	0.0	10.3
	多年平均	取水前	103.92	93.34	100.72	374.33	773.81	626.59	1538.2	2026.25	959.85	658.42	220	121.26	633.06
		取水后	103.92	93.34	100.72	356.65	693.73	554.69	1464.13	1960.37	915.03	630.08	220	121.26	601.16
		流量减少比例	0.0	0.0	0.0	4.7	10.3	11.5	4.8	3.3	4.7	4.3	0.0	0.0	5.0

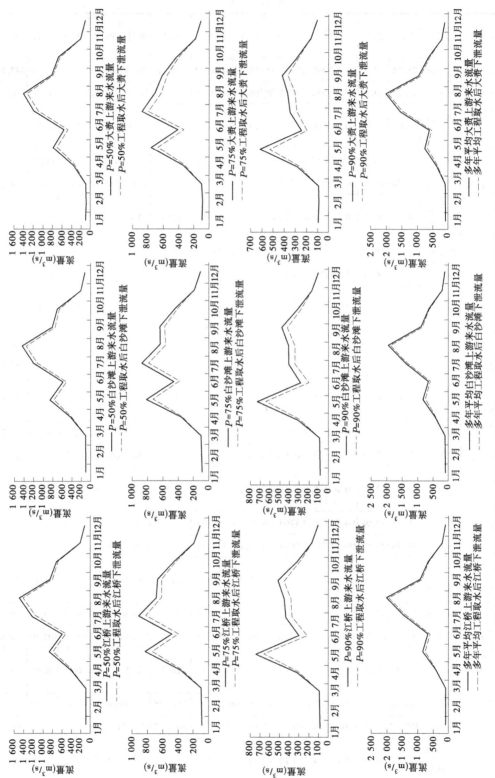

图6.2-3　黑龙江省引嫩一期扩建工程江桥、白沙滩、大赉断面典型年逐月流量过程线

6.2.1.2　污染源预测及污水处理设施匹配性分析

1. 污染源预测

工程主要任务是为城市、农业灌溉及改善生态环境等供水。工程实施后,城市供水部分将产生新增城市工业废水和生活污水并相应产生新增污染物。

1) 富裕县工业废水

一期工程实施后,考虑供水管网损失,富裕县工业供水量为 1 826 万 m³,废水排放系数采用 0.7,工业废水排放量为 1 278 万 m³。预计其中 800 万 t 排入长泡子,其余 478.1 万 m³ 经排水沟退入塔哈河,最终进入嫩江。新建企业配套建设污水处理设备,工业废水和生活污水截流至污水处理厂统一处理,处理后的污水 COD、氨氮浓度分别为 50 mg/L、8 mg/L。富裕县工业废水及主要污染物排放情况见表 6.2-6。

表 6.2-6　富裕县工业废水及主要污染物排放情况

项目	排放去向	工业废水排放量（万 t/a）	主要污染物排放量(t/a)	
			COD	NH₃ – N
现状	塔哈河	222.65	148.3	22.9
一期	塔哈河	478.1	239.0	38.2
变化量	塔哈河	255.4	90.7	15.3

2) 生活污水

一期工程运行后,考虑富裕县供水管网损失,富裕县生活供水量为 319 万 m³。排水系数取 0.8,生活污水产生量为 255 万 m³,全部进入污水处理厂,且随着中水回用量的增加,有 10% 处理后的污水回用于城市工业用水,其他处理后的污水 230 万 m³ 直接排入塔哈河,富裕县生活污水及主要污染物排放情况见表 6.2-7。一期工程实施后,随着用水量的增加,富裕县生活污水及污染物排放量较现状年有所增加,但由于污水处理厂的投产运行,排入水体的污染物较现状年明显减少。

表 6.2-7　富裕县生活污水及主要污染物排放情况

项目	排放去向	生活污水排放量（万 t/a）	主要污染物排放量(t/a)	
			COD	NH₃ – N
现状	塔哈河	85.6	256.8	42.8
一期	塔哈河	230	114.8	18.4
变化量	塔哈河	144	– 142	– 24

2. 污水处理设施匹配性分析

富裕县已建设日处理能力为 2 万 t 的污水处理厂,年处理能力合计 720 t。一期工程建成后,富裕县生活污水年排放量为 255 万 t,进入污水处理厂的工业废水为 478 万 t,合计 733 万 t,污水处理厂规模基本满足该污水排放量的需求。

6.2.1.3　引水区水质预测

1. 预测断面及预测模式

一期工程实施后,由于北引渠首断面引水量加大,北引断面以下径流量将减小,水体稀释自净能力将有所改变,加之富裕县排水通过塔哈河最终汇入嫩江,因此本工程的实施将对引水区嫩江干流北引渠首以下河段水质产生一定影响。嫩江干流浏园为齐齐哈尔水源地之一,位于塔哈河口下游,受富裕县排水影响最为直接。因此,本次对引水区重点预测工程实施后嫩江干流浏园断面的水质状况,并向下游预测至江桥断面。

选择 COD、氨氮作为主要预测因子。预测时段选择 2020 年多年平均、枯水年(75% 保证率)、特枯水年(90% 保证率)来水情况下枯水期、平水期及丰水期。

根据河道特征、入河排污口分布状况,选用一维水质模型进行预测,计算公式为

$$\frac{\partial C}{\partial t} = - v \frac{\partial C}{\partial x} - kC + S$$

$$C(x)\big|_\zeta = C_1$$

$$C(x)\big|_{t=0} = C_0$$

式中　C——污染物浓度,mg/L;

　　　v——断面平均流速,m/s;

　　　k——综合衰减系数,COD 的综合衰减系数取值范围为 $0.15 \sim 0.18$,NH_3-N 综合衰减系数取值范围为 $0.16 \sim 0.18$;

　　　S——源汇项,mg/(m·s);

　　　C_1、C_0——边界和初始浓度,mg/L。

根据工程对河流水文情势的影响可知,工程实施后,多年平均条件下,嫩江干流北引渠首、中引渠首、富拉尔基、江桥等断面的枯水期、平水期和丰水期设计流量见表6.2-8,上游来水污染物背景浓度见表6.2-9。

表6.2-8　引水区一期工程运行前后不同时段设计流量　　　　(单位:m³/s)

断面名称	时段	多年平均			枯水年(75% 保证率)			特枯水年(90% 保证率)		
		枯水期	平水期	丰水期	枯水期	平水期	丰水期	枯水期	平水期	丰水期
拉哈	引水前	116.2	432.8	670.7	103.6	226.0	417.0	98.3	278.4	314.0
	引水后	114.3	391.1	604.3	101.1	180.1	342.7	96.1	235.1	240.3
	变化(%)	-1.64	-9.62	-9.89	-2.41	-20.30	-17.83	-2.24	-15.54	-23.47
塔哈	引水前	135.8	454.5	690.0	119.7	212.1	418.3	114.7	299.6	269.3
	引水后	134.1	412.6	618.0	117.7	171.6	344.0	113	257.5	201.3
	变化(%)	-1.25	-9.21	-10.43	-1.67	-19.09	-17.77	-1.48	-14.06	-25.25
富拉尔基	引水前	141.5	537.6	788.7	134.9	273.4	427.7	119.6	318.3	336.0
	引水后	140.6	516.0	754.3	133.5	250.1	385.3	118.3	294.9	296.3
	变化(%)	-0.64	-4.02	-4.35	-1.04	-8.59	-9.90	-1.09	-7.34	-11.82
江桥	引水前	143.906	687.2	1 375.3	133.069	555.6	691.9	122.733	456.3	395.9
	引水后	142.1	646.7	1 304.7	131.4	512.8	614.0	120.736	412.3	323.1
	变化(%)	-1.23	-5.90	-5.13	-1.23	-7.70	-11.26	-1.63	-9.64	-18.38

表 6.2-9　引水区水质背景浓度　　　　　　　　（单位:mg/L）

污染物	水期	拉哈	浏园	富上	江桥
COD	枯水期	17.80	19.96	16.39	14.36
	平水期	22.51	20.18	21.63	16.43
	丰水期	22.51	18.02	18.11	15.59
氨氮	枯水期	0.162	0.197	0.402	0.941
	平水期	0.205	0.193	0.389	0.249
	丰水期	0.186	0.168	0.26	0.15

2. 入河排污口

根据松辽流域水资源保护局 2010 年嫩江干流尼尔基以下重要入河排污口调查监测结果,尼尔基至江桥区间共有重点排污口 15 个,见表 6.2-10。

表 6.2-10　2010 年尼尔基以下重点排污口调查结果

入河排污口名称	排污口位置 东经	排污口位置 北纬	地、市	排污口变更情况	排放时间 d	排放时间 h	流量(m³/s)	污染物入河量(t/a) COD	污染物入河量(t/a) 氨氮
莫旗尼尔基镇退水闸排污口	124°30′16.3″	48°26′20.1″	莫旗		365	8760	0.0280	56.51	0.79
莫旗尼尔基镇污水处理厂入河排污口	124°30′7.3″	48°26′40.4″	莫旗		365	8760	0.0170	54.15	12.49
氧化塘事故闸(备用)	123°53′13″	47°18′34″	齐齐哈尔市龙沙区	关停					
齐齐哈尔市南郊污水处理有限责任公司污水排放口	123°52′29.3″	47°15′13.3″	齐齐哈尔市龙沙区	含南郊污水处理厂	365	8760	0.9540	1775	72.506
齐梅乳品生产分公司排污口	123°54′47.2″	47°26′50.8″	齐齐哈尔市昂昂溪区		365	8760	0.0200	46.67	0.763
梅里斯区市政排污口	123°50′30.6″	47°16′27.5″	齐齐哈尔市梅里斯区		365	8760	0.0022	12.488	3.587
齐齐哈尔市昂昂溪区市政排污口	123°47′97.3″	47°9′16.3″	齐齐哈尔市昂昂溪区		365	8760	0.0510	714.10	87.333
黑化排污口(1)	123°35′11.1″	47°10′58.3″	齐齐哈尔市富拉尔基		365	8760	1.2400	1251.3	190.83
北满特钢排污口(k47)	123°36′29.3″	47°11′4.3″	齐齐哈尔市富拉尔基		365	8760	0.8000	958.69	29.013
WS-01049	123°35′32.2″	47°10′51.0″	齐齐哈尔市富拉尔基		365	8760	0.5900	1135	82.798
北方玻璃厂排污口	123°35′26.1″	47°10′41.1″	齐齐哈尔市富拉尔基		365	8760	0.0150	70.96	14.664
城市排污口(二)	123°35′28.5″	47°10′43.3″	齐齐哈尔市富拉尔基		365	8760	0.0900	147.6	149.01
黑化排污口(2)	123°35′27.2″	47°10′42.1″	齐齐哈尔市富拉尔基		365	8760	0.2300	739.8	87.039
北糖公司压力闸排污口	124°36′12.6″	48°12′40.5″	讷河县		365	8760	0.0480	551.0	46.77

3. 预测结果

一期工程实施后,嫩江干流浏园、江桥断面多年平均、枯水和特枯水量条件下枯水期、平水期和丰水期水质预测结果见表 6.2-11。

表 6.2-11　引水区水质预测结果　　　　　　　　（单位：mg/L）

断面	时段			COD (mg/L)	氨氮 (mg/L)	水质状况			
						水质类别	是否超标	超标因子	超标倍数
浏园	多年平均	枯水期		19.98	0.19	Ⅲ类	不超标		
		平水期	非农灌退水期	20.18	0.19	Ⅳ类	超标	COD	0.01
			农灌退水期	20.50	0.20	Ⅳ类	超标	COD	0.02
		丰水期	非农灌退水期	17.79	0.17	Ⅲ类	不超标		
			农灌退水期	18.00	0.17	Ⅲ类	不超标		
	P＝75%	枯水期		19.99	0.19	Ⅲ类	不超标		
		平水期	非农灌退水期	20.18	0.19	Ⅳ类	超标	COD	0.01
			农灌退水期	20.94	0.21	Ⅳ类	超标	COD	0.05
		丰水期	非农灌退水期	17.60	0.17	Ⅲ类	不超标		
			农灌退水期	17.97	0.18	Ⅲ类	不超标		
	P＝90%	枯水期		19.98	0.19	Ⅲ类	不超标		
		平水期	非农灌退水期	20.18	0.19	Ⅳ类	超标	COD	0.01
			农灌退水期	20.69	0.21	Ⅳ类	超标	COD	0.03
		丰水期	非农灌退水期	17.36	0.17	Ⅲ类	不超标		
			农灌退水期	18.00	0.18	Ⅲ类	不超标		
江桥	多年平均	枯水期		14.36	0.95	Ⅲ类	不超标		
		平水期	非农灌退水期	16.40	0.25	Ⅲ类	不超标		
			农灌退水期	16.56	0.26	Ⅲ类	不超标		
		丰水期	非农灌退水期	15.55	0.15	Ⅲ类	不超标		
			农灌退水期	15.63	0.15	Ⅲ类	不超标		
	P＝75%	枯水期		14.31	0.95	Ⅲ类	不超标		
		平水期	非农灌退水期	16.50	0.26	Ⅲ类	不超标		
			农灌退水期	16.71	0.26	Ⅲ类	不超标		
		丰水期	非农灌退水期	15.62	0.15	Ⅲ类	不超标		
			农灌退水期	15.79	0.16	Ⅲ类	不超标		
	P＝90%	枯水期		14.38	0.95	Ⅲ类	不超标		
		平水期	非农灌退水期	16.51	0.26	Ⅲ类	不超标		
			农灌退水期	16.76	0.27	Ⅲ类	不超标		
		丰水期	非农灌退水期	15.72	0.15	Ⅲ类	不超标		
			农灌退水期	16.04	0.16	Ⅲ类	不超标		

1）浏园断面

一期工程实施后水质预测结果表明,浏园断面水质枯水期、丰水期为Ⅲ类;平水期为Ⅳ类,水质与现状基本保持一致,平水期主要超标因子为 COD,超过Ⅲ类倍数在 0.01～0.05。

分析其原因,主要包括以下几点:现状浏园断面水质受上游来水影响,COD 平水期基本为Ⅳ类,略有超标;一期工程实施后,虽然富裕县供水量增加,废污水排放量相应增加,但富裕县污水处理厂的建成运行可满足城镇污水处理需求,处理后排入河流的废污水水质达到《城镇污水处理厂污染物排放标准》(GB 18918—2002)一级 A 标准,且部分污水回用于生产生活,污染物入河量较现状有所减少。另外,由于工程引水时段为 4～10 月,枯水期不引水,枯水期嫩江干流中引渠首断面下泄流量较工程实施前不发生变化,平水期、丰水期流量较工程实施前有所减少,造成浏园断面污染物浓度有所上升。此外,农灌退水期农业集中退水,短时间内会对河流水体水质造成一定影响,农灌退水期较非农灌退水期 COD 浓度增加值介于 0.21～0.76 mg/L,但增幅不大。

2）江桥断面

本工程引水后,江桥断面多年平均、枯水年和特枯水年丰、平、枯时期来水流量较工程实施前减少程度有限,工程运行后水质仍为Ⅲ类,与现状水质类别相同。工程的运行对该嫩江江桥断面水质影响较小,不改变断面水质类别,能够满足Ⅲ类水质目标的要求。嫩江干流江桥以下河段,由于左岸众多支流的汇入,工程引水后干流流量减少程度将较江桥断面进一步减弱。因此,工程实施后,引水区河流水质不会发生显著变化。

6.2.2 退水区

6.2.2.1 对退水区水文情势的影响

退水区松花江下岱吉断面多年平均径流量 356 亿 m³,一期工程引水量占下岱吉断面多年平均年径流量的比例为 6.33%,因此工程引水对下岱吉断面水文情势造成的影响较小。

其中,排入嫩江的水量为 0.48 亿 m³,主要包括讷河兴旺灌区、富裕富西灌区、友谊灌区、林甸引嫩灌区、富南灌区,以及富裕县城市工业和生活等退水。

直接排入松花江干流的有 1.16 亿 m³,主要包括林甸县马场灌区、明青灌区、安达市中本灌区、任民镇灌区的农田灌溉退水、北引湿地退水和大庆市的工业及居民生活污水,其退水经安肇新河在三岔河下游经古恰闸排入松花江。

嫩江白沙滩断面多年平均径流量为 219.74 亿 m³,工程退入嫩江的水量占该断面径流量的 0.22%;松花江干流下岱吉断面多年平均径流量为 356 亿 m³,本工程退入松花江的水量占其断面径流量的 0.33%。综合分析,本工程退水对嫩江和松花江的水文情势影响较小。

6.2.2.2 污染源预测及污水处理设施匹配性分析

1.污染源预测

1）工业废水排放量

石油开采和石油化工是大庆市的主体产业。油田开采用水主要用于回注地下,污水处理率达到 100%,处理后的污水全部回用,废水不外排。大庆市工业废水主要来自石化及其他工业。现状年大庆市石化及其他工业用水量为 2.79 亿 m³,工业废水排放系数为 0.49,工业废水产生量为 1.36 亿 m³,回用水量为 3 600 万 m³,封存水量为 1 000 万 m³,工业废水排放量为 8 984 万 t。COD、氨氮浓度分别为 150 mg/L、6 mg/L，即 COD 和氨氮的排放量分别为 13 476 t 和 539 t。

引嫩扩建骨干一期工程建成后，根据大庆市总体规划，预计大庆石油产量稳产在 3 600 万 t，相应石油开采用水 2.52 亿 m^3，石化及其他工业用水量为 3.45 亿 m^3。随着各工业行业生产工艺、设备的改进和管理水平的提高，以及油田、热电厂等类似企业实现生产废水的零排放，排水系数较现状将有所降低，采用 0.45，则一期工程实施后，大庆市工业废水产生量为 1.55 亿 m^3，回用水量为 6 400 万 m^3，封存水量仍为 1 000 万 m^3，工业废水排放量为 8 121 万 m^3。外排的工业废水执行《污水综合排放标准》（GB 8978—2002）二级标准以及大庆市工业废水水质现状，COD、氨氮浓度分别为 150 mg/L、6 mg/L，即 COD 和氨氮的排放量分别为 12 182 t 和 4 061 t。

大庆市工业废水及主要污染物排放情况见表 6.2-12。可以看出，一期工程实施后，大庆市工业废水及污染物排放量较现状年略有减少。

表 6.2-12　大庆市工业废水及主要污染物排放情况

项目	排放去向	工业废水排放量（万 t/a）	主要污染物排放量(t/a)	
			COD	氨氮
现状	安肇新河	8 984	13 476	539
一期	安肇新河	8 121	12 182	487
变化量	安肇新河	− 863	− 1 294	− 52

2）生活污水

现状年大庆市生活污水排放量为 4 278 万 t，生活污水处理率约 50%，部分生活污水未经处理直接排放，COD、氨氮浓度分别为 120 mg/L、50 mg/L。

一期工程实施后，大庆市生活污水全部进入城市污水处理厂，部分经深度处理后回用作项目区内的碧绿湖、陈家大院泡、东葫芦泡等湖泡的环境用水，部分用作油田注水和热电厂用水，回用量约 2 400 万 m^3，剩余水量排入安肇新河。一期工程实施后大庆市生活用水 7 115 万 m^3，污水排放系数为 0.8，除去回用水量，生活污水排放量为 3 292 万 m^3。外排的生活污水执行《城镇污水处理厂污染物排放标准》（GB 18918—2002）一级 A 标准，COD、氨氮浓度分别为 50 mg/L、8 mg/L。

大庆市生活污水及主要污染物排放情况见表 6.2-13。可以看出，一期工程实施后，大庆市生活污水及污染物排放量较现状年有所减少。

表 6.2-13　大庆市生活污水及主要污染物排放情况

项目	排放去向	生活污水排放量（万 t/a）	主要污染物排放量(t/a)	
			COD	氨氮
现状	安肇新河	4 278	5 133.6	1 497.3
一期	安肇新河	3 292	1 646	263
变化量	安肇新河	− 986	− 3 487.6	− 1 234.3

2. 污水处理设施匹配性分析

近年来，国家为解决松花江水体污染问题，加大治污资金投入力度，大庆市作为国家环保模范城市,对污水治理问题采取了积极的措施。随着污水治理的不断深入,大部分生产废水经处理达到国家排放标准后进入城市污水处理厂进行深度处理。一期工程实施后,大庆市将建成工业、生活污水处理厂共计 14 座,其中生活污水处理厂 10 座,污水处理规模达59.7 万 t/d,年处理能力合计 2.18 亿 t。大庆市废污水年产生量约为 2.12 亿 m³,没有超过污水处理厂的处理能力,即工程实施后,产生的废污水经过处理可以达标排放。此外,大庆油田已建成 154 座含油污水处理站,年处理能力达 4 亿 m³,可满足工业废水产生量需求,生产废水均经处理站处理达标排放。一期工程实施后,大庆市污水处理厂建设情况一览表见表 6.2-14。

表 6.2-14　大庆市污水处理厂建设情况一览表

序号	污水处理厂名称	性质	规模(万 t/d)	排水去向	现状建设情况
1	炼油厂污水处理厂	工业	1.8	青肯泡及油田注水	已建
2	热电厂污水处理厂		1.0	不排放	
3	水汽厂污水处理厂		1.0	青肯泡	
4	乙烯化工厂污水处理厂		3.6	青肯泡	
	工业污水小计		7.4		
5	西城区污水处理厂	生活	12	西排干	现状基础上扩建
6	陈家大院泡污水处理厂		8	陈家大院泡	现状基础上扩建
7	八百晌污水处理厂		6	碧绿湖、乘风湖	已建
8	东城区污水处理厂		15	北二十里泡	已建
9	申东污水处理厂		1.2	油田注水	已建
10	大同区污水处理厂		2	安肇新河	已建
11	乙烯生活污水处理厂		2.5	龙凤湿地	已建
12	喇嘛甸污水处理厂		3	油田注水	规划建设
13	乘风庄污水处理厂		5	北十二里泡	规划建设
14	五湖地区污水处理厂		5		规划建设
	生活污水小计		59.7		

6.2.2.3　退水区水质预测

1. 预测断面及预测模式

大庆市是本工程城市供水的主要区域,工程实施后,大庆市排放的废污水主要包括生活污水、工业废水和农牧业灌溉退水,大部分排入安肇新河,经古恰闸汇入松花江。考虑到松花江干流距安肇新河口最近的城市为哈尔滨,受大庆市废污水排放影响最大,因此重点预测退水区松花江干流朱顺屯断面水质状况,该断面位于安肇新河入河口下游、哈尔滨市境内。预测模式仍采用综合削减模式。

以松花江哈尔滨断面流量代表预测断面上游来水流量。根据工程对河流水文情势的影响可知,工程实施后,松花江干流断面的枯水期、平水期流量见表 6.2-15,上游肇源断面来水污染物浓度见表6.2-16。

表6.2-15　松花江水质预测设计流量　　　　（单位:m³/s）

河流	断面名称	枯水期流量	平水期流量
松花江干流	哈尔滨	454	1 063

表6.2-16　松花江枯水期、平水期的水质背景浓度　　　　（单位:mg/L）

污染物	水期	肇源断面
COD	枯水期	14.45
	平水期	17.00
氨氮	枯水期	0.82
	平水期	1.0

2. 预测结果

松花江干流朱顺屯断面2010年枯水期、平水期水质均为Ⅲ类,符合水质目标。经预测,工程实施后,该断面枯水期、平水期水质仍为Ⅲ类,满足水质目标要求,退水区预测断面水环境质量预测结果一览表见表6.2-17。总体来看,工程实施对该断面水质影响较小,朱顺屯断面的水质维持现状水平。

表6.2-17　退水区预测断面水环境质量预测结果一览表

河流	断面	水质目标	时段	水质现状				
				COD	氨氮	水质类别	是否超标	超标因子
松花江	朱顺屯	Ⅲ类	枯水期	11.10	0.67	Ⅲ类	不超标	—
			平水期	13.04	0.57	Ⅲ类	不超标	—
			时段	预测结果				
				COD	氨氮	水质类别	是否超标	超标因子
			枯水期	13.00	0.78	Ⅲ类	不超标	—
			平水期	14.75	0.92	Ⅲ类	不超标	—

　　分析其原因,引嫩灌溉骨干一期工程实施后,虽然大庆市供水量增加,废污水排放相应增加,但经前述污水处理设施匹配性分析可知,大庆市污水处理厂的建成运行可满足城市废污水处理需求,随着生活污水处理能力以及工业废水处理能力、回用水平的提高,工程实施后,大庆市通过安肇新河排入松花江干流的废污水量较现状年减少,入河污染物也有所减少,因此退水对退水区松花江干流的水质影响较小。

　　另外,工程实施后,枯水时段不引水,松花江干流枯水期水量较工程运行前不发生变化,平水期流量平均减少比例仅占总来水量的2.7%,引水后下泄水量减少幅度有限,基本不影响对污染物的稀释能力。

6.2.3　供水水质保障性分析

6.2.3.1　引水渠首

历史及现状水质评价结果表明,北引渠首拉哈断面、中引渠首大登科断面基本能够实现Ⅲ类水质目标,丰水期由于上游面源影响偶有超标。北中引渠首多年运行结果表明,北中引渠首取水水质可以得到保证,能够满足生活饮用水、工业和农业用水的水质要求。为进一步保障取水水质,建议加大北中引渠首上游汇流区内水土流失治理、流域点面污染源水污染防治工作力度。

6.2.3.2　引水渠道

目前北引总干渠、中引总干渠建成渠道采取了较为严格的保护措施,见图6.2-4,引水渠道两侧依次布设马道(多年运行已塌陷或自然生长形成植物隔离带)、养护道路、隔离林带、护堤、截流沟(部分渠段无)等防护带,设立管护站负责引水渠道日常维修保养和水源保护,管护站生活废污水采取旱厕定期清理,固体废物采取集中存放定期清理。此外,建立严格的管理和巡查制度,渠线护堤尽量封闭,对周边居民各类可能影响水源水质的活动进行劝阻,采取多种手段保证污染物严禁入渠。多年运行和水质监测结果表明,北中引引水渠道水质能够基本实现Ⅲ类水质目标。但是,沿北引干渠、中引干渠渠线分布有80座左右各类桥梁,北中引干渠未完全采取封闭措施,周边居民或车辆有条件通过渠堤,对输水干渠水质造成一定威胁。

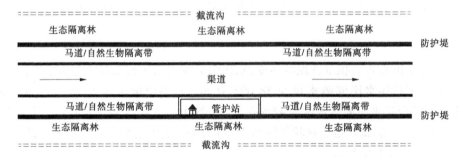

图 6.2-4　北中引总干渠现有水源保护措施布局示意图

一期工程建设完成后,北中引渠首来水水质能够得到保障,北中引干渠沿渠线无污染源汇入,在养护道路、隔离林带、护堤、截流沟(部分渠段无)等防护下,能够有效组织污染物入渠,北中引输水渠道水质能够得到保障。考虑到渠道建筑物机械工程检修油料泄漏,渠道上桥梁交通事故运输有毒物质的意外泄漏、桥面雨水入渠等,可能对输水渠道水质造成一定影响,建议北中引干渠沿线设立输水渠道警示标志,80座左右桥梁下设置雨水或废液搜集管道和集液池,管理单位进一步完善渠道水源水质管理要求,渠堤采取完全封闭措施,严格禁止与渠道工程无关的人为活动,规范闸门等工程的检修和保养程序,制定和执行水污染事件应急处置规定等,充分保障北中引等输水工程水质安全。

6.2.3.3　调蓄水库

为保护大庆水库、红旗水库、东城水库等大庆市供水水源,大庆市政府先后下发《大庆市人民政府关于大庆水库、东湖水库饮用水水源保护区划分的通知》(庆政发〔1988〕42号)、《大庆市人民政府办公室关于印发大庆市东城水库生态保护区管理暂行规定的通知》

(庆政办发〔2010〕85号)等,依法划分了大庆水库、东湖水库、东城水库和红旗水库的饮用水水源保护区,明确饮用水水源保护区内的各类人为活动范围、有关管理部门的职责和各类保护措施,对饮用水水源保护区实施监督管理。多年来,大庆市相关部门对大庆水库、红旗水库、东城水库等大庆市供水水源地,先后采取水源隔离防护网、清理污染源等措施,以保护水源地水质安全。现状水质监测结果表明,大庆水库、红旗水库、龙虎泡等调蓄水库水质能够基本满足Ⅲ类水质目标。但是,由于大庆市调蓄水库邻近城镇,仍然存在水库旅游、钓鱼,水土流失、餐饮、周边村屯排污入湖等污染水源的问题,调蓄水库邻近周边公路,仍然存在发生突发性水污染事件的风险。

一期工程建成后,水库供水量加大,水源地安全变得更为重要。为保障大庆水库、红旗水库、东城水库、龙虎泡水库等大庆市供水水源安全,建议大庆市进一步加大水源地安全保障,相关部门严格执行相关管理规定,严格制止影响水源水质安全的相关人为活动。

6.2.4 农业面源对地表水质的影响分析

项目供水灌区土地面积广阔,人口相对较少,区域的农业面源主要为农业生产过程中流失的农田养分。项目区域农业面源的产生主要有两种途径:第一,随水田的灌溉退水产生;第二,随暴雨径流产生。其中,水田的农田养分主要通过灌溉退水进入地表水体,旱田不产生退水,其农田养分则主要通过暴雨径流进入地表水体。

6.2.4.1 灌溉退水对地表水质的影响

项目区旱田不考虑退水,灌区退水只考虑水田,因此应着重分析水田的灌溉用水、退水情况及退水对地表水质的影响。

1. 水田灌溉用水变化情况分析

一期工程水田灌溉面积维持现状不变,水田引嫩灌溉水量较现状年有所增加,主要用于替换地下水。现状年水田灌溉水量为38 603万m^3,其中引嫩水量17 973万m^3,地下水20 630万m^3;规划年水田灌溉水量为42 536万m^3,其中引嫩水量34 094万m^3,地下水8 442万m^3。规划年水田灌溉水量较现状年增加3 933万m^3,其中引嫩水量增加16 121万m^3,地下水开采量减少12 188万m^3。

2. 退水变化情况分析

现状水田退水系数按灌溉用水量的11%计。一期工程实施后,水田实施土地平整,大畦改小畦,灌水格田修建、深耕与深松,增加土壤耕层厚度和有效土层厚度等措施,提高灌区土壤蓄水能力,并采用格田灌溉、单灌单排,防止串灌串排,干、支渠实行续灌制度,斗、农渠采用轮灌制度等一系列节水措施后,灌区灌溉用水效率有所提高,水田退水系数有所降低,按照灌溉用水量的10%计。

一期工程实施后,灌溉退水量4 252万m^3,较现状新增退水量5万m^3。灌区排水承泄区主要有嫩江、乌裕尔河、九道沟湿地和松花江。工程实施前后灌区灌溉供水量及退水量情况见表6.2-18。

总体来看,一期工程实施后,各灌区水田灌溉水量增加幅度不大,灌溉退水量较现状年仅增加5万m^3,其中部分灌区退水较现状年增加,部分灌区退水量较现状年有所减少,退入嫩江的水量为650万m^3,增加了112万m^3,较现状增加21%;退入乌裕尔河的水量为1 093万m^3,减少了41万m^3,较现状减少3.6%;退入大庆市湖泡、安肇新河的水量为191万m^3,

减少了 7 万 m³,较现状减少 3.1%;退入九道沟湿地的水量为 2 318 万 m³,减少了 59 万 m³,较现状减少 2.4%。

表 6.2-18　工程实施前后灌区灌溉供水量及退水量情况

灌区名称	水田灌溉用水量（万 m³/a）			水田灌溉退水量（万 m³/a）			排放去向
	现状	一期	变化量	现状	一期	变化量	
兴旺南灌区	2 739	3 644	905	301	364	63	嫩江
富西灌区	1 266	1 684	418	139	168	29	
友谊灌区	890	1 184	294	98	118	20	
小计	4 895	6 512	1 617	538	650	112	
富裕基地灌区	200	266	66	22	27	5	乌裕尔河
富裕牧场灌区	954	1 269	315	105	127	22	
富南灌区	9 151	9 390	239	1 007	939	−68	
小计	10 305	10 925	620	1 134	1 093	−41	
马场灌区	548	533	−15	60	53	−7	大庆市湖泡、安肇新河
明青灌区	250	380	130	28	38	10	
任民镇灌区	500	501	1	55	50	−5	
中本灌区	500	501	1	55	50	−5	
小计	1 798	1 915	117	198	191	−7	
林甸引嫩灌区	12 372	11 125	−1 247	1 361	1 112	−249	九道沟湿地
江东灌区	9 233	12 059	2 826	1 016	1 206	190	
小计	21 605	23 184	1 579	2 377	2 318	−59	
合计	38 603	42 536	3 933	4 247	4 252	5	

3. 灌溉退水对地表水环境的影响

1) 灌溉退水面污染源预测

灌溉退水水质主要受农业生产的影响。引水泡田将使土壤中的少量养分溶出并随退水流失;稻田中的农药、化肥的施用使水田有机质及其他营养物质等污染物增多,随着水田退水进入河流,将对承泄河流水质产生一定影响。

根据项目区灌溉退水水质现状评价可知,水田退水中的铅、汞、镉、砷、氰化物等均不超标,退水中主要污染物为 COD、氨氮和总氮,类比灌溉退水水质现状,2004 年、2011 年灌区退水水质监测污染浓度平均值,则退水中 COD 的浓度为 21.25 mg/L,氨氮的浓度为 0.59 mg/L,总磷的浓度为 0.09 mg/L,总氮的浓度为 1.22 mg/L,全盐量为 175 mg/L。一期工程实施后,灌溉退水及主要污染物排放量见表 6.2-19。

表 6.2-19　灌溉退水及主要污染物排放量

排放去向	退水量（万 t/a）	主要污染物排放量(t/a)				
		COD	氨氮	总磷	总氮	全盐量
嫩江	651	138	3.84	0.59	7.94	1 139
乌裕尔河	1 092	232	6.44	0.98	13.32	1 911
安肇新河	191	41	1.13	0.17	2.33	334
九道沟	2 318	493	13.68	2.09	28.28	4 057
合计	4 252	904	25.09	3.83	51.87	7 441

2) 灌溉退水对河流水质的影响

一期工程实施后,随灌溉退水进入嫩江的污染物相应增加,进入乌裕尔河、大庆市湖泡及安肇新河、九道沟的污染物较现状有所减少。随水田退水进入嫩江中的 COD、氨氮、总磷、总氮、全盐量分别为 138 t/a、3.84 t/a、0.59 t/a、7.94 t/a、1 139 t/a,比现状分别增加 23.9 t/a、0.66 t/a、0.10 t/a、1.37 t/a、197 t/a。工程实施后,灌溉退水及主要增加量污染物见表 6.2-20。

表 6.2-20　灌溉退水及主要污染物排放增加量

排放去向	退水增加量（万 t/a）	主要污染物变化量(t/a)				
		COD	氨氮	总磷	总氮	全盐量
嫩江	112.7	23.9	0.66	0.10	1.37	197
乌裕尔河	−41.1	−8.7	−0.24	−0.04	−0.50	−72
安肇新河	−6.4	−1.4	−0.04	−0.01	−0.08	−11
九道沟	−58.2	−12.4	−0.34	−0.05	−0.71	−102
合计	7	1.4	0.04	0	0.08	12

根据调查,水田在作物生育期内需要排 3 次水,分别在 5 月中下旬、7 月上旬和 8 月下旬,总计约 12 天。因此,农灌退水在较短的时段内集中排入河流水体,其污染负荷超过同时段点源排放,其间会使地表水体中盐分、化学需氧量、氨类等污染物浓度有所增高,对水质有一定影响。

兴旺灌区、富西灌区、友谊灌区的退水主要通过富裕西排干经塔哈河口汇入嫩江,由于塔哈河入嫩江河口下游约 10 km 处即为齐齐哈尔水源地取水断面浏园断面,灌溉退水污染物的增加可能对浏园断面水质产生不利影响。评价在对嫩江干流浏园断面平水期、丰水期的水质预测中,考虑了灌溉退水污染源的汇入通量,预测结果显示,灌溉退水对浏园断面水质影响很小,退水的汇入基本不改变水体现状水质类别。总体来看,塔哈河段主河槽狭窄,而河滩地非常宽阔,退水经河滩地的湿地净化作用,汇入嫩江后污染物浓度将有所降低,富裕西排干现状水质为Ⅳ类,经塔哈河滩地湿地净化后水质有所好转,对嫩江水质不会造成大的影响。应在退水渠中种植芦苇,尽量减免灌溉退水对浏园水源保护区产生的影响。

富裕基地、富裕牧场灌区、富南灌区灌溉退水均退入乌裕尔河沿岸湿地,停留时间较长,乌裕尔河两岸滩地宽阔,退水经湿地净化,对乌裕尔河水质影响减弱,且一期工程实施后,项目区退入乌裕尔河的水量较现状减少,总体来看,灌溉退水不会导致乌裕尔河水质发生恶化。

大庆市马场灌区、隆山灌区、明青灌区、任民镇灌区、中本灌区排入大庆市李天泡、王花泡等湖泡后进入安肇新河、大庆市湖泡较多,灌溉退水在湖泡中停留时间较长,湿地有大片芦苇分布,对灌溉退水有净化作用。安肇新河为大庆市排污排涝河流,灌溉退水不会造成其水质恶化。

评价区气温较低,水温也较低,农灌退水排放基本集中在汛期,此时河流水量、流量均较大,河流水体不具备发生富营养化的条件。因此,一期工程实施后,灌溉退水造成河流水体富营养化的风险不大。

3)灌溉退水对扎龙国家级自然保护区水质影响

工程实施后,林甸灌区经灌区一排干、二排干、三排干入九道沟湿地,胜利灌区、南岗灌区、建国灌区、江东灌区退水入九道沟湿地,总退水量 2 318 万 m³/a,较现状减少 58 m³/a,COD、氨氮、总磷、总氮、全盐量较现状分别减少 12.4 t/a、0.34 t/a、0.05 t/a、0.71 t/a、102 t/a。灌溉退水进入九道沟湿地后蓄存,由于九道沟湿地分布在扎龙湿地外围,与扎龙湿地存在水力联系,因此可能有部分灌溉退水进入扎龙湿地自然保护区。根据实地调查,上述灌区排干距离扎龙湿地自然保护区均较远,且九道沟湿地内分布着大片的芦苇植物,对退水具有一定的净化作用,退水在九道沟湿地蓄存时间较长,当灌溉退水入扎龙湿地时,污染物浓度较排水干渠将有所降低,而且根据水质现状评价成果,扎龙国家级自然保护区水体水质与农灌退水水质类似。因此,即使灌溉退水进入扎龙国家级自然保护区,保护区水质也不会因退水的进入而发生显著恶化。

6.2.4.2 暴雨径流面源对地表水质的影响

1. 化肥流失情况及对地表水质的影响

项目区水田产生面源污染主要通过灌溉退水进行排放,此处着重分析暴雨产生后项目区旱田化肥的流失对地表水质的影响。

项目区中多年平均降水量 447.1 mm,多年平均最大降水量为 655.7 mm,降水主要集中在 7 月中旬至 9 月初,占年降水量的 70% 左右。种植的作物主要有大豆、水稻、玉米、小麦,作物施用化肥 70% 左右用作底肥,施肥期约在 5 月中旬;30% 左右用作追肥,施肥期约在 6 月底至 7 月上旬。而大部分养分已被作物吸收利用、土壤固定及反硝化作用脱氮而挥发,用作底肥的化肥流失率很少。参照我国农业面源污染化肥流失量参数估算相关资料《农业环境科学概论》(上海科学技术出版社)及经验系数法,本书采用黑龙江省大多监测结果印证的流失参数指标,并从工程实施的环境不利角度分析,氮肥流失率按 20% 计算,磷肥流失率按 5% 计算,则项目区旱田化肥年流失总量约为 750 t,其中氮肥流失量约为 597 t,磷肥流失量约为 153 t。

根据《全国水资源综合规划》中松花江区的农业面源污染入河情况,氮肥入河量约为流失量的 9%,磷肥入河量约为流失量的 7%,则项目区每年通过暴雨径流进入地表水体的氮肥量为 53.7 t,磷肥量为 10.6 t。这些化肥随暴雨径流进入地表水体后将造成短期内水体中营养物质浓度的增高。为减轻化肥流失对水体的影响,应健全土肥技术推广体系,建立和形成科学施肥数据采集系统和信息管理系统,为农民科学施肥提供服务指导,并大力推广机械深施肥技术。旱田化肥使用及流失量统计表见表 6.2-21。

表 6.2-21　旱田化肥使用及流失量统计表

灌区名称	面积(万亩)	化肥使用量(t)			化肥流失折纯量(t)		
	旱田	氮肥（尿素）	磷肥（磷酸二铵）	总施肥量	氮肥（尿素）	磷肥（磷酸二铵）	总施肥量
富西灌区	4.8	336	331	667	26.88	6.62	33.5
友谊灌区	6.04	423	417	840	33.84	8.34	42.18
富裕基地灌区	1.5	105	104	209	8.4	2.08	10.48
富裕牧场灌区	1.54	108	106	214	8.64	2.12	10.76
富路灌区	5	350	345	695	28	6.9	34.9
富南灌区	44.48	3 114	3 069	6 183	249.12	61.38	310.5
依安灌区	34.65	1 438	1 556	2 994	115.04	31.12	146.16
林甸引嫩北灌区	20.02	1 502	1 502	3 004	120.16	30.04	150.2
明青灌区	2.43	91	194	285	7.28	3.88	11.16
合计	120.46	7 467	7 624	15 091	597.36	152.48	749.84

2. 农药对地表水的影响

项目规划灌区内年农药施用强度折纯量为 209.27 t，参照农田污染物排放系数，农药流失率按 10% 计算，流失量按纯量计为 20.9 t。进入地表水体的农药量为流失量的 20%，则项目区每年通过暴雨径流进入地表水体的农药量为 4.18 t。由于目前农业使用的绝大部分是高效、低毒、低残留农药，半衰期小于 40 天，而且使用的除草剂大都在 6 月上旬出苗前，到 7 月下旬雨季时大都已衰减，有可能会对周边的局部地表水造成影响。进入水体的农药，部分可被浮游生物吸收或悬浮性颗粒物质所吸附，部分悬浮物沉淀以后，形成底质，从而变成底栖生物的饵料，并可能沿食物链向下转移，富积在鱼、虾体内，对水生生态环境以及水体水质产生一定影响。

本工程未增加耕地面积，工程实施后，灌区灌溉水量增加，应严格控制农药的施用量，在保证农药施用量较现状不增加的前提下，本工程的实施不会造成区域农药流失量增加。下阶段灌区应进一步引进先进的生物农药，推广绿色防控措施，并增大喷撒农药与降雨和排灌的时间间隔，以减少农药径流污染，预防农药有毒成分在湿地内的残留和积蓄。

6.2.5　水环境容量分析

6.2.5.1　分析因子

本项目对工程所涉及的河段嫩江尼尔基至大赉断面化学需氧量、氨氮的水环境容量进行分析，包括现状多年平均流量与项目实施后多年平均流量条件下 COD、氨氮水环境容量的对比分析。

6.2.5.2　断面选取

根据规划工程所处的位置，分别对嫩江不同断面的 COD、氨氮水环境容量进行分析计算，分析断面主要包括尼尔基—拉哈断面、拉哈—富拉尔基断面、富拉尔基—江桥断面、江桥—大赉断面。

6.2.5.3　计算模型与参数选取

本次环境容量计算模型使用全国水资源保护规划纳污能力计算中指定的一维水质模型，参数选择与条件限制参考国家相关的技术规定。一维对流推移方程如下：

$$M = 31.5[C_s - C_0 \exp(-kL/u)]\exp(kL/2u)Q_r$$

式中　M——污染物的纳污能力，t/a；

　　　C_0——水功能区上断面污染物的浓度，mg/L；

　　　C_s——水功能区下断面污染物的目标浓度，mg/L；

　　　k——污染物的自净系数，1/s；

　　　L——水功能区的长度，m；

　　　u——设计流量下的水功能区的平均流速，m/s；

　　　Q_r——设计流量，m³/s。

各项参数中，C_s、C_0、L 在功能区河段划定后即为已知值。

计算过程涉及的现状流量采用 75% 保证率下的流量，规划年流量充分考虑嫩江流域内各省区所有规划项目和工业、农业、城市发展等对水资源的需求，协调上下游关系进行水资源分配后的调配流量。

6.2.5.4　水环境容量分析

1. 流量变化情况分析

嫩江干流尼尔基—大赉断面 75% 保证率下月平均流量变化情况见表 6.2-22。从表 6.2-22 可以看出，工程实施后与现状年相比，引水期 4~10 月流量变化不大，其他枯水期月份流量不变。

表 6.2-22　嫩江干流尼尔基—大赉断面 75% 保证率下月平均流量变化情况

（单位：m³/s）

断面	设计年	1月	2月	3月	4月	5月	6月	7月	8月	9月	10月	11月	12月
尼尔基—拉哈	现状年	101	98	101	177	469	192	742	317	127	186	67	96
	实施后	101	98	101	152	402	106	684	238	69	140	67	96
拉哈—富拉尔基	现状年	124	119	123	168	400	170	721	364	107	224	67	115
	实施后	124	119	123	148	327	99	647	286	64	188	67	115
富拉尔基—江桥	现状年	131	124	130	211	242	243	651	389	401	284	124	122
	实施后	131	124	130	197	212	189	628	339	369	259	124	122
江桥—大赉	现状年	90.05	88.39	96.59	366.91	825.95	475.39	910.9	689.35	670.87	447.77	188.34	112.69
	实施后	90.05	88.39	96.59	350.55	739.98	399.07	824.24	618.76	616.05	425.7	188.34	112.69

2. 容量变化分析

嫩江干流尼尔基—大赉断面工程实施前后 COD 水环境容量变化情况见表 6.2-23。氨氮水环境容量变化情况见表 6.2-24。受尼尔基水库调度运行以及本次北引和中引供水工程的影响，嫩江干流尼尔基—拉哈断面年均 COD 水环境容量由现状年的 33 958.2 t/a 降至 31 154.7 t/a，下降幅度为 8.3%；年均氨氮水环境容量由现状年的 3 929.8 t/a 降至 3 615.3

表 6.2-23 嫩江干流尼尔基—大赉断面工程实施前后 COD 水环境容量变化情况

（单位:t）

断面	设计年	1月	2月	3月	4月	5月	6月	7月	8月	9月	10月	11月	12月	合计
尼尔基—拉哈	现状年	1 950.9	1 709.7	1 950.9	3 017.3	6 318.8	2 345.9	4 985.6	4 270.9	1 551.7	2 686.3	1 315.9	1 854.3	33 958.2
	实施后	1 950.9	1 709.7	1 950.9	2 591.2	5 416.1	1 981.4	4 595.9	3 853.6	1 355.2	2 579.6	1 315.9	1 854.3	31 154.7
	增减量	0.0	0.0	0.0	-426.1	-902.7	-364.5	-389.7	-417.3	-196.5	-106.7	0.0	0.0	-2 803.5
	增减率（%）	0.0	0.0	0.0	-14.1	-14.3	-15.5	-7.8	-9.8	-12.7	-4.0	0.0	0.0	-8.3
拉哈—富拉尔基	现状年	2 188.3	1 896.9	2 170.7	2 869.2	5 553.6	1 977.8	6 493.1	4 376.0	1 288.0	3 680.8	1 173.2	2 029.5	35 697.1
	实施后	2 188.3	1 896.9	2 170.7	2 527.6	4 820.2	1 690.8	5 826.7	4 396.8	1 120.7	3 089.2	1 173.2	2 029.5	32 930.6
	增减量	0.0	0.0	0.0	-341.6	-733.4	-287.0	-666.4	20.8	-167.3	-591.6	0.0	0.0	-2 766.5
	增减率（%）	0.0	0.0	0.0	-11.9	-13.2	-14.5	-10.3	0.5	-13.0	-16.1	0.0	0.0	-7.7
富拉尔基—江桥	现状年	1 919.3	1 640.9	1 904.7	2 943.7	3 488.7	3 008.9	8 424.3	5 221.4	5 996.0	4 031.3	1 854.1	1 817.9	42 251.2
	实施后	1 919.3	1 640.9	1 904.7	2 748.4	3 056.2	2 636.8	7 497.5	4 550.3	5 517.5	3 676.4	1 854.1	1 817.9	38 820.0
	增减量	0.0	0.0	0.0	-195.3	-432.5	-372.1	-926.8	-671.1	-478.5	-354.9	0.0	0.0	-3 431.2
	增减率（%）	0.0	0.0	0.0	-6.6	-12.4	-12.4	-11.0	-12.9	-8.0	-8.8	0.0	0.0	-8.1
江桥—大赉	现状年	410.6	364.0	440.4	1 307.0	2 452.5	1 637.7	2 523.2	2 156.2	2 030.7	1 545.0	754.4	496.5	16 118.2
	实施后	410.6	364.0	440.4	1 248.7	2 197.2	1 374.8	2 283.2	1 935.4	1 864.8	1 468.9	754.4	496.5	14 838.9
	增减量	0.0	0.0	0.0	-58.3	-255.3	-262.9	-240.0	-220.8	-165.9	-76.1	0.0	0.0	-1 279.3
	增减率（%）	0.0	0.0	0.0	-4.5	-10.4	-16.1	-9.5	-10.2	-8.2	-4.9	0.0	0.0	-7.9

表 6.2-24 嫩江干流尼尔基—大赉断面工程实施前后氨氮水环境容量变化情况

（单位:t）

断面	设计年	1月	2月	3月	4月	5月	6月	7月	8月	9月	10月	11月	12月	合计
尼尔基—拉哈	现状年	227.6	199.5	227.6	350.9	729.6	270.5	571.2	493.1	178.9	310.6	153.9	216.4	3 929.8
	实施后	227.6	199.5	227.6	301.3	625.3	231.2	526.6	446.9	158.5	300.5	153.9	216.4	3 615.3
	增减量	0.0	0.0	0.0	-49.6	-104.3	-39.3	-44.6	-46.2	-20.4	-10.1	0.0	0.0	-314.5
	增减率（%）	0.0	0.0	0.0	-14.1	-14.3	-14.5	-7.8	-9.4	-11.4	-3.3	0.0	0.0	-8.0
拉哈—富拉尔基	现状年	254.5	220.6	252.4	333.7	641.6	227.9	745.5	504.2	148.5	427.1	136.6	236.0	4 128.6
	实施后	254.5	220.6	252.4	293.9	557.7	196.6	669.0	509.2	130.4	358.4	136.6	236.0	3 815.3
	增减量	0.0	0.0	0.0	-39.8	-83.9	-31.3	-76.5	5.0	-18.1	-68.7	0.0	0.0	-313.3
	增减率（%）	0.0	0.0	0.0	-11.9	-13.1	-13.7	-10.3	1.0	-12.2	-16.1	0.0	0.0	-7.6
富拉尔基—江桥	现状年	186.1	159.1	184.7	285.5	338.4	292.5	818.6	507.0	581.2	391.1	179.7	176.3	4 100.2
	实施后	186.1	159.1	184.7	266.6	296.4	255.8	730.0	441.9	534.8	356.7	179.7	176.3	3 768.1
	增减量	0.0	0.0	0.0	-18.9	-42	-36.7	-88.6	-65.1	-46.4	-34.4	0.0	0.0	-332.1
	增减率（%）	0.0	0.0	0.0	-6.6	-12.4	-12.5	-10.8	-12.9	-8.0	-8.8	0.0	0.0	-8.1
江桥—大赉	现状年	44.0	39.0	47.1	139.0	258.6	173.9	265.2	227.8	214.6	163.9	80.5	53.1	1 706.7
	实施后	44.0	39.0	47.1	132.8	231.7	146.0	240.0	204.5	197.1	155.8	80.5	53.1	1 571.6
	增减量	0.0	0.0	0.0	-6.2	-26.9	-27.9	-25.2	-23.3	-17.5	-8.1	0.0	0.0	-135.1
	增减率（%）	0.0	0.0	0.0	-4.5	-10.4	-16.1	-9.5	-10.2	-8.2	-4.9	0.0	0.0	-7.9

t/a,下降幅度为 8.0%。拉哈—富拉尔基断面江段年均 COD 水环境容量由现状年的35 697.1 t/a 降至 32 930.6 t/a,下降幅度为 7.7%;年均氨氮水环境容量由现状年的4 128.6 t/a 降至 3 815.3 t/a,下降幅度为 7.6%。富拉尔基—江桥断面 COD 水环境容量由现状年的 42 251.2 t/a 降至 38 820.0 t/a,下降幅度为 8.1%;年均氨氮水环境容量由现状年的4 100.2 t/a 降至 3 768.1 t/a,下降幅度为 8.1%。江桥—大赉断面年均 COD 水环境容量由现状年的 16 118.2 t/a 降至 14 838.9 t/a,下降幅度为 7.9%;年均氨氮环境容量由现状年的 1 706.7 t/a 降至 1 571.6 t/a,下降幅度为 7.9%。

可以看出,工程实施后对嫩江干流下游 COD 和氨氮水环境容量影响较小。根据松辽流域水资源保护局 2010 年嫩江干流尼尔基以下重要入河排污口调查监测结果,尼尔基—江桥区间点源纳污总量 COD7 513 t/a、氨氮 778 t/a,小于尼尔基—江桥区间 COD 和氨氮水环境容量。近年来,随着松花江流域水污染防治规划的实施,沿江城市污水处理厂的建设和工业点源的治理,将进一步减少进入嫩江和松花江的 COD 和氨氮的入河量,嫩江水环境将得到逐步改善。

6.2.6　工程管理人员生活污水对地表水环境的影响

黑龙江引嫩工程已运行 30 余年,管理人员配备较为完善,本次北引、中引工程管理人员数量维持现状不变,仅灌区新增管理人员 176 人。经现场调查,现状引水口管理站以及灌区管理站所均设置旱厕,管理人员生活污水定期运至灌区进行肥田。工程扩建后,管理人员生活污水处理方式维持现状。本次工程管理人员增加有限,且分散于各灌区,新增生活污水非常有限,对地表水环境基本没有影响。

6.3　水环境综合治理措施

6.3.1　保护目标

区域地表水水环境保护目标如下:

引水区:嫩江拉哈—新江村渡口河段满足Ⅲ类水质要求,新江村渡口—浏园断面满足Ⅱ类水功能区要求,确保下游浏园水源地水量和水质安全。

输水区:北引总干渠、中引总干渠水质满足Ⅲ类水要求,确保施工生产废水和生活污水排放满足《污水综合排放标准》(GB 8978—2002)一级排放标准,运行期评价河段满足水环境质量功能区的水质目标,不使水环境进一步恶化。

受水区:大庆水库、东湖水库、东升水库、红旗水库、东城水库、龙虎泡水库等具有城镇供水功能的水库及其输水渠道为本工程重要的水环境保护目标。大庆市红旗水库、大庆水库、东城水库等水环境满足Ⅲ类水质要求。

退水区:乌裕尔河下游、松花江古恰—四方台河段满足Ⅲ类水质要求,北二十里泡等满足Ⅳ类水质要求。

根据《黑龙江省地面水环境质量功能区划分和水环境质量补充标准》(DB 23/485—1998),对于工程涉及河段,评价根据法律规定和水域功能的环境保护要求,确定河段水环境保护标准。工程区域河段及湖泊、水库水环境功能区划见表 6.3-1。

表 6.3-1　工程区域河流及湖泊、水库水环境功能区划

水域名称		河段范围	水质类别
松花江流域	嫩江干流	嫩江镇—新江村渡口	Ⅲ
		新江村渡口—浏园	Ⅱ
		浏园—富拉尔基区下	Ⅳ
		富拉尔基区下—三岔河	Ⅲ
	松花江干流	三岔河—拉林河口	Ⅲ
	乌裕尔河	全河段	Ⅲ
	大庆水库		Ⅲ
水库	红旗水库		Ⅲ
	龙湖泡水库		Ⅲ
	东升水库		Ⅲ

注:1.北、中引取水口位于嫩江镇—新江村渡口段,主要退水口位于三岔河—拉林河口段;
　　2.节选自《黑龙江省地面水环境质量功能区划分和水环境质量补充标准》(DB 23/485—1998)。

6.3.2　施工期水环境保护措施

6.3.2.1　基坑废水

1.污染源概况

工程施工导流过程中,由于降雨及渗漏等原因,会在导流围堰内及开挖过程中产生基坑废水,主要污染因子为 SS。

2.保护对象

保护对象为嫩江干流河段、扎龙国家级自然保护区、乌裕尔河和双阳河。

3.处理目标

北引渠首工程、渠道及灌区乌裕尔河、双阳河建筑物处理达到《污水综合排放标准》(GB 8978—2002)一级标准。中引干渠、渠道及渠首其他建筑物产生基坑废水全部回用。

4.措施内容

将北引渠首施工过程中产生的基坑废水沉淀处理达标后,排入嫩江干流;中引干渠采用沉淀池沉淀后,水泵抽取收集后运到预制厂,回用到混凝土拌和及养护中;渠道及灌区乌裕尔河、双阳河基坑废水沉淀处理达标后排入乌裕尔河、双阳河,其他建筑物基坑废水处理达标处理后用于浇灌周围植物。

5.设施规模及工艺

北引渠首配备 6 台水泵,因基坑废水直接产生在围堰内,直接在围堰内沉淀,不另外设置沉淀池。中引干渠将基坑废水全部收集后,运往中引干渠施工区的混凝土预制厂并入混凝土拌和及冲洗废水中一并处理。渠道及灌区各施工区分别设置 1 个尺寸为长×宽×高 = 2.0 m×2.0 m×1.0 m 的沉淀池,共 318 个。在乌裕尔河和双阳河基坑废水直接围堰内沉淀,不设沉淀池。各施工点抽排配备 1 台水泵。

6. 保证措施

需要配备水泵,并不间断供电;中引干渠施工区需保证基坑废水及时运到预制厂。

7. 预期效果分析

北引渠首、渠道及灌区乌裕尔河及双阳河交叉建筑物产生的基坑废水处理达到《污水综合排放标准》(GB 8978—2002)一级标准,排入嫩江、乌裕尔河、双阳河下游,对河流水质影响较小。其他地方均全部回用,不汇入河。

6.3.2.2 混凝土拌和及养护废水

1. 污染源概况

北引渠首泄洪闸和进水闸、溢流坝段浆砌石外包坞工混凝土、坝上道路和固滩坞工混凝土面层施工过程中,中引干渠哈塔节制闸、第一节制闸、赵三亮子闸、周三农道桥、理建农道桥和团结桥施工过程中,乌裕尔河渠堤外坡现浇混凝土板护砌、溢洪闸及泄水闸重建、倒虹吸扩建施工过程中,双阳河倒虹吸扩建工程施工过程中,以及各施工区混凝土拌和系统、预制厂加工过程中均产生混凝土拌和及养护废水。

2. 保护对象

保护对象为嫩江干流河段、扎龙国家级自然保护区、乌裕尔河、双阳河及施工区周围土地。

3. 处理目标

处理目标是全部回用。

4. 措施内容

购置隔水性较好的厚塑料布,将施工过程中产生的混凝土拌和及养护废水,采用胶管引水、水泵抽水等方式全部收集后,运往施工区的混凝土预制厂集中处理。各施工区企业位置选择时,可将混凝土拌和系统和混凝土预制厂相邻布置,分别设置沉淀池,将运输来的废水及混凝土拌和系统、混凝土预制厂产生的废水全部收集,投入中和剂静置沉淀达标后回用于混凝土拌和及养护中。

5. 设施规模及工艺

北引渠首混凝土总用量为 184 179 m^3,混凝土拌和及养护废水总排放量为 24.86 万 m^3,主体工程施工期为 2.5 年,平均每天混凝土拌和及养护废水排放量为 272.4 m^3,平均每天渠首建筑物和 3 个施工区分别产生 68.1 m^3 废水。中引干渠混凝土总用量为 10 716 m^3,混凝土拌和及养护废水总排放量为 1.45 万 m^3,主体工程施工期为 2.0 年,平均每天混凝土拌和及养护废水排放量为 19.9 m^3,平均每个施工区分别产生 3.3 m^3 废水。渠道及灌区混凝土拌和及养护废水总排放量为 183.61 万 m^3,主体工程施工期为 4.0 年,平均每天混凝土拌和及养护废水排放量为 1 257.6 m^3,施工区共有 318 个,平均每个施工区分别产生 4.0 m^3 废水。

根据废污水产生量,北引干渠每个施工区分别设置 9 个尺寸为长 × 宽 × 高 = 4.0 m × 2.0 m × 1 m 的沉淀池,总计在北引渠首设置 27 个尺寸为长 × 宽 × 高 = 4.0 m × 2.0 m × 1 m 的沉淀池;中引干渠各施工区分别设置 1 个尺寸为长 × 宽 × 高 = 2.0 m × 2.0 m × 1.0 m 的沉淀池,总计设置 6 个尺寸为长 × 宽 × 高 = 2.0 m × 2.0 m × 1.0 m 的沉淀池;渠道及灌区每个施工区分别设置 1 个尺寸为长 × 宽 × 高 = 2.0 m × 2.0 m × 1.0 m 的沉淀池,总计设置 318 个尺寸为长 × 宽 × 高 = 2.0 m × 2.0 m × 1.0 m 的沉淀池。均采取中和剂中和、絮凝沉淀达标后回用于混凝土拌和及养护中。

6. 保证措施

沉淀池需要定期加中和絮凝剂,定期将沉淀池内污泥作为弃渣清运。

7. 预期效果分析

混凝土拌和及养护废水处理达标后全部回用,不会对区域河流水质产生影响。

6.3.2.3 含油废水

1. 污染源概况

各施工区均设有机修厂和汽车修配厂,施工区机械修理、汽车修配及冲洗,会产生含油废水,主要污染物为石油类,浓度约为 40 mg/L。

2. 保护对象

嫩江干流、扎龙国家级自然保护区、乌裕尔河、双阳河及施工区周围土地。

3. 处理目标

处理达到《污水综合排放标准》(GB 8978—2002)一级标准后浇灌周围植被。

4. 措施内容

各施工区分别修建隔油池,将含油废水处理达标后浇灌周围植被,收集的废油用作预制板涂油。

5. 设施规模及工艺

北引渠首含油废水产生量为 45.0 m³/d,平均 3 个施工区分别产生 15.0 m³ 废水。应在 3 个施工区分别设置 2 个尺寸为长×宽×高 =3.0 m×2.5 m×1.0 m 的沉淀池,总计在北引渠首设置 6 个尺寸为长×宽×高 =3.0 m×2.5 m×1.0 m 的沉淀池。中引干渠含油废水产生量为 12.0 m³/d,平均 6 个施工区分别产生 2.0 m³ 废水。应在 6 个施工区分别设置 1 个尺寸为长×宽×高 =2.0 m×1.0 m×1.0 m 的沉淀池,总计设置 6 个尺寸为长×宽×高 =2.0 m×1.0 m×1.0 m 的沉淀池。渠道及灌区工程含油废水产生量为 465.3 m³/d,平均 318 个施工区分别产生 1.5 m³ 废水。应在 318 个施工区分别设置 1 个尺寸为长×宽×高 =1.0 m×1.5 m×1.0 m 的沉淀池。

6. 保证措施

保证措施:应定期收集废油。

7. 预期效果分析

废水不入河,不会对嫩江干流、扎龙国家级自然保护区及乌裕尔河、双阳河水质及周围土地产生影响。

6.3.2.4 生活污水

1. 污染源概况

每个施工区均设有办公及生活福利用房,施工人员在洗涤、烹饪、清洗等过程中将产生生活污水。生活污水主要污染物为 COD、BOD_5、SS,其中还含有悬浮性固体、溶解性无机物和有机物,以及大量的细菌和病原体。

2. 保护对象

保护对象为嫩江干流、扎龙国家级自然保护区、乌裕尔河、双阳河及施工区周围土地。

3. 处理目标

处理目标为全部综合利用。

4. 措施内容

北引渠首施工区均设置地埋式污水处理设备,处理达标后用于浇灌周围植被,污泥定期清理用作农肥。其他施工区均设置旱厕,定期清运用作农肥。

5. 设施规模及工艺

北引渠首施工高峰期生活污水产生量为 16.9 m^3/d,平均 3 个施工区分别产生 5.6 m^3 废水。应在 3 个施工区分别设置 1 台地埋式污水处理设备。中引干渠施工高峰期生活污水产生量为 4.35 m^3/d,平均 6 个施工区分别产生 0.7 m^3 废水。应在 6 个施工区分别设置 1 个旱厕。渠道及灌区工程施工高峰期生活污水产生量为 172.9 m^3/d,平均 318 个施工区分别产生 0.5 m^3 废水。应在 318 个施工区分别设置 1 个旱厕。

6. 保证措施

地埋式污水处理设备应长期运转,旱厕定期雇人掏肥。

7. 预期效果分析

北引干渠生活污水处理达到《污水综合排放标准》(GB 8978—2002)一级标准后用于浇灌周围植物,其他施工生活区排入旱厕,定期清理旱厕用作农肥,不会对河流水质和周围土壤产生影响。

施工期水环境保护措施情况汇总见表6.3-2。

6.3.3 运行期水环境保护措施

6.3.3.1 水源地保护措施

1. 水源地保护区

根据《饮用水水源保护区划分技术规范》(HJ/T 338—2007)和《黑龙江省饮用水源地保护区划分与防护的实施办法》,评价建议对工程取水口、引水干渠、调蓄水库等进行饮用水水源地保护区划分。对于灌区支渠,原则上不划分保护区。

1) 取水口

(1) 北引渠首。

一级保护区:北引渠首取水口上游回水末端至下游 100 m 的河道水域;陆域范围为河流 5 年一遇洪水位的宽度内。

二级保护区:保护区上边界再上溯 2~3 km 的河道区域。下游侧外边界距离一级保护区 200 m。

(2) 中引取水口。

一级保护区:取水口上游 2~3 km 至下游 100 m 的河道水域;河道保护区宽度为河流 5 年一遇洪水位的陆域。

二级保护区:保护区上边界再上溯 2~3 km 的河道区域。下游侧外边界距离一级保护区 200 m。

2) 引水干渠

引水干渠主要包括北引、中引引水总干渠,红旗支渠、友谊干渠、富裕引水干渠等。根据《饮用水水源保护区划分技术规范》(HJ/T 338—2007)和《黑龙江省饮用水源地保护区划分与防护的实施办法》,对引水干渠进行水源保护区划分。

表 6.3-2　施工期水环境保护措施情况汇总

施工地点	废污水类型	产生量	措施内容	设施规模及工艺	保证措施	预期效果分析
北引渠首	基坑废水	较多	沉淀一段时间后，用水泵抽取排入嫩江下游河段	配备 6 台水泵	保证配备水泵不间断供电	基坑废水达到《污水综合排放标准》（GB 8978—2002）一级标准后排放，其他废水全部回用到混凝土拌和及养护或者浇灌植被
	混凝土拌和及养护废水	平均每天混凝土拌和及养护废水排放量为 272.4 m³，平均每天各建筑物和 3 个施工区分别产生 68.1 m³ 废水	采用胶管引水，水等收集后，设置沉淀池，投入中和剂静置沉淀处理达标后，全部回用到混凝土养护中	在渠首建筑物和 3 个施工区，分别设置 9 个尺寸为长 × 宽 × 高为 4.0 m × 2.0 m × 1.0 m 的沉淀池	定期加中和絮凝剂，定期清运沉淀池内污泥	
	含油废水	含油废水产生量为 45.0 m³/d，3 个施工区分别产生 15.0 m³ 废水	修建隔油池，含油废水用干植达标后，上层清水用于植被浇灌，收集被的废油用作预制板涂板	在 3 个施工区，分别设置 2 个尺寸为长 × 宽 × 高 = 3.0 m × 2.5 m × 1.0 m 的沉淀池	定期收集废油	
	生活污水	施工高峰期生活污水产生量为 16.9 m³/d，平均为 3 个施工区分别产生 5.6 m³ 废水	设置地埋式污水处理设备处理生活污水，达标后浇灌植被	在 3 个施工区，分别设置 1 台地埋式污水处理设备	地埋式污水处理设备应长期运转	
中引干渠	基坑废水	较少	全部收集运往施工区混凝土预制厂，设置沉淀池处理后回用于混凝土拌和及养护	哈塔节制闸和第一节制闸施工中，各配备 1 台水泵	保证配备水泵不间断供电，废水应定期收集	全部回用于混凝土拌和及养护，对周围土地影响较小，对周扎龙自然保护区不会造成影响
	混凝土拌和及养护废水	每天混凝土拌和及养护废水排放量为 19.9 m³，每个施工区分别产生 3.3 m³ 废水	全部收集运往施工区混凝土预制厂，设置沉淀池处理后回用于混凝土拌和及养护	在 6 个施工区，分别设置 1 个尺寸为长 × 宽 × 高 = 2.0 m × 2.0 m × 1.0 m 的沉淀池	沉淀池定期加中和絮凝剂，定期清运沉淀池污泥	

续表 6.3-2

施工地点	废污水类型	产生量	措施内容	设施规模及工艺	保证措施	预期效果分析
中引干渠	含油废水	中引干渠含油废水产生量为12.0 m³/d,平均6个施工区分别产生2.0 m³废水	严禁施工区设置在自然保护区内;修建隔油池,处理达标后用于浇灌周围植物,收集的废油用作预制板涂油	在6个施工区,分别设置1个尺寸为长×宽×高=2.0 m×1.0 m×1.0 m的沉淀池	定期收集废油	处理达标后用于浇灌植物,对土地影响较小。中引干渠施工区均设在扎龙自然保护区外,对保护区不会造成影响
	生活污水	施工高峰期生活污水产生量为4.35 m³/d,平均6个施工区分别产生0.7 m³废水	严禁施工区设置在自然保护区内,修建旱厕,定期清理用作农肥	在6个施工区,分别设置1个旱厕和1个化粪池,以处理生活污水	旱厕和化粪池应定期掏肥	
渠道及灌区工程	基坑废水	较少	全部收集静置沉淀,达标后用于浇灌周围植物。乌裕尔河和双阳河处理废水达标后,可排放入河	在每个施工区,分别设置1个尺寸为长×宽×高=2.0 m×2.0 m×1.0 m的沉淀池	应定期处理静置沉淀的废水,用于浇灌周围植物	乌裕尔河和双阳河基坑废水综合排放达到《污水综合排放标准》(GB 8978—2002)一级标准后排放,其他废水处理达标后用于浇灌周围植物,旱厕定期清理用作农肥,对河流水质不会产生影响
	混凝土拌和及养护废水	平均每天混凝土拌和及养护废水排放量为1 257.6 m³,平均每个施工区产生4.0 m³废水	全部收集静置沉淀,达标处理后用于浇灌周围植被	分别设置1个尺寸为长×宽×高=2.0 m×2.0 m×1.0 m的沉淀池	定期加中和絮凝剂,定期清运沉淀池内污泥	
	含油废水	产生量为465.3 m³/d,平均每施工区分别产生1.5 m³废水	修建隔油池,处理达标后用于浇灌周围植物的废油用作预制板涂油	分别设置1个尺寸为长×宽×高=1.0 m×1.5 m×1.0 m的沉淀池	定期收集废油	
	生活污水	产生量为172.9 m³/d,平均每个施工区分别产生0.5 m³废水	修建旱厕,定期清运用作农肥	每个施工区均设置1个旱厕	旱厕应定期掏肥	

一级保护区:引水干渠的水面水域;引水干渠保护区宽度为干渠堤防以内的陆域。

二级保护区:一级保护区以外,引水干渠两侧工程管理范围以内的范围。

3)调蓄水库

(1)东城水库。

根据《大庆市人民政府办公室关于印发大庆市东城水库生态保护区管理暂行规定的通知》(庆政办发〔2010〕85号),对东城水库饮用水水源保护区进行划分。

一级保护区:最高水位线200 m范围内区域;

二级保护区:一级保护区外2 000 m范围内区域。

根据《大庆市人民政府关于大庆水库、东湖水库饮用水水源保护区划分的通知》(庆政发〔1998〕42号),对大庆水库、东湖水库饮用水水源保护区进行划分。

(2)大庆水库。

一级保护区:大庆水库取水口所在水域最高水位线以外100 m;入流渠道上溯1 000 m的水域及沿岸向外延伸100 m;引水渠规划渠道上口线两侧水平外延100 m以内,即北至11号桥,南到大庆水库管理处,西至五间房,东到2号岗。

二级保护区:大庆水库取水口所在水域最高水位线以外延伸3 km;入水渠上溯5 km的渠道,渠道沿两岸延伸3 km的陆域范围。

(3)东湖水库。

一级保护区:东湖水库取水口所在水域最高水位线以外延伸100 m的范围。

二级保护区:东湖水库取水口所在水域最高水位线以外延伸1 km的范围。

(4)红旗水库。

按照根据《饮用水水源保护区划分技术规范》和《黑龙江省饮用水源地保护区划分与防护的实施办法》,对红旗水库进行水源地保护区划分。

一级保护区:最高水位线200 m范围内区域;

二级保护区:一级保护区外2 000 m范围内区域。

2. 工程措施

1)隔离防护工程及警示标识

在北中引渠首、引水干渠、调蓄水库等一级、二级水源保护区范围实施物理和生物隔离措施;设立明显警示标志,进行公众告知,注明保护区内禁止内容,减少人为破坏。黑龙江省引嫩骨干一期工程水源地保护隔离防护措施见表6.3-3。

2)事故应急措施

对80座左右的跨越渠道的各类公路、铁路桥,设立桥面下雨水及事故废液的收集管道,修建事故处理池,禁止雨水、事故废液进入渠道,事故处理池应做好防渗处理,便于发生危险品泄漏事故时,对危险废液的收集和处理。

3)面源防治

对东城水库、红旗水库、大庆水库和东湖水库等调蓄水库实施水土流失治理工程,种植水源涵养林草,建立乔、灌、草合理配置的水源涵养林生态复合系统,防止水土流失,恢复和保持土地肥力;号召周边林地和耕地减少化肥施用量,减少农业面源对水库的水质影响。

表 6.3-3　黑龙江省引嫩骨干一期工程水源地保护隔离防护措施

项目名称		隔离防护工程	警示标志
取水口	北引渠首	在一级保护区边界实施物理隔离,在二级保护区边界设立生物隔离	上坝道路设立警示标志
	中引取水口	在中引取水口两侧实施物理隔离工程	取水口处设立 1 处警示标志
引水干渠	友谊干渠、富裕干渠(新建)	在一级保护区边界实施物理隔离,在二级保护区边界设立生物隔离	分水闸口、跨渠桥两侧、每隔 50 km 渠道设立警示标志
	北中引干渠等输水渠道	加强保护区范围内生态防护措施,在其保护区内实施绿化,种植适宜当地生长的树木,强化水源涵养	
调蓄水库	东城水库、红旗水库、大庆水库和东湖水库(已建)	除采取植树造林等环境保护措施外,根据《大庆市生活饮用水地表水源保护区污染防治管理办法》的规定,加强对东城水库、红旗水库、大庆水库和东湖水库饮用水水源保护区的监督管理。禁止新建、扩建与供水设施和保护水源无关的建设项目。由土地、规划、工商等行政部门联合将饭店迁出一级保护区。要建设大号化粪池,定期将水厂生活污水清走	水库泄水闸、土坝等明显位置设立警示标志

3.非工程措施

1)饮用水水源地监督管理

根据《中华人民共和国水法》、《中华人民共和国水污染防治法》、《黑龙江省饮用水源地保护区划分与防护的实施办法》、《大庆市人民政府关于大庆水库、东湖水库饮用水水源保护区划分的通知》(庆政发〔1998〕42 号)等法规文件的要求,加强水源保护区保护管理。工程保护区范围内实施全封闭管理,禁止在饮用水水源保护区内新建、改建、扩建与供水设施和保护水源无关的建设项目,在水源地保护区边界设置水源地保护标志及警告设施;实行草地封育禁牧;逐步清理工程保护区范围内各类与水源保护无关的各项人为活动;加强对取水口、引水干渠、输水沿线管理站及控制工程等工程管理范围内区域的定期巡查。

2)应急预案

建立水源地突发水污染事件应急管理制度,制定《黑龙江省尼尔基一期引水骨干工程突发性水污染事件应急处置预案》,成立应急指挥机构,建立技术、物资和人员保障系统,落实重大事件的值班、报告、处理制度,形成有效的预警和应急救援机制。

3)建设饮用水水源监控体系

在北引、中引渠首建立水质自动监测站,利用现代化通信传输、数据库、系统管理等技术手段,将采集到的水源地安全状况数据传入相关管理单位。定期对输水渠道、调蓄水库等进行水质监测,掌握水源水质状况。

4)预留资金

预留资金用于运行期水质监测与输水工程维护管理,保证输水工程正常运行,确保输水水质不受污染。

6.3.3.2　面源治理措施

工程所在的松嫩平原农业发达,农田灌溉退水是区域地表水的主要面污染源,评价重点针对灌溉退水提出水环境保护措施。

1. 工程措施

面源污染主要来自水田中土壤有机物的溶出以及化肥流失污染,目前对灌溉退水最有效的治理措施为人工芦苇湿地治理。现状灌溉退水中 TN、TP 浓度约为 1.22 mg/L、0.09 mg/L。根据有关研究成果,芦苇湿地对氮的吸收能力为 800 kg/(hm² · a),对磷的吸收能力为 120 kg/(hm² · a)。根据上述灌区退水中 TN 的排放量变化值,计算出吸收氮的芦苇湿地规模,确定芦苇湿地种植面积,芦苇应种植在退水渠道内。

灌溉退水人工湿地处理措施见表 6.3-4。

表 6.3-4　灌溉退水人工湿地处理措施

灌区名称	退水去向	种植位置布置	种植芦苇面积(hm²)
兴旺南灌区			
富西灌区	嫩江	富裕西排干	10
友谊灌区			

2. 非工程措施

1)减少化肥使用量

健全土肥技术推广体系,建立和形成科学施肥数据采集系统和信息管理系统,为农民科学施肥提供服务指导。采取总量控制和分期调控相结合的办法,积极实行“前氮后移”追肥技术,并大力推广机械深施肥技术。目前评价区水稻每亩常规施氮素 12～14 kg,通过测土配方施肥指导农民施氮素不超过 10 kg。增施有机肥,发展生物肥料,改进施肥机具和方法。加强宣传普及与培训,向农户传播科学施肥知识和技术,使科学施肥真正家喻户晓。通过上述措施减少灌溉退水的污染浓度。

2)实施节约农药措施

强化生态防治措施,合理调整作物布局,选种抗病虫良种。加强农药的管理和安全使用,继续开展剧毒高毒农药的专项整治,大力推广高效低毒农药,加强农药管理,逐步建立新农药试验示范和市场准入制度。加大对生物农药生产和应用的扶持力度,引进先进的生物农药,调查、掌握田间天敌动态,保护利用天敌生物,不断恢复和增强自然生态控制病虫草鼠害的能力。推广绿色防控措施,推广频振式杀虫灯、黄(蓝)诱虫板防治蔬菜和果树害虫技术,防虫网、遮阳网、银灰膜等防虫技术。在江东灌区、林甸灌区等退水入九道沟湿地的灌区大力发展绿色农业和有机农业,预防农药有毒成分在湿地内的残留和积蓄。

长远来看,可选择典型区域对农药的施用量、施用时间及在土壤中的残留等进行重点监测和开展相关研究。

3)加强农村面源综合治理

建议调整农业产业结构和耕作方式。将以种植业为主的单一化结构调整为种植业、养殖业、林果业相结合的复合结构;推行生物农业、有机农业、再生农业、绿色农业和循环农业生产模式。对农村废弃物、污染物进行综合开发利用,推行农业清洁生产,发展循环经济,减少污染,保护环境,降低生产投入,使农业生产废弃物得到资源化利用。结合社会主义新农村建设,制定鼓励禽畜粪便利用政策,如对以禽畜粪便为肥料的农产品实行方便的产品认证和价格倾斜政策,或对利用禽畜粪便生产沼气的农户进行沼气池建设补贴等,这样既可以减少禽畜粪便污染,改善农村生态环境,也可以减少化肥施用量,有效减少面源污染。

6.3.3.3　城市废、污水处理措施

1. 污水处理工程措施

完善城市排水系统,做好污水治理规划,对大庆市、富裕县来自城区集中的建筑群内生活污水和雨水,实施雨污分流排放,完善污水处理系统,将截流的生活污水输送到污水处理厂集中处理。2020 年,要求生活污水全部收入污水处理厂统一处理,达到《城镇污水处理厂污染物排放标准》(GB 18918—2002)一级 A 标准后统一排放。继续加强污水处理厂建设运行及管理,采用先进的工艺和技术提高城市污水处理率。

2. 重点污染源控制措施

2020 年,大庆市污水治理力度及节能减排水平将步入一个新台阶,工业生产不应再发展耗能大、用水多、污染严重的工业企业,降低单位生产工业产品或产值的用水量、排水量及污染物排放量;加强对老工业企业的技术改造,积极推广清洁生产;大企业污水自行处理,达标排放;加强水资源保护管理,实施污染物总量控制;厉行节水减污,提高工业用水重复利用率,最大程度地减少污染物排放量和入河量。

3. 中水回用

为减少进入环境的 COD 总量,应对部分污水处理厂进行污水深度处理,经二级处理的污水,基本上达到农业灌溉和生态用水标准,因此可对处理后的污水进行回用,污水回用可用于浇洒绿地、植树造林等。大庆市是以石油、石化产业为主的工业型城市,经过污水处理厂处理的水可以满足石油、石化工业用水,进行采油注水、化工和热力冷却等。至 2020 年,大庆市中水回用率应达到 30%。通过中水回用可以减少污水排放量,同时在很大程度上也将削减 COD 排放量,减小对地表水的污染程度。

4. 加强区域水污染防治

现状乌裕尔河、双阳河、扎龙湿地等水体水质尚未达到水质目标,嫩江干流水质也不稳定,易受排污影响。因此,建议黑龙江省有关部门根据水环境保护总体目标的要求,进一步加大水污染防治的水资源保护工作力度,尽快增加乌裕尔河沿岸、双阳河上游克山、依安、林甸、嫩江干流的齐齐哈尔、富拉尔基等城镇污水处理规模及污水管网建设,并加大工业企业废污水治理力度,使废污水达标排放,以减轻受纳水体污染,确保区域水质目标如期实现。

第 7 章 地下水环境影响与保护措施

7.1 地下水现状调查与评价

7.1.1 评价标准及方法

7.1.1.1 评价标准

水质评价采用《地下水质量标准》(GB/T 14848—93)进行评价。

7.1.1.2 评价因子及方法

选定的评价因子为矿化度、pH、氟化物、高锰酸盐指数、氨氮、硝酸盐氮、砷、硒、汞、六价铬、铁、铜、铅、锌、镉等 15 项。

采用单项组分评价法对地下水质量进行评价,标准指数计算公式如下。

(1)对于评价标准为定值的水质因子,其标准指数计算公式为

$$P_i = \frac{C_i}{C_{si}}$$

式中 P_i——第 i 个水质因子的标准指数;

C_i——第 i 个水质因子的检测质量浓度值,mg/L;

C_{si}——第 i 个水质因子的标准质量浓度值,mg/L。

(2)对于评价标准为区间值的水质因子(如 pH),其标准指数计算公式为

$$P_{pH} = \frac{7.0 - pH}{7.0 - pH_{sd}} \quad (pH \leqslant 7)$$

$$P_{pH} = \frac{pH - 7.0}{pH_{su} - 7.0} \quad (pH > 7)$$

式中 P_{pH}——pH 的标准指数;

pH——pH 的检测值;

pH_{su}——标准中 pH 的上限值;

pH_{sd}——标准中 pH 的下限值。

评价标准采用《地下水质量标准》(GB/T 14848—93)中Ⅲ类标准。

7.1.2 水质现状评价

7.1.2.1 监测井布设

地下水水质监测范围遍及整个评价区,监测井基本均匀分布在评价区范围内。本次在兴旺灌区、富西灌区、友谊灌区、富裕灌区、富裕牧场灌区、富南灌区、依安灌区、林甸引嫩灌区、马场灌区、明青灌区、任民镇灌区、中本灌区、江东灌区、南岗灌区、建国灌区等区内布设21 眼地下水监测井,对工程涉及的灌区浅层和承压地下水 2006 年 8 月水质情况进行评价,监测井详细情况见表 7.1-1。

表 7.1-1 地下水水质现状监测及评价结果

（单位：pH 无量纲，其余 mg/L）

序号	监测地区	监测点位置	地下水类型	矿化度	pH	氟化物	高锰酸盐指数	氨氮	硝酸盐氮	砷	硒	汞	六价铬	铁	铜	铅	锌	镉
1	兴旺灌区	新江林场	浅层	410	7.3	0.2	1.0	0.10	9.18	<0.007	0.0128	<0.00001	<0.004	<0.03	<0.001	<0.001	0.037	<0.001
				II	I	I	I	II	II	I	IV	I	I	I	I	I	I	I
2	富西灌区	东二十里台东 2 km	浅层	356	8.2	0.2	0.6	0.09	1.44	<0.007	0.0114	<0.00001	0.004	0.25	<0.001	<0.001	0.003	<0.001
				II	II	I	I	II	I	I	IV	I	I	III	I	I	I	I
3	友谊灌区	前进屯	浅层	460	7.2	0.3	0.7	0.46	<0.02	<0.007	0.0091	<0.00001	<0.004	<0.03	<0.001	<0.001	0.010	<0.001
				II	I	I	I	II	I	I	III	I	I	I	I	I	I	I
4	江东灌区	边屯	浅层	533	7.4	0.3	1.0	1.03	0.21	0.036	<0.0015	<0.00001	0.004	3.93	<0.001	<0.001	0.007	<0.001
				III	I	I	I	V	I	IV	I	I	I	V	I	I	I	I
5	江东灌区	种畜场	深层承压	392	7.3	0.2	2.2	0.44	0.09	<0.007	<0.0015	<0.00001	<0.004	2.33	<0.001	<0.001	0.008	<0.001
				II	I	I	III	IV	I	I	I	I	I	V	I	I	I	I
6	富裕牧场灌区	富裕牧场十四队	浅层	445	7.3	0.7	0.6	<0.05	0.15	<0.007	0.0091	<0.00001	<0.004	<0.03	<0.001	<0.001	0.007	<0.001
				II	I	II	I	I	I	I	III	I	I	I	I	I	I	I
7	富南灌区	繁荣种畜场	浅层	508	7.3	1.1	1.5	1.63	0.08	<0.007	0.0046	<0.00001	<0.004	1.76	<0.001	<0.001	0.034	<0.001
				III	I	IV	II	V	I	I	III	I	I	V	I	I	I	I
8	富南灌区	绍文乡	深层承压	510	7.5	0.7	1.2	0.54	0.16	<0.007	0.0165	<0.00001	<0.004	0.34	<0.001	<0.001	0.052	<0.001
				III	I	II	II	V	I	I	IV	I	I	IV	I	I	II	I
9	依安灌区	新华马场	浅层	631	7.3	0.9	0.7	0.14	0.11	0.007	0.0046	<0.00001	<0.004	<0.03	<0.001	<0.001	0.056	<0.001
				III	I	III	I	II	I	I	III	I	I	I	I	I	II	I

续表 7.1-1

序号	监测地区	监测点位置	地下水类型	矿化度	pH	氟化物	高锰酸盐指数	氨氮	硝酸盐氮	砷	硒	汞	六价铬	铁	铜	铅	锌	镉
10	依安灌区	郭友屯	深层承压	598 Ⅲ	7.4 Ⅰ	1.0 Ⅲ	0.8 Ⅰ	0.06 Ⅱ	0.13 Ⅰ	<0.007 Ⅰ	0.017 0 Ⅳ	<0.000 1 Ⅰ	<0.004 Ⅰ	<0.03 Ⅰ	<0.001 Ⅰ	<0.001 Ⅰ	0.011 Ⅰ	<0.001 Ⅰ
11	南岗灌区	永丰	浅层	1 000 Ⅲ	8.2 Ⅱ	1.2 Ⅳ	3.5 Ⅳ	0.96 Ⅱ	0.03 Ⅰ	0.075 Ⅴ	<0.001 5 Ⅰ	<0.000 1 Ⅰ	0.008 Ⅱ	0.33 Ⅳ	<0.001 Ⅰ	<0.001 Ⅰ	0.040 Ⅰ	<0.001 Ⅰ
12	林甸引嫩灌区	宏伟乡	浅层	1 060 Ⅳ	7.4 Ⅰ	1.0 Ⅲ	1.9 Ⅱ	0.63 Ⅳ	0.05 Ⅰ	0.074 Ⅴ	<0.001 5 Ⅰ	<0.000 1 Ⅰ	<0.004 Ⅰ	0.29 Ⅲ	<0.001 Ⅰ	<0.001 Ⅰ	0.019 Ⅰ	<0.001 Ⅰ
13	建国灌区	东风乡	深层承压	1 000 Ⅲ	7.4 Ⅰ	2.1 Ⅴ	1.8 Ⅱ	0.46 Ⅳ	2.20 Ⅱ	0.011 Ⅱ	0.011 4 Ⅱ	<0.000 1 Ⅰ	<0.004 Ⅰ	<0.03 Ⅰ	<0.001 Ⅰ	<0.001 Ⅰ	0.020 Ⅰ	<0.001 Ⅰ
14	明青灌区	引嫩管理所	深层承压	778 Ⅲ	7.3 Ⅰ	1.0 Ⅲ	0.9 Ⅰ	0.29 Ⅳ	<0.02 Ⅰ	<0.007 Ⅰ	0.016 0 Ⅳ	<0.000 1 Ⅰ	0.004 Ⅰ	<0.03 Ⅰ	0.019 Ⅱ	<0.001 Ⅰ	0.045 Ⅰ	<0.001 Ⅰ
15	任民镇灌区	姜百路	浅层	540 Ⅲ	7.5 Ⅰ	1.5 Ⅳ	0.6 Ⅰ	0.08 Ⅱ	0.14 Ⅰ	<0.007 Ⅰ	<0.001 5 Ⅰ	<0.000 1 Ⅰ	<0.004 Ⅰ	0.37 Ⅳ	<0.001 Ⅰ	<0.001 Ⅰ	0.017 Ⅰ	<0.001 Ⅰ
16	任民镇灌区	道德会屯	深层承压	574 Ⅲ	7.5 Ⅰ	1.5 Ⅳ	0.7 Ⅰ	<0.05 Ⅰ	0.24 Ⅰ	<0.007 Ⅰ	<0.001 5 Ⅰ	<0.000 1 Ⅰ	<0.004 Ⅰ	<0.03 Ⅰ	<0.001 Ⅰ	<0.001 Ⅰ	0.022 Ⅰ	<0.001 Ⅰ
17	中本灌区	刘家屯	浅层	714 Ⅲ	7.9 Ⅰ	2.1 Ⅴ	0.8 Ⅰ	0.09 Ⅱ	0.06 Ⅰ	<0.007 Ⅰ	0.006 8 Ⅰ	<0.000 1 Ⅰ	<0.004 Ⅰ	0.22 Ⅲ	<0.001 Ⅰ	<0.001 Ⅰ	0.015 Ⅰ	<0.001 Ⅰ
18	中本灌区	岗三屯	深层承压	527 Ⅲ	8.5 Ⅲ	0.2 Ⅰ	0.6 Ⅰ	0.54 Ⅴ	0.06 Ⅰ	<0.007 Ⅰ	<0.001 5 Ⅰ	<0.000 1 Ⅰ	<0.004 Ⅰ	1.95 Ⅴ	<0.001 Ⅰ	<0.001 Ⅰ	0.012 Ⅰ	<0.001 Ⅰ

7.1.2.2 评价结果

地下水水质现状监测及评价结果见表 7.1-1。

监测结果表明,各灌区普遍水质较好,pH、硝酸盐氮、砷、汞、六价铬、铜、铅、锌、镉指标普遍达到 Ⅰ 类水质标准,仅个别站点的部分指标超过 Ⅲ 类水质标准;矿化度、氟化物、氨氮指标以达到 Ⅱ 至 Ⅲ 类水质标准为主,高锰酸盐指数以达到 Ⅱ 至 Ⅳ 类水质标准为主,部分站点地下水铁含量超标,个别站点铁含量超出 Ⅴ 类水质标准。

7.1.3 补充水质监测

7.1.3.1 监测井布设

2011 年 7 月 7 日,哈尔滨市环境监测中心站对项目区地下水进行采样。本次共在兴旺灌区、富西灌区、友谊灌区、富南灌区、依安灌区、林甸引嫩灌区、中本灌区等布设地下水监测井 10 眼,分属浅层和承压地下水,监测井详细情况见表 7.1-2。

7.1.3.2 评价结果

地下水水质补充监测及评价结果见表 7.1-2。

监测结果表明,兴旺灌区浅层地下水、友谊灌区浅层地下水、富南灌区浅层地下水和承压水、依安灌区浅层地下水、中本灌区浅层地下水和承压水地下水水质较好,达到《地下水质量标准》Ⅲ 类标准;富西灌区浅层地下水除氟化物外能够达到 Ⅲ 类标准,氟化物超标主要为自然背景值较高所致;林甸引嫩灌区宏伟乡深层承压水水质良好,为 Ⅲ 类水质,东兴乡浅层地下水除硝酸盐氮为 Ⅴ 类水质标准外,其余因子均能达到 Ⅲ 类水质标准。

7.2 地下水环境影响及土壤次生盐渍化

7.2.1 地下水位预测

Visual MODFLOW 是目前世界上应用最广泛的三维地下水流和溶质运移模拟的标准可视化专业软件系统,采用该软件对地表水—地下水水量交换进行模拟。

7.2.1.1 对区域地下水位影响

根据地质钻孔资料及含水层埋藏条件,将研究区内地层概化从上至下依次为潜水含水层、弱透水层和承压水含水层,潜水与承压水通过弱透水层存在水量交换。研究区内水位呈非稳定状态,含水层为非均质各向同性,同一参数分区内可视为均质,水流服从达西定律。补给以降雨入渗和嫩江、松花江等地表水体的入渗补给为主;排泄以人工开采和补给河流为主。根据实际资料情况,选择模拟时段为 2009 年 1 月至 2010 年 12 月,以 2009 年 1 月研究区内的水头分布作为初始条件。

1. 数学模型建立

根据上述水文地质概念模型及相关地下水动力学原理,可建立地下水流数学模型:

$$\begin{cases} \dfrac{\partial}{\partial x}\left[K(H-B)\dfrac{\partial H}{\partial x}\right] + \dfrac{\partial}{\partial y}\left[K(H-B)\dfrac{\partial H}{\partial y}\right] + W - Q_E - Q_V = \mu\dfrac{\partial H}{\partial t}, (x,y) \in D \\ H(x,y,t)\big|_{t=0} = H_0(x,y), (x,y) \in D \\ K(H-B)\dfrac{\partial H(x,y)}{\partial n}\Big|_{\Gamma_2} = q(x,y,t), (x,y) \in \Gamma_2, t > 0 \end{cases}$$

表 7.1-2　地下水水质补充监测及评价结果

（单位：pH 无量纲，其余 mg/L）

监测地区	监测点位置	地下水类型	矿化度		pH		氟化物		高锰酸盐指数		氨氮		硝酸盐氮		砷		硒		汞		六价铬		铁		铜		铅		锌		镉	
兴旺灌区	新江林场	浅层	431	II	6.98	I	0.01	I	0.40	I	0.098	III	11.8	III	0.000 1	I	0.000 1	I	0.000 01	I	0.004	I	0.03	I	0.001	I	0.001	I	0.02	I	0.000 4	II
富西灌区	东二十里台东 2 km	浅层	175	I	7.02	I	1.08	IV	0.32	I	0.092	III	0.35	I	0.000 1	I	0.000 1	I	0.000 01	I	0.004	I	0.03	I	0.001	I	0.001	I	0.02	I	0.000 4	II
友谊灌区	前进屯	浅层	196	I	7.00	I	0.24	I	0.79	I	0.098	III	0.36	I	0.000 1	I	0.000 1	I	0.000 01	I	0.004	I	0.03	I	0.001	I	0.001	I	0.02	I	0.000 4	II
富南灌区	繁荣种畜场	浅层	243	I	7.05	I	0.59	I	1.19	II	0.105	III	0.12	I	0.000 1	I	0.000 1	I	0.000 01	I	0.004	I	0.03	I	0.002	I	0.001	I	0.02	I	0.000 4	II
富南灌区	绍文乡	深层承压	237	I	6.95	I	1.54	III	0.51	I	0.109	III	0.14	I	0.000 1	I	0.000 1	I	0.000 01	I	0.004	I	0.03	I	0.006	I	0.001	I	0.02	I	0.000 4	II
依安灌区	新华马场	浅层	95.2	I	7.03	I	1.98	III	1.20	II	0.087	III	0.15	I	0.000 1	I	0.000 1	I	0.000 01	I	0.004	I	0.03	I	0.003	I	0.001	I	0.02	I	0.000 4	II
依安灌区	东兴乡	浅层	90.9	I	7.00	I	1.68	III	0.99	I	0.092	III	31.0	V	0.000 1	I	0.000 1	I	0.000 01	I	0.004	I	0.03	I	0.001	I	0.001	I	0.02	I	0.000 4	II
林甸引嫩灌区	宏伟乡	深层承压	476	II	6.98	I	0.99	I	0.97	I	0.085	III	0.12	I	0.000 1	I	0.000 1	I	0.000 01	I	0.004	I	0.03	I	0.001	I	0.001	I	0.02	I	0.000 4	II
中本灌区	刘家屯	浅层	330	II	7.09	I	1.61	III	0.42	I	0.067	III	0.29	I	0.000 1	I	0.000 1	I	0.000 01	I	0.004	I	0.03	I	0.001	I	0.001	I	0.02	I	0.000 4	II
中本灌区	岗三屯	深层承压	264	I	6.99	I	0.06	I	0.28	I	0.061	III	0.009	I	0.000 1	I	0.000 1	I	0.000 01	I	0.004	I	0.03	I	0.002	I	0.001	I	0.02	I	0.000 4	II

式中　K——潜水含水层渗透系数,m/d;

　　　H——潜水水位,m;

　　　B——潜水含水层底板标高,m;

　　　t——时间,d;

　　　W——单位体积流量,m^3/d,用以代表流进(源)的水量;

　　　Q_E——潜水蒸发蒸腾量,m^3/d;

　　　Q_V——地下水开采量,m^3/d;

　　　μ——潜水含水层给水度;

　　　D——计算区范围,包括 Γ_2;

　　　Γ_2——第二类边界;

　　　q——单宽流量。

采用向后差分法,迭代求解。

2. 含水层系统识别

地下水模型含水层系统识别一览表见表 7.2-1。

表 7.2-1　地下水模型含水层系统识别一览表

主要步骤	主要结果
空间离散	平面上,对评价区进行空间离散,剖分为 100 行、70 列,剖分后的网格大小约为 3.2 km×2.9 m
时间离散	模拟时段选定为 2009 年 1 月 1 日至 2010 年 12 月 31 日,计 730 天,以月为单位进行时间离散,对地下水位动态变化过程进行逐月模拟计算
观测井	在评价区内共有 14 眼地下水位观测井,大致均匀分布于干渠与灌区
边界条件	采用 General Head Boundary(简称 GHB)类型边界
地表水体	西侧与南侧边界分别为嫩江与松花江,采用河流边界;水位结合富拉尔基、江桥等水文站观测资料,结合地形自然坡度,在模型中对河水位纵向变化进行赋值
降水入渗及蒸发	4 个国家标准气象站的同期降水资料,蒸发极限埋深定为 5 m
初始流场	2009 年 1 月 1 日地下水位观测资料,进行空间差值获得

3. 模型识别

利用试错法对模型参数进行了率定。采用标准化残差均方根 $NormalizedRMS$ 进行误差分析,即:

$$NormalizedRMS = \frac{RMS}{(X_{obs})_{max} - (X_{obs})_{min}}$$

$$RMS = \frac{1}{n} \sqrt{\sum_{i=1}^{n} R_i^2}$$

式中　RMS——均方根误差;

　　　$(X_{obs})_{max}$——观测值中的极大值;

　　　$(X_{obs})_{min}$——观测值中的极小值;

　　　n——计算拟合点个数;

　　　R_i——单个拟合点 i 的绝对误差。

　　在整个模拟期间,模拟的地下水位动态及水均衡特征与实际观测情况较为一致,数值模型能够较为真实地还原地下水位的动态变化过程。

　　4.地下水影响分析

　　1)降水蒸发条件

　　利用水文分析方法获得研究区 1951～2007 年共 57 年的水文气象资料序列,利用滑动平均法分析连续 5 年的年降水量,计算得到 53 个降水序列,确定丰水年组(频率为 25%)为1957～1961 年,枯水年组(频率为 75%)为 1971～1975 年。分别选取丰水年组和枯水年组的降水蒸发资料作为2016～2020年的预测气象资料,丰水年组和枯水年组的降水量、蒸发量对比图见图 7.2-1。

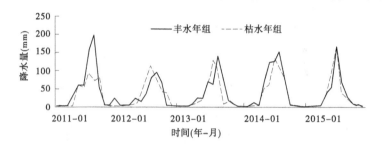

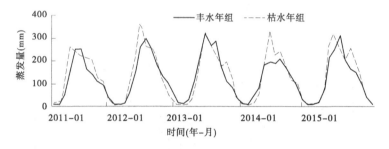

图 7.2-1　丰水年组和枯水年组的降水量、蒸发量对比图

　　2)计算结果

　　将 2005～2009 年(共 5 年)的水文气象数据输入模型,得到研究区 2005～2009 年地下水位值,该情况定为基准方案下的数值模型,在此模型基础上增加引灌工程,模拟预测2016～2020 年在丰水年组和枯水年组水文气象条件下地下水位的变化,选取灌区周边相同的 5 眼观测井(位置见表 7.2-2、图 7.2-2)来分析地下水位的变化,以此来评价引水工程实施后对周边地下水的影响。

　　(1)丰水年组水文气象条件下灌区周边观测井的水位变化。

　　模拟得到预测期的 XW、YY、FN、ZB 和 ZY 典型水位井水位变幅如图 7.2-3 所示。在丰水年组水文气象条件下,引嫩扩建工程实施后对灌区及周边的地下水位的抬升作用并不明显,最大水位变幅不超过 1.5 m。

表 7.2-2　观测井位置分布及水位变幅

典型水位井名称	典型水位井位置	方案一	方案二
XW	兴旺灌区东侧,北引干渠西侧 0.4 km 处	0.1	0.3
YY	友谊灌区西侧	1.0	−0.3
FN	富南灌区西南部	1.4	−0.1
ZB	中本灌区东部	0.5	−0.4
ZY	中引干渠东侧 0.3 km	1.2	0.5

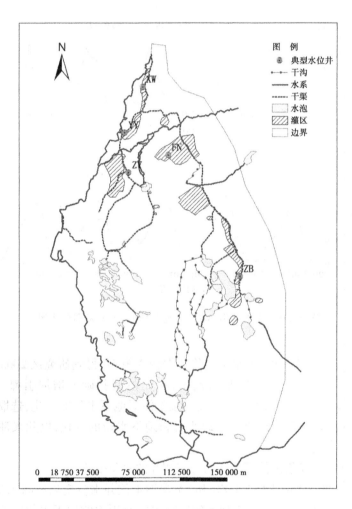

图 7.2-2　灌区周边典型观测井位置图

(2)枯水年组水文气象条件下灌区周边观测井的水位变化。

预测期 XW、YY、FN、ZB 和 ZY 观测井水位变幅如图 7.2-3 所示。在枯水年组水文气象条件下,由于降水入渗补给水量较基准方案有所减小,引嫩扩建工程实施之后,评价区大部分地区地下水位仍然降低,仅部分灌区及干渠附近地下水得到渠道渗漏补给,相应地,典型

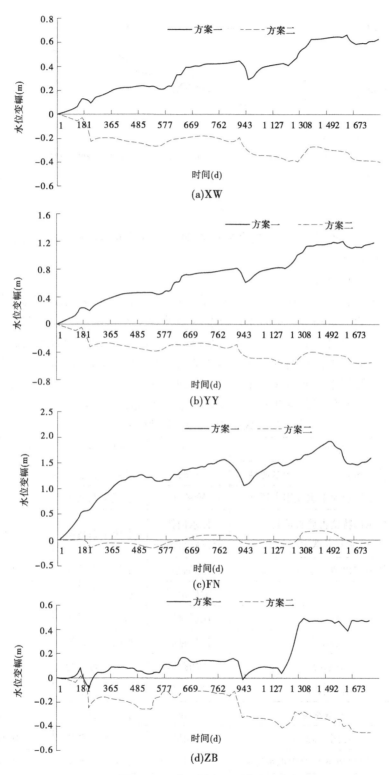

图 7.2-3　灌区周边观测井水位变幅

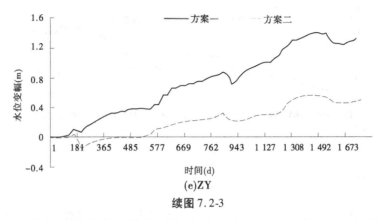

续图 7.2-3

水位井的预测水位有所抬升,但水位抬升幅度普遍小于 0.3 m,仅在中引干渠附近,水位抬升最大升幅接近 0.6 m。

7.2.1.2 对大庆市地下水位影响

大庆西部漏斗区北起林甸花园乡,南到采油七厂,西起绿色草原,东到泰康组缺失边界。综合分析大庆地区的地质和水文地质条件以及区域性地下水位降落漏斗的时空分布特征,为了在数值模拟过程中更加准确地给定边界水位(或流量),将数值模拟的人为边界适当向外扩展到西部漏斗地下水位长期观测孔较多的地带,总面积为 4 767.5 km²,包括红卫星水源、西水源、前进水源等地下水开采量较大的水源地在内。大庆市地下水水源地保护区见表 7.2-3,大庆市地下水位降落漏斗与地下水水源地分布见图 7.2-4。

表 7.2-3 大庆市地下水水源地保护区

序号	水源地名称	所在地区	保护区类型	保护区面积(km²)
1	肇州县肇州镇地下水饮用水源地	肇州县	水域生态系统	0.066 6
2	肇源县肇源镇地下水饮用水源地	肇源县	水域生态系统	0.049 6
3	杜尔伯特蒙古族自治县泰康镇地下水饮用水源地	杜尔伯特蒙古族自治县	水域生态系统	0.025 1
4	林甸县林甸镇地下水饮用水源地	林甸县	水域生态系统	0.023 5
5	杏二水源	大庆市区	水域生态系统	0.150 6
6	西水源	让胡路区	水域生态系统	0.121 7
7	前进水源	让胡路区	水域生态系统	0.107 6
8	南水源	让胡路区	水域生态系统	0.129 5
9	南二水源	红岗区	水域生态系统	0.141 4
10	红卫星水源	让胡路区	水域生态系统	0.087 5
11	红岗水源	红岗区	水域生态系统	0.117 9
12	大同区大同镇地下水饮用水水源地	大同区	水域生态系统	0.016 3
13	北水源	萨尔图区	水域生态系统	0.031 3

图 7.2-4　大庆市地下水位降落漏斗与地下水水源地分布

1. 大庆市地下水模型建立的含水层

大庆市地下水模型建立的含水层从上到下依次为第四系哈尔滨组、白土山组,第三系泰康组、依安组、明水组含水层。由于各含水层的储、导水性质在区内各地有较明显的差异,将各层含水层介质特征概化为非均质各向同性。地下水流为符合达西定律的三维非稳定流。

1) 数学模型

$$
\begin{cases}
\dfrac{\partial}{\partial x}\left(K_x \dfrac{\partial H}{\partial x}\right) + \dfrac{\partial}{\partial y}\left(K_y \dfrac{\partial H}{\partial y}\right) + \dfrac{\partial}{\partial z}\left(K_z \dfrac{\partial H}{\partial z}\right) + \varepsilon = \mu^* \dfrac{\partial H}{\partial t} & (x,y,z) \in \Omega \\[2mm]
K_x\left(\dfrac{\partial H}{\partial x}\right)^2 + K_y\left(\dfrac{\partial H}{\partial y}\right)^2 + K_z\left(\dfrac{\partial H}{\partial z}\right)^2 - \dfrac{\partial H}{\partial z}(K_z + p) + p = \mu \dfrac{\partial H}{\partial t} & (x,y,z) \in \Gamma_0 \\[2mm]
H(x,y,z)\big|_{t=0} = H_0(x,y,z) & (x,y,z) \in \Omega \\[2mm]
H(x,y,z,t)\big|_{\Gamma_1} = H_1(x,y,z) & (x,y,z) \in \Gamma_1 \\[2mm]
K_n \dfrac{\partial H}{\partial n}\bigg|_{\Gamma_2} = q(x,y,z,t) & (x,y,z) \in \Gamma_2
\end{cases}
$$

式中　Ω——渗流区域;

　　　H——地下水位,m;

　　　K_x, K_y, K_z——x, y, z 方向上的渗透系数,m/d;

　　　K_n——边界面法向方向的渗透系数,m/d;

　　　μ^*——释水系数,1/m;

μ——潜水含水层重力给水度；

ε——含水层的源汇项，m/d；

Γ_0——渗流区域的上边界，即地下水的自由水面；

p——潜水面的蒸发及降水补给量等，m/d；

Γ_1、Γ_2——渗流区的第一类、第二类边界；

$q(x,y,z,t)$——渗流区第二类边界的单宽流量，流入为正，流出为负，隔水边界为 0，m³/(d·m)。

2）含水层系统识别

模型识别期为 2001 年 1 月 1 日至 2002 年 1 月 31 日，以 1 个月为一个时段；验证期为 2004 年 1 月 1 日至 2004 年 12 月 31 日。计算区采用矩形网格剖分，每个计算单元面积约为 0.5 km²。参考《供水水文地质手册》中粉细砂的经验值，渗透系数为 17 m/d；给水度取 0.18，弱透水层渗透系数的初始值取 0.000 86 m/d，深层承压含水层作为区内的主力开采层位，区内的主要开采水源地做过野外抽水试验，用解析法求得的参数结果见表 7.2-4。

表 7.2-4　部分水源地试验求参结果

参数	南二水源	前进水源	西水源	喇嘛甸水源	齐家水源
K(m/d)	55.4	56.20	58.0	41.6	55.0
μ^*(1/m)	—	0.004	0.004	—	0.005

3）模型识别

（1）率定。

识别时段（2001 年）观测孔地下水位拟合情况统计见表 7.2-5，识别后渗透系数见表 7.2-6，识别时段末刻地下水流场见图 7.2-5。

表 7.2-5　识别时段（2001 年）观测孔地下水位拟合情况统计

时段数		潜水											
		1 月	2 月	3 月	4 月	5 月	6 月	7 月	8 月	9 月	10 月	11 月	12 月
误差（%）	<0.5 m	88	75	75	63	63	50	50	38	38	38	50	63
	<1 m	100	75	88	88	88	75	63	63	75	63	75	88

注：区内共 7 个潜水位观测孔。

误差（%）：表示计算水位与观测水位相差分别小于 0.5 m 和 1 m 的井数占总井数的百分数

时段数		承压水											
		1 月	2 月	3 月	4 月	5 月	6 月	7 月	8 月	9 月	10 月	11 月	12 月
误差（%）	<0.5 m	62	59	62	53	56	50	56	50	47	53	56	53
	<1 m	82	78	84	75	78	72	75	78	69	75	82	84

注：区内共 32 个承压地下水位观测孔。

误差（%）：表示计算水位与观测水位相差分别小于 0.5 m 和 1 m 的井数占总井数的百分数

表 7.2-6　识别后渗透系数

参数区	弱透水层			
	1	2	3	4
$K(m/d)$	0.000 7	0.000 05	0.000 4	0.000 1

参数区	承压含水层				
	1	2	3	4	5
$K(m/d)$	55	49	54	53	50
$\mu^*(1/m)$	0.004 8	0.005 1	0.008 4	0.004 9	0.005 7
参数区	6	7	8	9	10
$K(m/d)$	55	58	56	57	45
$\mu^*(1/m)$	0.004 6	0.005 0	0.004 2	0.004 6	0.006

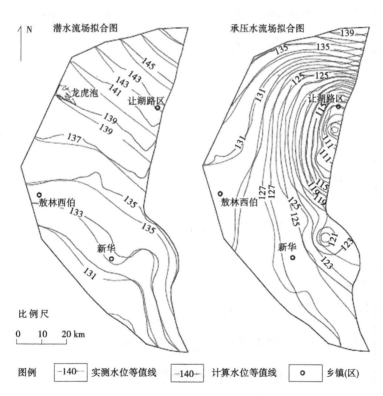

图 7.2-5　识别时段末刻地下水流场

（2）验证。

验证时段（2004 年）观测孔地下水位拟合情况统计见表 7.2-7，验证时刻末刻地下水流场见图 7.2-6。

表7.2-7　验证时段(2004年)观测孔地下水位拟合情况统计

时段数		潜水											
		1月	2月	3月	4月	5月	6月	7月	8月	9月	10月	11月	12月
误差 (%)	<0.5 m	88	88	75	88	88	50	50	38	38	38	50	63
	<1 m	88	88	88	88	100	88	75	75	88	75	88	100

注:区内共7个潜水位观测孔。

误差(%):表示计算水位与观测水位相差分别小于0.5 m和1 m的井数占总井数的百分数

时段数		承压水											
		1月	2月	3月	4月	5月	6月	7月	8月	9月	10月	11月	12月
误差 (%)	<0.5 m	56	59	53	56	53	50	47	53	53	56	53	56
	<1 m	82	78	75	78	81	72	75	69	69	75	75	81

注:区内共32个承压地下水位观测孔。

误差(%):表示计算水位与观测水位相差分别小于0.5 m和1 m的井数占总井数的百分数

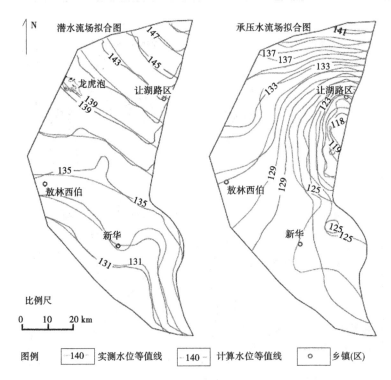

图7.2-6　验证时刻末刻地下水流场

　　地下水位拟合误差小于1 m的观测孔平均占总观测孔数量的70%~80%,从区域流场形态上看,计算流场与实测流场基本吻合,表明所建立的地下水流数值模拟模型基本能够比较真实地刻画研究区地下水流的运动特征,模型所选用的水文地质参数基本合理。

　　2.地下水减采方案

　　工程增加地表水引水量替代了严重超采的大庆地下水的开采量,将有利于地下水位漏斗范围的缩小,漏斗中心水位将回升,有利于区域生态环境的改善。

2008 年大庆市地下水开采量为 1.54 亿 m³/a,包括喇嘛甸水源等 14 座水源地 386 眼水源井及分散分布的 225 眼企业自备水源井,主要开采第四系孔隙承压水,以工业用水及城镇生活用水为主,该区内地下水(第四系孔隙承压水)可开采量为 1.285 亿 m³/a,超采 0.25 亿 m³/a。大庆市东部地区 2008 年地下水已关闭,包括萨杏油田东部及石化总厂的北水源、大化水源等 10 座水源地 85 眼水源井及分散分布的 117 眼企业自备水源井,仅保留城郊农村生活及灌溉用井(主要开采深层地下水前第四系裂隙孔隙水);西部地区压缩开采的水源地包括红卫星水源、西水源、让胡路水源、前进水源、杏树岗水源、南水源、南二水源,合计减少开采量 0.24 亿 m³/a,调整后该地区地下水开采量 1.31 亿 m³。该地区所需不足各业用水均由地表水代替。大庆市地下水供水水源规划水平年开采方案调整见表 7.2-8。

初步选定两种限采方案进行模拟,方案一:2016～2020 年每年减采总减采量的 20%,减采时段为每年供水期的 5～8 月;方案二:集中在 2019 年和 2020 年减采,每年减采总减采量的 50%,减采时段为每年供水期的 5～8 月。大庆市地下水供水水源两种限采方案对比见表 7.2-9。

表 7.2-8　大庆市地下水供水水源规划水平年开采方案调整

分区	水源地(自备井)	现有井数(眼)	开采层位岩性	单井出水量(m³/d)	用途	供水能力(万 m³/d)	现状开采量(万 m³/a)	调整后开采量(万 m³/a)	水源调整时间
西部区	喇嘛甸	32	Q₁、砂砾石	1 500～2 500	工业	3.3	0	0	现已关闭
	红卫星	47	Q₁、砂砾石	1 500～2 500	工业、生活	4.2	1 101.6	1 101.6	
	齐家水源	50	Q₁、砂砾石	1 500～2 500	工业	8.1	0	0	现已关闭
	齐一联	2	Q₁、砂砾石	1 500～2 500	工业、生活	0.3	0	0	现已关闭
	喇化水源	7	Q₁、砂砾石	1 500～2 500	工业、生活	2	738	738	
	气电水源	7	Q₁、砂砾石	1 500～2 500	工业	1	255.5	255.5	
	西水源	72	Q₁、砂砾石	1 500～2 500	工业、生活	7.8	1 911.4	1 010	2020 年前
	让胡路	26	Q₁、砂砾石	1 500～2 500	工业、生活	3.5	0	0	现已关闭
	前进水源	30	Q₁、砂砾石	1 500～2 500	工业、生活	5.7	1 755.8	1 010	2020 年前
	独立屯	7	Q₁、砂砾石	1 500～2 500	工业、生活	1.5	369.8	369.8	
	南水源	23	Q₁、砂砾石	1 500～2 500	工业、生活	5.6	1 773.2	1 300	2020 年前
	南二水源	47	Q₁、砂砾石	1 500～2 500	工业、生活	8.7	2 883.6	1 500	2020 年前
	杏树岗水源	33	Q₁、砂砾石	1 500～2 500	工业、生活	7	2 119.5	1 010	2020 年前
	杏西水源	3	Q₂₁、砂砾石	1 500～2 500	工业、生活	0.5	182.5	182.5	
	自备井	445	Q₁、砂砾石	1 500～2 500	工业、农业	4.8	1 940	1 940	

续表 7.2-8

分区	水源地 (自备井)	现有 井数 (眼)	开采层位 岩性	单井 出水量 (m³/d)	用途	供水 能力 (万 m³/d)	现状 开采量 (万 m³/a)	调整后 开采量 (万 m³/a)	水源 调整时间
东部区	北水源	9	K₂ₘ、砂砾岩	1 000～2 000	工业	1.3	0	0	2020 年前
	东水源	9	K₂ₘ、砂砾岩	1 000～2 000	工业	1	0	0	2020 年前
	龙凤水源	22	K₂ₘ、砂砾岩	1 000～2 000	工业	3.3	0	0	2020 年前
	北二水源	3	K₂ₘ、砂砾岩	1 000～2 000	工业	0.3	0	0	2020 年前
	北三水源	5	K₂ₘ、砂砾岩	1 000～2 000	工业	0.7	0	0	2020 年前
	南九水源	7	K₂ₘ、砂砾岩	1 000～2 000	工业	0.4	0	0	2020 年前
	南十水源	10	K₂ₘ、砂砾岩	1 000～2 000	工业	1	0	0	2020 年前
	杏六水源	6	K₂ₘ、砂砾岩	1 000～2 000	工业	0.6	0	0	2020 年前
	化工厂水源	4	K₂ₘ、砂砾岩	1 000～2 000	工业	0.7	0	0	2020 年前
	乙烯水源	10	K₂ₘ、砂砾岩	1 000～2 000	工业	0.7	0	0	2020 年前
	自备井	203	K₂ₘ、砂砾岩	1 000～2 000	工业、农业	2.4	515	515	2020 年前
总计		1 119				76.7	15 545.9	10 932.4	

表 7.2-9 大庆市地下水供水水源两种限采方案对比   (单位:万 m³/a)

水源地名称	现有井数 (眼)	规划减采总量 (万 m³)	方案一:2016～2020 年 每年减采量	方案二:2019～2020 年 每年减采量
西水源	72	901.4	180.28	450.70
前进水源	30	745.8	149.16	372.90
南水源	23	473.2	94.64	236.60
南二水源	47	1 383.6	276.72	691.80
杏树岗水源	33	1 109.5	221.90	554.75

3. 降水蒸发条件

利用水文分析方法获得大庆市数值模拟地区 1958～2007 年共 50 年的水文气象资料序列。利用滑动平均法分析连续 5 年的年降水量,计算得到 46 个年降水序列,每连续 5 年的年降水量变化过程如图 7.2-7 所示。

选取丰水年组($P=25\%$)为 2002～2006 年,枯水年组($P=75\%$)为 1997～2001 年作为未来 5 年(2016～2020 年)的预测气象资料,丰水年组和枯水年组的年降水量、蒸发量对比图如图 7.2-8 所示。

4. 预测结果

模型范围内观测井(承压水观测井)位置图见图 7.2-9。

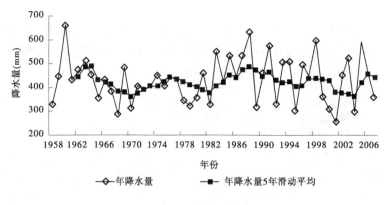

图 7.2-7　年平均降水量变化过程

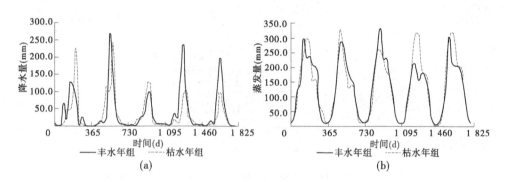

图 7.2-8　丰水年组和枯水年组年降水量、蒸发量对比图

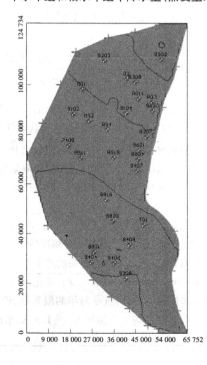

图 7.2-9　模型范围内观测井(承压水观测井)位置图

1）模拟期末刻地下水流场

工程实施后,漏斗中心的水位有所上升,在丰水期未减采的情况下,漏斗中心水位为112.0 m,方案二的情况下,漏斗中心水位上升到121.0 m。枯水期在三种情况下的模拟结果与丰水期的模拟结果相差不大。模拟期末刻地下水流场见图7.2-10。

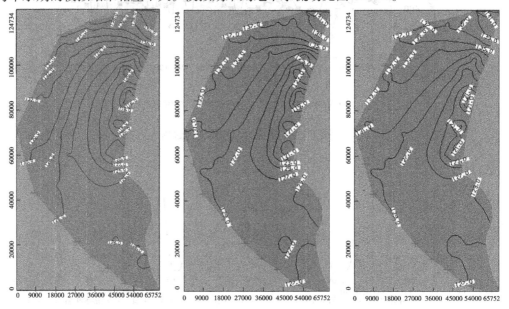

图7.2-10　模拟期末刻基准年、方案一和方案二下地下水流场

2）水位变化

大庆市地下水位变化模拟结果见表7.2-10,主要水源地代表性承压水井水位变化过程见图7.2-11。

表7.2-10　大庆市地下水位变化模拟结果

方案		结果
丰水期承压水	方案一	观测井的水位在未来5年里呈上升趋势,且每个观测井这5年间上升的幅度相差不大,在每年限采的5~8月上升幅度较大。代表性水井水位最大上升幅度在1~4 m
	方案二	未采取限采措施时,观测井的水位没有明显上升,从2019年开始实施限采措施后,限采水源地的地下水位有明显回升,且在每年限采期,即5~8月水位上升幅度较大。每个代表性水井的水位平均上升幅度为1~2.5 m,水源地漏斗中心限采后地下水位上升最大幅度在2~6 m
枯水期承压水	方案一	观测井的水位在未来5年里水位都有所上升,且每个观测井在这5年间上升的幅度相差不大,在每年限采的5~8月上升幅度较大。每个代表性水井的水位平均上升幅度在1 m左右,水源地漏斗中心限采后地下水位上升最大幅度在1~4 m
	方案二	未采取限采措施时,观测井的水位没有变化,从2019年开始实施限采措施后,限采水源地的地下水位有所回升,且在每年的限采期,即5~8月水位上升幅度较大。每个代表性水井的水位平均上升幅度为1~1.5 m,水源地漏斗中心限采后地下水位上升最大幅度在2~4 m

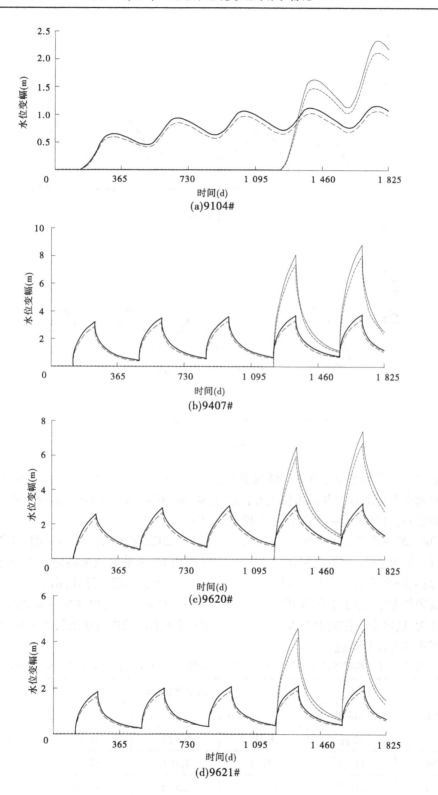

(a) 9104#

(b) 9407#

(c) 9620#

(d) 9621#

图 7.2-11　主要水源地代表性承压水井水位变化过程

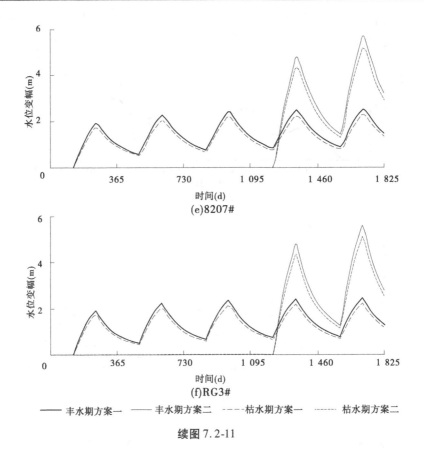

(e)8207#

(f)RG3#

—— 丰水期方案一　　—— 丰水期方案二　　－－－枯水期方案一　　······枯水期方案二

续图 7.2-11

　　方案二情况下的水位比方案一情况下水位变幅大很多,其中,位于水源地中心以及减采量比较大的水源地的观测井的水位上升比较明显,如 9620#以及 8207#,这两个观测井均位于水源地中心,且该水源地的减采量达 40% ~50% 。

　　9620#、8207#典型承压水观测井 8 月(减采期)及 2020 年 12 月(非减采期)水位对比见表 7.2-11。结果表明,两个观测井的水位变化规律相似,未采取减采措施时地下水位变化不明显,减采期水位上升较大,在减采末期地下水位达到最大值。另外,由于方案二采取的是集中减采的方案,即集中在 2019 年和 2020 年减采,实施方案二比方案一减采期地下水位回升幅度大,这也表明控制地下水开采量对该地区地下水位的恢复作用较为明显,是非常有效的地下水资源保护措施。

表 7.2-11　典型承压水观测井 8 月(减采期)及 2020 年 12 月(非减采期)水位对比

观测井	地下水位(m)				
	基准年	方案一		方案二	
	12 月	8 月	12 月	8 月	12 月
9620#	117.7	121.1	120.5	124.0	121.2
8207#	118.5	121.3	120.1	123.9	121.6

　　基准年维持现状开采(2008 年开采量)不减采,至 2020 年末,漏斗中心区面积增大了 91

km^2;在实施方案一与方案二的情况下,至 2020 年末,漏斗中心区面积均在减小,漏斗中心区面积分别减小了 90 km^2、141 km^2。见表 7.2-12。

表 7.2-12　预测期初刻 2016 年 1 月及预测期末刻 2020 年 12 月承压含水层的漏斗中心区面积

方案	漏斗中心区面积(km^2)	
	2016 年 1 月	2020 年 12 月
基准年	430	521
方案一	430	340
方案二	430	289

注:漏斗中心区面积值为承压水水位埋深大于 25 m 的面积。

3)漏斗水位及面积变化

工程实施后丰水期漏斗中心的水位有所上升,未减采的情况下漏斗中心水位为 112.0 m,丰水期漏斗中心水位上升到 119.0 ~ 121.0 m,枯水期与丰水期的模拟结果相差不大,漏斗中心区面积分别减小了 90 km^2、141 km^2。工程增加地表水引水量替代了严重超采的大庆地下水的开采量,将有利于地下水位漏斗范围的缩小,漏斗中心水位将回升,将有利于区域生态环境的改善。

7.2.2　地下水矿化度预测

根据松嫩平原的水文地质条件、土壤盐渍化程度影响因素及现有资料,运用 SPSS 模型对地下水矿化度、地下水埋深、降水及蒸发进行回归分析,并利用回归方程进行地下水矿化度的预测。地下水水质观测井位置见图 7.2-12,回归模型见表 7.2-13。根据已建立的回归

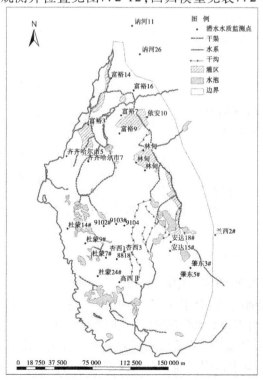

图 7.2-12　地下水水质观测井位置

方程,及 MODFLOW 模型预测出的基准方案与方案二的地下水埋深、降水及蒸发等资料,预测出地下水的矿化度,地下水矿化度的预测结果见表7.2-14,全区变化情况见图7.2-13。

表 7.2-13　水质观测井分组回归模型

分区	站名	复相关系数 R	估计值的标准误差	参数	标准化的回归系数	T 值	显著性
1	讷河 11、讷河 26、富裕 14、富裕 16	0.683	0.574	埋深	−0.563	−2.768	0.016
				蒸发	0.032	0.119	0.907
				降水	−0.4	−1.489	0.16
2	齐齐哈尔市 4、齐齐哈尔市 5、齐齐哈尔市 7、富裕 7、富裕 9	0.682	0.23	埋深	−0.659	−2.976	0.011
				蒸发	0.557	2.056	0.06
				降水	−0.013	−0.053	0.959
3	林甸、富裕 3、依安 10	0.902	0.204	埋深	−0.375	−2.814	0.016
				蒸发	0.676	4.843	0
				降水	−0.07	−0.53	0.606
4	杜蒙 7#、杜蒙 9#、杜蒙 14#、杜蒙 24#	0.643	0.11	埋深	−0.598	−2.81	0.015
				蒸发	0.088	0.323	0.752
				降水	−0.209	−0.771	0.454
5	兰西 2#、安达 15#、安达 18#、肇东 3#、肇东 5#	0.604	0.504	埋深	−0.448	−2.894	0.007
				蒸发	0.356	0.919	0.366
				降水	−0.121	−0.312	0.757
6	杏西 1、杏西 3、高西 Ⅱ、8818、9102#、9104、9103#、杏树岗水源 2−2	0.859	0.155	埋深	−0.245	−0.734	0.516
				蒸发	0.482	1.281	0.29
				降水	−0.349	−0.845	0.46

　　方案二与基准方案相比,方案二中评价区地下水埋深普遍比基准方案的大,全区地下水矿化度均有所增大,但变幅不大,介于 0.02 ~ 0.19 g/L,主要变化区域在各大灌区附近,而距离河道较远的肇东等地由于地下水埋深较深,故矿化度基本不变,变幅最大的观测井均位于林甸灌区附近,变幅为 0.19 g/L。评价区北部的北引渠首及东南部地区,地下水埋深较深,地下水矿化度较小;而林甸灌区附近地下水埋深较浅,矿化度偏大,接近于 1.0 g/L;评价区西南部的地下水矿化度则分布较均匀,变化不大。

表 7.2-14　各观测井基准年及方案一的预测地下水埋深和矿化度

序号	站名	埋深		矿化度		序号	站名	埋深		矿化度	
		基准年	方案二	基准年	方案二			基准年	方案二	基准年	方案二
1	富裕14	22.24	22.19	—	—	15	杜蒙14#	11.47	11.6	0.31	0.46
2	富裕16	11.54	11.43	0.08	0.14	16	杜蒙24#	11.92	11.82	0.31	0.46
3	齐齐哈尔市4	4.81	4.88	0.38	0.45	17	安达15#	35.72	35.69	—	—
4	齐齐哈尔市5	5.58	5.7	0.27	0.33	18	安达18#	20.15	20.13	—	—
5	齐齐哈尔市7	3.4	3.54	0.59	0.65	19	肇东3#	28.93	28.88	—	—
6	富裕7	3.51	3.47	0.57	0.64	20	肇东5#	34.98	34.87	—	—
7	富裕9	5.31	5.26	0.31	0.38	21	杏西1	4.83	4.91	0.38	0.38
8	林甸	4.84	4.84	0.76	0.95	22	杏西3	5.13	5.1	0.38	0.38
9	林甸	4.01	4.14	0.78	0.97	23	让S4#	6.03	6.03	0.35	0.35
10	林甸	4.78	4.73	0.76	0.95	24	8818	11.81	11.8	0.2	0.2
11	富裕3	10.53	10.46	0.66	0.78	25	9102#	5.86	5.85	0.36	0.36
12	依安10	9.68	9.53	0.68	0.8	26	9104	4.55	4.55	0.39	0.39
13	杜蒙7#	8.13	8.27	0.33	0.48	27	9103#	13.41	9.23	0.16	0.27
14	杜蒙9#	8.99	9.14	0.33	0.47	28	杏树岗水源2－2	5.1	4	0.38	0.4

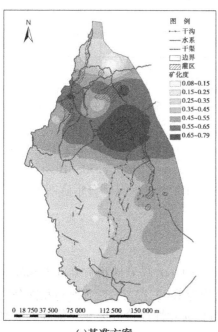

(a)基准方案　　　　　　　　　　(b)方案二

图 7.2-13　评价区枯水期的地下水矿化度预测值分区图

7.2.3 土壤次生盐渍化预测

7.2.3.1 评价方法

土壤次生盐渍化易发性指数赋分见表7.2-15。

表 7.2-15 土壤次生盐渍化易发性指数赋分

地下水埋深			
地下水埋深(m)	评分	地下水埋深(m)	评分
< 1.0	10	3.0 ~ 3.5	5
1.0 ~ 1.5	9	3.5 ~ 4.0	4
1.5 ~ 2.0	8	4.0 ~ 5.0	3
2.0 ~ 2.5	7	> 5.0	1
2.5 ~ 3.0	6		

地下水矿化度			
地下水矿化度(g/L)	评分	地下水矿化度(g/L)	评分
< 0.5	1	1.5 ~ 2.0	8
0.5 ~ 1.0	3	2.0 ~ 2.5	9
1.0 ~ 1.5	5	> 2.5	10

包气带渗透性			
渗透系数(m/d)	评分	渗透系数(m/d)	评分
< 0.5	1	10 ~ 30	9
0.5 ~ 10	5		

评价区土壤次生盐渍化易发性指数计算公式如下:

$$土壤次生盐渍化易发性指数 = 地下水埋深评分 \times 0.5 + 地下水矿化度评分 \times 0.3 + 包气带渗透性评分 \times 0.2$$

根据评分指数(1 ~ 10),将其分为5个区间,得到各评价单元易发性指数的5个等级:易发性指数分别为 < 2.09、2.09 ~ 3.00、3.00 ~ 4.60、4.60 ~ 7.50、7.50 ~ 10.0。

地下水埋深评分分区图见图7.2-14,地下水矿化度分区及其评分示意图见图7.2-15,包气带岩性分区及评分示意图见图7.2-16。

7.2.3.2 评价结果

1. 整体工程

各评价单元易发性指数值最小为1.00,最大为4.60,易发性指数基准方案的最大值为4.49,方案二的最大值为4.60;两方案的最小值均为1.00,按各分区等级对相同分区的评价单元进行合并,最后得到研究区的土壤次生盐渍化易发性评价分区。评价区土壤次生盐渍化易发性评价分区见表7.2-16。

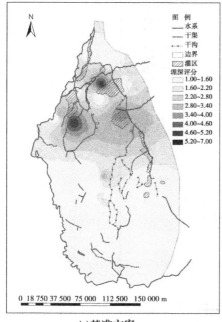

(a)基准方案

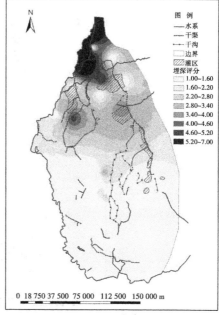

(b)方案二

图 7.2-14　地下水埋深评分分区图

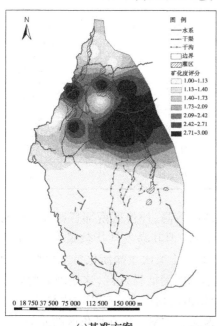

(a)基准方案

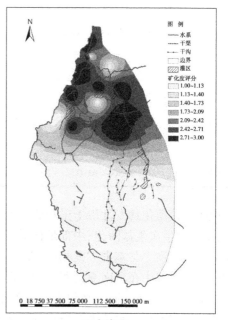

(b)方案二

图 7.2-15　地下水矿化度分区及其评分示意图

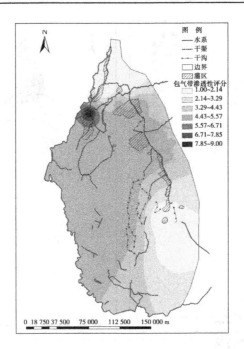

图 7.2-16　包气带岩性分区及评分示意图

表 7.2-16　评价区土壤次生盐渍化易发性评价分区

易发性等级	易发性指数取值范围	基准方案下各易发区所占的 面积百分比(%)	方案二各易发区所占的 面积百分比(%)
低易发区	<2.09	53.04	47.52
较低易发区	2.09 ~ 3.00	32.23	30.17
中易发区	3.00 ~ 4.60	14.73	22.31
较高易发区	4.60 ~ 7.50	0	0
高易发区	7.50 ~ 10.0	0	0

　　土壤次生盐渍化易发性沿干渠和灌区周边地区较高,评价区南部普遍处在低易发性水平之下,不易发生次生盐渍化;中部地区易发性较高,但其易发性指数最高均未超过 4.60,处在中易发性程度。与基准方案相比,方案二中北部土壤次生盐渍化易发性水平从低、较低过渡到中。两方案中在富南灌区西南侧出现了小范围的低易发区,这是因为此处观测井富裕 9 的地下水埋深较大,而在林甸灌区和齐齐哈尔市内均出现小范围的中易发区,这是因为此处观测井所测的地下水位埋深较小且矿化度偏大。方案二中在评价区的北部显示有两处小范围的低易发区,其成因与富南灌区西南侧的低易发区类似。方案二中的最高易发性指数为 4.60,大于基准方案中的 4.49。由此可见,引嫩扩建骨干一期工程实施后,评价区内高易发区的易发性水平有所增加,其他等级的易发区有所变化,但并不会造成全区大面积出现土壤次生盐渍化问题。

　　枯水期工程实施后较工程实施前评价区内各地的土壤次生盐渍化变化趋势见

图 7.2-17。工程实施后,评价区的北部大部分地区盐渍化程度为弱可能加剧,由于紧邻渠首工程下游,地下水位抬升幅度较大,兴旺灌区和富西灌区局部土壤盐渍化表现为弱可能加剧趋势;评价区的南部和中部偏北地区盐渍化趋势为弱可能减轻;土壤次生盐渍化趋势减轻的有明青灌区,且因为北引干渠大部分都采取了防渗措施,工程实施后,对干渠周边的地下水位影响不大,因而其中部地区的盐渍化趋势也是降低的。

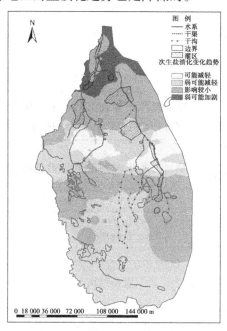

图 7.2-17　土壤次生盐渍化变化趋势

2. 灌区工程

灌区水田周围是松嫩平原盐碱土集中分布区,与盐碱土接壤,土壤母质含盐量较高,虽然地下水埋藏较深,但由于土壤底土层结构比较密实,土壤渗漏量小,淋洗作用减弱,土壤水分在表层滞留多且时间长,再加上冻融过程的存在,冻层上水会参与土壤积盐过程,也会产生积盐现象。本项工程加大了洗盐灌水量和排水要求,引嫩水质较好,矿化度低,洗盐效果预计会比较好。因此,就水田本身来说,开发后发生土壤次生盐渍化的可能性比较小。但由于灌区处于松嫩平原盐碱土集中分布区,还是应该引起足够的重视。

根据灌区总体布置,旱灌农田所处地形较高,根据土壤地带性分布规律,这些区域的农田绝大多数属于黑钙土,本区碳酸盐黑钙土理化性状较好,土壤养分状况基本良好。灌区旱田灌溉采用喷灌节水灌溉方式,"以用定量",工程实施后地下水位仍低于产生次生盐渍化的临界水位,因此旱田灌溉对灌区地下水位影响不大。根据灌区地下水文资料,由于嫩江水矿化度仅为 0.1 g/L,是比较好的农业灌溉水,而灌区土壤本身含盐量不高,黑钙土又具有较强烈的淋溶作用,因此就旱田灌区地下水位、水质和引嫩水质来看,灌溉后土壤产生次生盐渍化的趋势不显著。

依据上述灌区整体工程的综合分析结果,结合各灌区的水文地质条件、灌排方式、地下水埋深、地下水矿化度及引水情况,得到工程实施后各灌区次生盐渍化发生趋势的分析结果,见表 7.2-17。

表 7.2-17　灌区次生盐渍化影响评价表

县名	灌区名称	地形地貌	土壤类型	地下水矿化度(g/L)	土地利用方式	开发后盐渍化趋势
讷河	兴旺灌区	嫩江高漫滩	草甸土、草甸黑钙土、草甸风沙土	<0.45	水田	影响较小
齐农场局	富裕牧场	乌裕尔河滩地	草甸黑钙土、草甸沼泽土、盐碱化草甸土、潜育草甸土、草甸盐土	<0.55	水田	影响较小
					旱田	
	江东灌区	乌裕尔河滩地	草甸黑钙土、草甸沼泽土、潜育草甸土	<0.50	旱田	影响较小
富裕	富西灌区	嫩江高漫滩	草甸黑钙土、草甸沼泽土、盐碱化草甸土、潜育草甸土、草甸盐土	<0.45	水田	弱可能增加
	友谊灌区	嫩江滩地	草甸黑钙土、草甸沼泽土、盐碱化草甸土、潜育草甸土、草甸盐土	<0.55	水田	影响较小
					旱田	
					牧草	
	富南灌区	松嫩低平原	草甸黑钙土	<0.79	水田	弱可能降低
					旱田	
依安	依安灌区	松嫩低平原	草甸黑钙土	<0.96	水田	影响较小
					旱田	
林甸	林甸灌区	松嫩低平原	草甸黑钙土、碳酸盐草甸土、盐碱化草甸土	<0.96	水田	影响较小
					旱田	
	南岗灌区	松嫩低平原	草甸黑钙土、碳酸盐草甸土、盐碱化草甸土	<0.98	旱田	影响较小
	建国灌区	松嫩低平原	草甸黑钙土、碳酸盐草甸土、盐碱化草甸土	<0.92	旱田	影响较小
明水	明青灌区	松嫩低平原	草甸黑钙土	<0.65	牧草	弱可能降低
安达	任民镇灌区	松嫩低平原闭流洼地	草甸黑钙土、盐碱化草甸土	<0.55	水田	弱可能降低
	中本灌区	松嫩低平原闭流洼地	草甸黑钙土、盐碱化草甸土	<0.55	水田	弱可能降低

　　工程实施后,丰水期各灌区地下水位均有所上升,大气降水入渗补给并稀释地下水,预测地下水矿化度有所降低;枯水期评价区内部灌区地下水位有所下降,但由于灌区工程对地下水的入渗补给,局部地区地下水埋深减小,导致地下水矿化度有所增大,将有可能增加灌区局部土壤次生盐渍化风险。

　　(1)富南灌区位于嫩左低平原上,灌区内水田土壤以黑钙土为主,黑钙土属非盐化土壤,它是松嫩平原增产潜力最大的土壤类型,本灌区黑钙土分为碳酸盐黑钙土和碳酸盐草甸黑钙土两种类型,其次生盐渍化程度在较低易发性程度之上,但其盐渍化变化趋势则为弱可能降低。

(2)安达市任民镇灌区和中本灌区处于松嫩低平原闭流洼地之上,地形平坦低洼。区内土壤多为轻度盐化或中度盐化土壤,耕地土壤以草甸黑钙土为主,其中太平庄灌区、任民镇灌区为重建灌区,灌区周围是松嫩平原盐碱土集中分布区,与盐碱土接壤,土壤母质含盐量较高,地下水矿化度也在 0.55 ~ 0.65 g/L,虽然地下水埋藏较深,但由于土壤底土层结构比较密实,土壤渗漏量小,淋洗作用减弱,土壤水分在表层滞留多且时间长,再加上冻融过程的存在,冻层上水会参与土壤积盐过程,也会产生积盐现象。但灌区内土地利用方式主要为水田,土地利用方式使土壤发生次生盐渍化的可能性降低,因而工程实施后,将有可能降低土壤次生盐渍化趋势。明水县内的明青灌区位于嫩左低平原上,灌区内分布有盐渍化草甸土、草甸碱土。工程实施后,其次生盐渍化趋势有所降低。

(3)兴旺灌区、友谊灌区、富西灌区位于嫩江漫滩上,分布有草甸土、草甸黑钙土等,土壤本身含盐量较高,地下水埋深相对较大,在灌区实行科学灌溉的前提下,工程实施对上述灌区土壤盐渍化影响较小。

(4)富裕牧场位于乌裕尔河滩地,工程实施后,其矿化度小于 0.55 g/L,且牧场内分布有草甸黑钙土、草甸沼泽土、盐碱化草甸土、潜育草甸土、草甸盐土,次生盐渍化易发性指数为 3.00 ~ 4.60,属中易发性程度,而其盐渍化变化趋势则为弱可能增加。

(5)依安灌区、林甸灌区位于嫩左低平原上,灌区内水田土壤以草甸黑钙土为主,土壤本底含盐量较高,地下水埋深较小,工程引水并不会显著影响该地区地下水,但由于这些灌区土壤本身发生次生盐渍化的风险较高,在灌区采取井渠结合灌溉方式,地表水和地下水联合调度,有利于降低地下水位,对土壤次生盐渍化的发生也会有很好的抑制作用。另外,灌区设计时还要充分考虑排水防渍问题,无论从排水系统的标准,还是灌溉制度的制定以及加强盐渍化防治的研究监测机构的设立等方面,都需要达到标准并予以落实到底。控制好地下水位的抬高,就会控制土壤次生盐渍化的产生,并可使现有土壤的含盐量有所降低。

综上所述,引嫩扩建一期工程实施后,由于引嫩水的水质较好,评价区内大部分灌区土壤次生盐渍化特征不会显著加剧,一些灌区由于淋溶作用,土壤含盐量甚至会有所下降。但安达县处于松嫩平原盐碱土集中分布区,虽然洗盐效果好,但仍要引起高度重视,定期监测。林甸灌区、安达灌区、明青灌区位于嫩江低平原和低平原闭流区内,排水不畅,地下水埋深较浅,易蒸发加重土壤盐渍化程度,应采取一定的工程措施降低地下水位,以防止土壤盐渍化。

3. 大庆市

大庆的成土母质大部分是更新世末期沉积的黄土状亚黏土(Q_3),土层深。白垩纪地层的岩石分析表明,可溶盐(以苏打为主)含量超过 4 000.0 mg/kg,大量的花岗岩、玄武岩和火山岩中的钠铝硅酸盐风化形成的苏打,随水汇集低地,这是本区土壤盐渍化苏打累积的主要来源。该区受大陆性季风气候和地下水的影响,土壤有明显的分布规律,形成了西部以风沙土为主,东部以黑钙土、草甸土为主的两条土壤带,盐碱土插花分布于两条土带之中,和各类土壤组成了复杂的土壤复区。

大庆市是我国土地盐渍化比较严重的地区之一,属于我国八大土地盐渍区的东北半湿润—半干旱草原—草甸盐渍区。土地盐渍化以苏打碱化草甸土、沼泽化草甸土、苏打盐化草甸碱土为主,其典型特征是土壤在盐化的同时伴随着碱化过程。20 世纪 50 ~ 60 年代属轻中度盐碱土,土中含盐量0.5~0.8 mg/L,仅个别盐碱湖、泡沼湿地边缘形成较重的盐碱土。

与引嫩扩建工程施工前相比,工程运行后对地下水采取限采措施,引用水质更好的嫩江水,矿化度仅为0.1 g/L,不仅可以减缓地下水漏斗的继续发展,而且可以通过适当的工程措施降低大庆地区土壤含盐量,从而抑制土壤盐渍化的发展,减轻大庆地区的盐渍化程度。

7.3 地下水保护及土壤次生盐渍化防治措施

7.3.1 保护目标

(1)评价范围内分布有大庆市地下水饮用水水源地,见表7.3-1。

表7.3-1 大庆市地下水饮用水水源地分布情况

序号	水源地名称	所在地区	与本工程关系	保护区面积(km²)
1	肇州县肇州镇地下水饮用水水源地	肇州县	无工程	0.066 6
2	肇源县肇源镇地下水饮用水水源地	肇源县	无工程	0.049 6
3	杜尔伯特蒙古族自治县 泰康镇地下水饮用水水源地	杜尔伯特 蒙古族自治县	无工程	0.025 1
4	林甸县林甸镇地下水饮用水水源地	林甸县	无工程	0.023 5
5	杏二水源	大庆市区	无工程	0.150 6
6	西水源	让胡路区	无工程	0.121 7
7	前进水源	让胡路区	无工程	0.107 6
8	南水源	让胡路区	无工程	0.129 5
9	南二水源	红岗区	无工程	0.141 4
10	红卫星水源	让胡路区	无工程	0.087 5
11	红岗水源	红岗区	无工程	0.117 9
12	大同区大同镇地下水饮用水水源地	大同区	无工程	0.016 3
13	北水源	萨尔图区	无工程	0.031 3

表7.3-1所列地下水饮用水水源地为本工程重要的水环境保护目标,虽然在水源地范围内没有工程,但是考虑到上述水源地保护区位于项目评价和影响范围之内,故应确保上述地下水饮用水水源地水量和水质安全。

评价区地下水应满足《地下水质量标准》(GB/T 14848—93)Ⅲ类水质要求。

(2)建立合理的灌排制度,控制地下水位,防止灌区土壤次生盐渍化。

7.3.2 地下水保护措施

7.3.2.1 工程措施

(1)控制研究区地下水位:加强水资源统一管理,调整不合理的开采布局,严格控制地下水开采量,加大人工回灌的力度,促使地下水位上升。

（2）减小灌溉退水污染浓度：合理规划灌区引水和排水路线，尽量减少用水量和排水量；科学施用化肥，采用最佳施肥配比，改进施肥方法，减少化肥的流失与污染；增加喷洒农药与降雨和排灌的时间间隔，减少农药流失与径流污染；大力提倡农家肥代替化肥，减少有机物污染；加强对使用农药、化肥的监管，防止使用劣质、毒性高、降解慢、残留多的农药和化肥，以减少对水环境和生态环境的影响；积极提倡使用各类高效低毒、无残留、无污染的生物农药，推动生物农药的大面积应用，创建新型农药和绿色农产品的生产基地。

7.3.2.2　非工程措施

（1）科学管水、节约用水：不得随意打井取水，不得随意增大开采量。采用先进的科学技术建立节水型生产体系；农业用水应逐步发展滴灌和喷灌技术，杜绝漫灌；生活用水要限量供应，减少自来水供水系统的跑、冒、滴、漏损失。

（2）加强水质监测、监督、预测及评价工作，加大水资源保护宣传力度，科学、合理规划，加强地下水的研究工作。尤其是建立健全地下水动态监测网点，特别是地下水超采区和降落漏斗区要及时掌握水位、水质、水量动态，并预报其变化情况，为及时调整开采方案提供依据。对大庆等城市要加强对地面沉降的调查、监测和研究工作，以便采取有效措施防止地面沉降及其危害的产生和加重。

7.3.3　土壤次生盐渍化防治措施

7.3.3.1　工程防渗措施

工程防渗是防治次生盐渍化的一项重要措施。根据多年的地下水监测研究，渠道两侧地下水位影响范围为 400 m 左右，水田影响范围在 20～60 m。应对输水干渠、水田外围采取防渗、截渗措施，设置截流沟，排除多余水分，防治土壤盐渍化的发生。

对于低洼平原地带，采取地表水和地下水联合调度，适当降低地下水位，增加地表水补给地下水强度；在局部地下水位不容易降低和地下水盐分较高地区，不适宜灌溉的情况下，适当抽排地下水，达到在低洼平地退出盐分的目的。

7.3.3.2　建立防护林网

在引、排水工程两岸造林，由于树木强大的蒸腾作用，可从土壤吸收大量水分，起到降低地下水位功能，林带可以改善小气候、减小风速、增加空气湿度，树冠的遮蔽等作用可以有效地减少地面蒸发，打破土壤产生次生盐渍化的条件，可有效地防止土壤次生盐渍化的发生。在北引干渠运行初期，考虑了这个问题，并在渠道两侧栽植大量的树木，经过几十年的运行观察，树木茂密的地段，渠道两侧的地下水位明显低于无林地段，可使地下水位降低 0.2～0.5 m，1 m 土层内的盐分也有一定程度的降低。

7.3.3.3　平整土地

土壤在盐分累积过程中，微域地形的作用很大。微域地形变化能导致土壤水分、盐分的重新分配，在地形稍高处由于蒸发较平地快，促使土壤表层盐分累积较平地多，地面只有几厘米或十几厘米的高差时，盐分差异就很大。因此，土地平整对防治土壤盐渍化是一项非常重要的措施。同时，由于微地形影响土壤盐分再分配，在灌区运行时，应特别注意渠道、田埂、灌水区域边缘、低洼地边缘微地形变化明显区域的土壤盐渍化的发生，必要时应采取截水沟等措施进行防治。

7.3.3.4 建立完善的灌排系统及合理的灌溉制度

灌区在规划上应充分考虑土壤盐渍化问题,建立完善的灌排系统,特别是在水田灌区,建设一个以排涝排盐碱相结合为目的的排水排盐系统。排水系统可采取水平排水,也可采取水平排水和垂直排水相结合的方式即井渠结合方式,特别是在地下水位较高的灌区中,应采取井渠结合的灌溉工程布局。

制定合理的灌溉制度,对于有盐化程度的土壤,应保证土壤根层不积盐,控制农田土壤盐渍化对灌排的基本要求是保证田间净入渗量不小于淋盐水量,即地下水的年排水量不小于淋盐水量。在泡田期、移植返青期要进行冲洗盐分,增加洗盐水量,控制土壤含盐量在0.15%以下。

7.3.3.5 土壤培肥、深翻、松土等措施

增施有机肥、秸秆还田、深翻、松土等是重要的培肥地力、防治土壤盐渍化的措施。有机肥的来源主要有作物秸秆、厩肥、堆肥、牲畜粪便等。随着大型农业机械的使用,秸秆还田率将达到60%以上,连续多年的秸秆还田能够改善土壤的通透性,有效地遏制土壤有机质的下降,并有逐渐回升的明显趋势,平均年增加量达0.02%~0.04%。每公顷还田稻秆2 700 kg的中等肥力的水稻田,稻秆还田量大于有机物年矿化量,三五年后,有机质就可以提高0.13%,实现土壤有机质的保持与提高,达到培育地力、防治盐渍化的目的。多年来农业耕作措施的实施,长期的深翻、松土等切断了土壤毛细管,防止了盐分上升。

第8章 结论与建议

8.1 结 论

(1)引水区过境水量丰富,受水区土地资源丰富,但由于目前引嫩供水工程引水能力低、输蓄水损失大、工程配套不完善,使水资源得不到有效利用;而大庆地下水超采严重,扎龙国家级自然保护区等湿地生态环境用水不足、湿地干枯萎缩,导致生态环境日趋恶化,区域现状水、土资源极不协调。随着工农业生产的发展,大庆等城市用水量逐年增加,水资源供需矛盾将更加突出。因此,建设黑龙江引嫩一期工程,增加引嫩工程的供水及供水能力,以缓解大庆等城市用水,保证规划区经济社会的可持续发展,使区域水土资源能够满足工程建设和运行的要求。

一期工程位于黑龙江省西部松嫩平原腹地,是黑龙江省重要的经济中心和粮食主产区。本次设计北中引引水量共计 22.55 亿 m^3,灌区设计以不增加耕地面积、提高灌溉保证条件为主,进一步优化灌区布局,本次设计以发展旱田灌溉为主,设计灌溉面积 223.21 万亩,但水田面积维持现状 79.98 万亩,没有新增水田面积。种植结构的调整在很大程度上缓解了西部地区水土资源匹配较差的格局,将《黑龙江省千亿斤粮食生产能力建设规划》中提出的控制西部地区水田面积、适当调整种植结构的建议予以贯彻落实,使一期工程在充分利用西部土地资源的基础上,有限的水资源能够得到合理的开发利用,最大限度地实现该区域水资源的可持续利用。

(2)项目区内的扎龙国家级自然保护区是我国最大的以鹤类等大型水禽为主体的珍稀鸟类栖息地和湿地生态类型的国家级自然保护区,也是国际重要湿地,在国内外享有重要声誉。扎龙湿地在调节本区域气候、平衡降雨、蓄水分洪、净化水体、减轻污染等方面发挥了重要作用,其最大的作用就是和嫩江以西的湿地一起形成过渡带,保护石油基地大庆和东北粮仓的所在地——松嫩平原。2000年以来,扎龙湿地从干旱缺水到水利部门连续10年补水引起了国内外广泛关注。由于受工程条件的限制,扎龙湿地一直面临着水源难以保障,湿地生境受到严重威胁的问题。

一期工程优先考虑为扎龙湿地补水,在重建赵三亮子闸,恢复乌裕尔河老河道补水途径的同时,适当调整了配水方案,每年为扎龙湿地补水 1.51 亿 m^3,较2005年补水 0.99 亿 m^3增加了 0.52 亿 m^3。在实现北中引联合调度的基础上,结合扎龙湿地由东北向西南倾斜的地形及工程条件,通过赵三亮子闸、中引六支干、八支干和东升水库泄洪闸,从不同的方位为扎龙湿地补水,使补水最大程度地覆盖到湿地核心区的全部范围,补水量的增加、补水路径和补水工程的配套完善,有利于大范围湿地生态的恢复与重建,有利于鹤类等珍禽保护和增加种群数量。

(3)北引渠首工程建成后嫩江中游讷河江段鱼类区系组成将发生一些变化。预计仍以鲤、银鲫(鲫鱼)、银鲴(黄姑子)和鳑鲏(胡罗子)等鲤科鱼类和鲇等为主。北引渠首工程建成后,将对冬季在嫩江干流中游越冬且在春季从诺敏河北支进行生殖洄游的成鱼产生影响,进而对这些洄游性鱼类的生存繁殖造成不利影响。

一期工程北引有坝渠首的建设对嫩江形成了一定的阻隔,虽然为了确保生态流量下泄,引水期北引渠首泄洪闸不会全部关闭,但北引有坝渠首建设仍将使渠首上下游连通性变差,在一定程度上影响渠首上下游鱼类的种质资源的交流,导致生境破碎化。虽然2005年尼尔基水利枢纽大坝的建设,已将嫩江上游与中游拦腰截断,使得洄游性鱼类的洄游通道彻底隔绝,水库蓄水淹没了很多支流,导致鱼类产卵场上移,鱼类资源受到极大的影响,但考虑到北引渠首建设可能对从北支洄游的成鱼产生一定影响,从保护生境完整性,保护细鳞鲑、哲罗鲑等濒危物种的角度考虑,一期工程设计在建设鱼类增殖站的同时,在北引渠首枢纽轴线交叉桩号2+875.5增设过鱼通道,过鱼通道采用仿自然通道,由进口、水池、休息池、出口、诱鱼拦鱼设施、检修闸门及观察室等组成。

(4)北中工程均是在已有工程基础上进行的改扩建,渠道清淤及加高培厚均位于工程已有管理占地范围内,将破坏部分地表植被,生物损失量小。工程实施后,加大了渠道的引水流量,为沿线草地和湿地资源的发展提供了水源保障。研究认为,工程施工过程将对保护区内野生动植物资源产生短期的不利影响,但在采取相应措施后,对保护区影响较小。此外,明青灌区现有水田面积0.5万亩,位于明水自然保护实验区内,一期工程设计明青灌区增加6.59万亩灌溉面积,其中新增灌溉面积2.89万亩位于明水自然保护区的缓冲区,新增灌溉面积1.61万亩位于明水自然保护区的实验区,由于新增灌溉面积2.89万亩位于保护区的缓冲区内,与《中华人民共和国自然保护区条例》等规定相违背,不利于保护区的保护和发展,并对保护区产生一定不利影响,因此研究建议该灌区维持现有灌溉面积,在保护区缓冲区内的灌区面积和配套的渠系工程予以退出,在明水自然保护区缓冲区内不新建任何工程。

富裕牧场灌区主要工程内容是在现状已有2.39万亩水田基础上,新增1.54万亩旱田灌溉面积,新增灌溉面积主要位于乌裕尔河自然保护区的缓冲区和核心区内,干渠、支渠及支沟等大部分工程位于核心区和缓冲区,不利于保护区的保护和发展,对保护区产生不利影响。因此,评价建议该灌区维持现有灌溉面积,规划在保护区核心区和缓冲区内的灌区面积和配套的渠系工程予以退出,富裕牧场灌区维持现状,不新建任何工程。

龙凤湿地自然保护区、东湖湿地自然保护区和黑鱼泡自然保护区是本项目的主要补水自然保护区,在保护区内无工程,施工期对上述保护区基本不产生影响,项目实施后可为保护区补水,起到调节气候、美化景观、改善生态环境的作用,对维持区域生态安全、提高人民环境质量等都有重大意义。

(5)工程建设前后评价区土地利用结构没有发生变化,对区域土地利用影响轻微。因工程占地而减少的生物量为9.5万t/a,对区域生态体系生产能力的影响是自然体系可以承受的。工程建设运行后,耕地总面积不变,灌溉面积大幅度增加,灌溉条件的改善和水量的增加将使灌区内水田及旱田的生物生产力在原有基础上大幅度提高,总生产量达到223.06万t/a。工程的建设和运行对本区域的景观格局具有一定的影响,区域内自然生态系统的脆弱度有所增强,但应属于可以承受的程度。工程在施工期间扰动地表、破坏植被面积为5775.99 hm²,新增水土流失量为19.63万t。

(6)一期工程实施后,北中引下余水量均能满足北引断面最小生态流量42 m³/s、中引断面最小生态流量 46.6 m³/s 的需求。但在枯水条件下,北中引断面 4 月、6 月、8 月和 9 月的下泄流量不能够完全满足适宜环境流量北引断面 4 ~ 7 月 168 m³/s、8 ~ 10 月 84.0 m³/s,中引断面 4 ~ 7 月 186.4 m³/s、8 ~ 10 月 93.2 m³/s 的要求。

(7)一期工程实施后,总体来看,灌溉退水量较现状年仅增加 7 万 m³。兴旺灌区、富西灌区、友谊灌区的退水主要通过富裕西排干经塔哈河口汇入嫩江,退水经河滩地的湿地净化作用,对嫩江水质不会造成大的影响。富裕基地、富裕牧场灌区、富南灌区灌溉退水均退入乌裕尔河沿岸湿地,退水经湿地净化,灌溉退水不会导致乌裕尔河水质发生恶化。大庆市马场灌区、明青灌区、任民镇灌区、中本灌区排入大庆市李天泡、王花泡等湖泡后进入安肇新河,大庆市湖泡较多,有大片芦苇分布,对灌溉退水有净化作用,灌溉退水不会使其水质恶化。

工程实施后多年平均、枯水年和特枯水年引水区嫩江浏园断面枯水期、丰水期水质为Ⅲ类,平水期为Ⅳ类,水质与现状基本保持一致,江桥断面丰平枯时期水质均为Ⅲ类,工程未改变现状水体水质类别,工程引水后对引水区嫩江干流水质影响较小。松花江干流朱顺屯断面枯水期和平水期水质为Ⅲ类,达到水质目标要求。总体来看,虽然北中引工程引水后松花江水量有所减少,但是由于生活污水处理能力以及工业废水处理能力、回用水平的提高,工程实施后,大庆市通过安肇新河排入松花江干流的废污水量、入河污染物较现状年减少,朱顺屯断面的水质可维持现状水平,工程实施对该断面水质影响较小。

(8)引渠灌溉工程实施后对灌区及周边的地下水位有一定程度的抬升作用,丰水年水位变幅不超过 1.5 m,枯水年水位抬升幅度普遍小于 0.3 m。工程增加地表水引水量替代了严重超采的大庆地下水的开采量,漏斗中心水位有所上升,地下水降落漏斗面积减小。地下水矿化度均有所增大,但变幅不大,变幅最大值出现在林甸灌区附近,不超过 0.19 g/L,主要变化区域在各大灌区附近,而距离河道较远的肇东等地由于地下水埋深较深,矿化度基本不变。

一期工程实施后,由于引嫩水的水质较好,评价区内各灌区大部分地区基本不会发生土壤次生盐渍化,一些灌区由于淋溶作用,土壤含盐量甚至会有所下降。林甸灌区、安达灌区、明青灌区位于嫩江低平原和低平原闭流区内,排水不畅,地下水埋深较浅,易蒸发加重土壤盐渍化程度,应采取一定的工程措施降低地下水位,以防止土壤盐渍化。

8.2　建　议

(1)对已开工工程实施环境监理,对北引渠首等未采取环境保护措施的工程实施水环境、大气等补救措施;尽快开工建设鱼类增殖站,配备专业人员,制定鱼类增殖站运行、维护管理制度,保障鱼类增殖站的切实落实和运行效果。

(2)工程实施后,对水库、输水干渠进行水源保护区划分,采取隔离防护等饮用水水源保护措施,建立饮用水水源保护应急机制,保障引水水源水质安全。

(3)有关部门加强对扎龙湿地自然保护区补水效果的生态监测和评估,开展补水方式及补水效果响应关系研究,进一步优化扎龙湿地自然保护区补水方案。

(4)加强大庆市等受水区水污染治理力度,加大城市中水回用力度和污水处理力度,加强工业点源监督管理,减少污染物排放量。

（5）加强灌区水资源的调度与管理,完善灌区的节水灌溉配套改造。加强灌溉渠系水质保护工作,制定相关的保护条例。在工程运行期,针对农药、化肥使用产生的潜在农业面源问题,应加强灌溉回归水对河流水环境影响的监测,推广使用高效、低毒、低残留的农药品种。

附　录

附录1　嫩江底栖动物名录

类别	科	种
软体动物 Ollusca	蚌科 Unionidae	圆顶珠蚌 *Unio dougladiae*
		圆背角无齿蚌 *Anodaonata woodiana pacifica*
		三角帆蚌 *Hyriopsis cumingii*
		皱纹冠蚌 *Cristaria plicata*
		真柱矛蚌 *Lanceolaria eucylindyica*
	田螺科 Viviparidae	东北田螺 *Viviparus chui*
		中华圆田螺 *Cipangopaludina cahayensis*
		中国圆田螺 *Cipangopaludina chinensis*
	豆螺科 Bithyniidae	纹绍螺 *Parafossarulus striatulus*
	扁卷螺科 Planorbidae	半球隔扁螺 *Segmentina hemisphaerulee*
	黑螺科 Melaniidae	黑龙江短沟蜷 *Semisulcospira amurensis*
	锥实螺科 Lymnaeidae	耳萝卜螺 *Radix auricularia*
		椭圆萝卜螺 *Radix swinhoei*
		卵萝卜螺 *Radix ovata*
		鱼盘螺 *Valvata piscinalis*
环节动物 Annelida	颤蚓科 Tubificidae	霍甫水丝蚓 *Limnodrilus hoffmeisteri*
		苏式尾鳃蚓 *Branchiura sowerbyi*
		淡水单孔蚓 *Monopylephorus limosus*
		克拉泊水丝蚓 *Limnodrilus claparedeianus*
		正颤蚓 *Tubifex tubifex*
	蛭蚓科 Branchiobdellidae	远东蛭蚓 *Branchiobdella orientalis*
	医蛭科 Hirudinidae	日本医蛭 *Hirudo nippinice*
		光润金线蛭 *Whitmania laevis*

续表

类别	科	种
水生昆虫 Aquatic insects	蜉蝣科 Ephemeridae	生米蜉 *Ephemera shengmi*
	毛石蛾科 Sericostomatidae	*Gumaga okinawaensis*
	潜水蝽科 Naucoridae	小判虫 *Nucoris*
		滑手虫 *Aphelochirus*
	箭蜓科 Gomphidae	*Hydropsyhodes brevilineata*
	多距石蛾科 Polycentropodidae	低头石蚕 *Neureclipsis* sp.
	纹石蛾科 Hydropsychidae	*Hydropsyche echigoensis*
	蚊科 Culicidae	幽蚊 *Chaoborus* sp.
		杠蚊 *Mothlonyx* sp.
	襀科 Perlidae	*Paragnetina tinctipennis*
	四节蜉科	二翼蜉
	扁蜉科 Ecdyonuridae	*Ecdyonurus* sp.
		Rhithrogena japonica
		Heptagenia sp.
	短丝蜉科 Siphlonuridae	*Dipteromimus tipuliformis*
	叉襀科 Nemouridae	*Protonem* sp.
	网襀科 Perlodidae	*Isoperla aizuana*
	涉水椿象科 Pleidae	*Hydrocoris exclamationis*
	龙虱科 Dytiscidae	缰绳龙虱 *Graphoderes*
	牙虫科 Hydrophilidae	沼牙虫 *Laccobius* sp.
	划蝽科 Corixidae	*Diplonychus japonicus*
	叶䖴科 Chrysomelidae	金花䖴
	沼梭甲科 Haliplidae	*Haliplus* sp.
	摇蚊科 Chironomidae	羽摇蚊 *Chironomus plumosusa*
		Chironomus hulophilus
		秋月齿斑摇蚊 *Stictochironomus akizukii*
		背摇蚊 *Chironomus dorsalis*
		淡绿二叉摇蚊 *Dicrotendipes pelochloris*
其他	蛭科 Planariidae	涡虫 *Stenostomum* sp.

附录2　嫩江中游水生植物名录

类	科	种
蕨类植物 Pteridophyta	萍科 Marsileaceae	萍 *Marsilea quadrifolia*（L.）
	满江红科 Azollaceae	满江红 *Azolla filicoloides* Lam.（Enc.）
被子植物 Angiospermae	蓼科 Polygonaceae	两栖蓼 *Polygonum amphibium*（L.）
		水蓼 *Polygonum hydropiper*（L.）
	睡莲科 Nymphaeaceae	芡实 *Euryale ferox*（Salisb.）
		莲 *Nelumbo nucifera*（Gaertn.）
		萍蓬草 *Nuphar pumilum*（Hoffm. DC.）
		睡莲 *Nymphaea tetragona*（Georgi）
	金鱼藻科 Ceratophyllaceae	金鱼藻 *Ceratophyllum demersum*（L.）
		东北金鱼藻 *Ceratophyllum manschuricum*（Miki）
	十字花科 Cruciferae	荠 *Capsella bursa-pastoris*（L.）
		风花菜 *Rorippa islandica*（Oeder.）
	菱科 Trapaceae	菱角 *Trapa korshinskyi*（V.）
单子叶植物 Monocotyledoneae	香蒲科 Typhaceae	宽叶香蒲 *Typha latifolia*（L.）
	黑三棱科 Sparganiaceae	黑三棱 *Sparganium stoloniferum*（Buch-Hamilton）
	眼子菜科 Potamogetonacea	眼子菜 *Potamogeton distinctus*（A. Benn.）
		穿叶眼子菜 *Potamogeton perfoliatus*（L.）
	泽泻科 Alismaceae	泽泻 *Alisma orientale*（G. Sam. Juz）
	花蔺科 Butomaceae	花蔺 *Butomus umbellatus*（L.）
	水鳖科 Hydrocharitaceae	黑藻 *Hydrilla verticillata*（L. fil.）
	禾本科 Gramineae	菵草 *Beckmannia syzigachne*（Steud. Fernald）
		芦苇 *Phragmites communis*（Trin.）
	莎草科 Cyperaceae	水葱 *Scirpus tabernaemontani*（Gmel.）
		中间型荸荠 *Eleocharis intersita*（Zinser.）
		荆三棱 *Scirpus yagara*（Ohwi）
	天南星科 Aracea	菖蒲 *Acorus calamus*（L.）
	浮萍科 Lemnaceae	浮萍 *Lemna minor*（L.）
	雨久花科 Pontederiacea	雨久花 *Monochoria korsakowii*（Regel. et Maack）
	灯心草科 Juncaceae	灯心草 *Juncus decipiens*（Buch. Nakai）

附录3 嫩江中游浮游植物名录

蓝藻门 Cyanophyta
节旋藻 *Arthrospira*
蓝纤维藻 *Dactylococcopsis* sp.
水华束丝藻 *Aphanizomenon flos - aquae*
颤藻 *Oscillatoria* sp.
隐球藻 *Aphanocapsa* sp.
束球藻 *Gomphosphaeria* sp.
平裂藻 *Merismopedia* sp.
色球藻 *Chroococcus* sp.
铜绿微囊藻 *Microcystis aeruginosa*
鱼腥藻 *Anabaena* sp.
绿藻门 Chlorophyta
衣藻 *Chlamydomonas* sp.
球状衣藻 *C. globosa*
卵形衣藻 *C. ovalis*
普通小球藻 *Chlorella vulgaris*
顶棘藻 *Chodatella* sp.
盘星藻 *Pediastrum* sp.
柱状栅列藻 *Scenedesmus bijyga*
四尾栅藻 *S. quadricauda*
斜生栅藻 *S. obliquus*
绿球藻 *Chlorococcum* sp.
柯氏藻 *Chodatell* sp.
水绵 *Spirogyra* sp.
四角藻 *Tetraedron* sp.
蹄形藻 *Kirchneriella lunaris*
纤维藻 *Ankistrodesmus* sp.
四角十字藻 *Crucigenia quadrata*
月形藻 *Closteriaium lunula*
硅藻门 Bacillariophyta
颗粒直链藻 *Melosira granulata*
扭曲小环藻 *C. comta*
普通等片藻 *Diatoma vulgare*
脆杆藻 *Fragilaria* sp.
钝脆杆藻 *F. capucina*
尺骨针杆藻 *Synedra ulna var* sp.

肘状针杆藻 *S. ulna*

美丽星杆藻 *Asterionella formosa*

细布纹藻 *Gyrosigma kützingii*

尖布纹藻 *G. acuminatum*

窗格藻 *Tabellaria* sp.

蛾眉藻 *Ceratoneis* sp.

舟形藻 *Navicula* sp.

短小舟形藻 *N. exigua*

薄羽纹藻 *P. macilenta*

膨胀桥弯藻 *Cymbella tumida*

箱形桥弯藻 *C. cistula*

小桥弯藻 *C. laevis*

缢缩异极藻 *Gomphonema constrictum*

曲壳藻 *Achnanthes* sp.

扁圆卵形藻 *Cocconeis placentula*

菱形藻 *Nitzschia* sp.

平板藻 *Tabellaria* sp.

月形弓杆藻 *Eunotia lunaris*

双菱藻 *Surirella* sp.

甲藻门 Pyrrophyta

裸甲藻 *Gymnodinium aeruginosum*

光甲藻 *Glenodinium* sp.

隐藻门 Cryptophyta

尖尾蓝隐藻 *Chroomonas acuta*

卵形隐藻 *Cryptomonas ovata*

啮蚀隐藻 *C. erosa*

卵形隐藻 *C. ovata*

裸藻门

裸藻 *Euglena* sp.

囊裸藻 *Trachelomonas* sp.

金藻门 Chrysophyta

金藻 *Chromulina* sp.

附录 4　嫩江中游浮游动物名录

原生动物 Protozoa

砂壳虫 *Difflugia* sp.

球形砂壳虫 *D. globulosa*

尖顶砂壳虫 *D. acuminata*

冠砂壳虫 *Difflugia corona*

侠盗虫 *Strobilidium* sp.

旋回侠盗虫 *Strobilidium gyrans*

筒壳虫 *Tintinnidium* sp.

恩氏筒壳虫 *T. entzii*

淡水筒壳虫 *Tintinnidium tluviatile*

似铃壳虫 *Tintinopsis* sp.

焰毛虫 *Askenasia* sp.

滚动焰毛虫 *Askenasia volvox*

伪多核虫 *Pseudodileptus* sp.

轮虫 Rotifera

矩形臂尾轮虫 *B. leydigi*

蒲达臂尾轮虫 *B. budapestiensis*

角突臂尾轮虫 *B. angularis*

螺形龟甲轮虫 *Keratella cochlearis*

矩形龟甲轮虫 *K. quadrata*

月形单趾轮虫 *Monostyla lunaris*

前节晶囊轮虫 *Asplanchna priodonta*

针簇多肢轮虫 *Polyarthra trigla*

长三肢轮虫 *Filinia longiseta*

尖削叶轮虫 *N. acuminata*

鞍甲轮虫 *Lepadella* sp.

异尾轮虫 *Trichocerca* sp.

长刺异尾轮虫 *T. longiseta*

长三肢轮虫 *Filinia longiseta*

同尾轮虫 *Diurella* sp.

枝角类 Cladocera

长额象鼻溞 *Bosmina longirostris*

柯氏象鼻溞 *B. coregoni*

秀体溞 *Dapanosoma*

尖额溞 *Alona* sp.

桡足类 Copepoda
剑水蚤 *Cyclopinae*
无节幼体 *nauplius*
真剑水蚤 *Eucyclops* sp.
桡足幼体 *Copepodid*

附录 5　嫩江中游鱼类名录

序号	目	科	种类	土著鱼类	引进鱼类	冷水性鱼类	濒危鱼类	特有鱼类	优先保护鱼类
1	七鳃鳗目 Petromyzoniformes	七鳃鳗科 Petromyzonidae	雷氏七鳃鳗 *Lampetra reissneri* (Dybowski)	+			+		+
2			日本七鳃鳗 *Lampetra japonica* (Martens)	+		+	+		
3	鲑形目 Salmoniformes	鲑科 Salmonidae	哲罗鲑 *Hucho taimen* (Pallas)	+		+	+		+
4			细鳞鲑 *Brachymystax lenok* (Pallas)	+		+	+		+
5			乌苏里白鲑 *Coregonus chadary* (Dybowski)	+		+	+		
6		银鱼科 Salangidae	大银鱼 *Protosalanx hyalocranius* (Abbott)		+	+			
7		狗鱼科 Esocidae	黑斑狗鱼 *Esox reicherti* (Dybowski)	+		+			+
8	鲤形目 Cypriniformes	鲤科 Cyprinidae	马口鱼 *Opsariichthys bidens* (Günther)	+					
9			中华细鲫 *Aphyocypris chinensis*	+					
10			草鱼 *Ctenopharyngodon idellus* (Valenciennes)	+					
11			真鱥 *Phoxinus phoxinus* (Linnaeus)	+		+			
12			湖鱥 *Phoxinus perecnurus* (Pallas)	+					
13			洛氏鱥 *Phoxinus lagowskii* (Dybowski)	+		+			
14			花江鱥 *Phoxinus czekanowskii* (Dybowski)	+					
15			瓦氏雅罗鱼 *Leuciscus waleckii* (Dybowski)	+		+			
16			拟赤梢鱼 *Pseudaspius leptocephalus* (Pallas)	+					+
17			赤眼鳟 *Squaliobarbus curriculus* (Richardson)	+					+

续表

序号	目	科	种类	土著鱼类	引进鱼类	冷水性鱼类	濒危鱼类	特有鱼类	优先保护鱼类
18	鲤形目 Cypriniformes	鲤科 Cyprinidae	鳡 *Elopichthys bambusa* (Richardson)	+					+
19			餐 *Hemiculter leucisculus* (Basilewsky)	+					
20			贝氏餐 *Hemiculter bleekeri* (Warpachowski)	+					
21			红鳍原鲌 *Culterichthys erythropterus* (Basilewsky)						+
22			翘嘴鲌 *Culter alburnus* (Basilewsky)	+					
23			蒙古鲌 *Culter mongolicus mongolicus* (Basilewsky)	+					+
24			鳊 *Parabramis pekinensis* (Basilewsky)	+					+
25			鲂 *Megalobrama skolkoui* (Dybowski)	+					+
26			银鲴 *Xenocypris argentea* (Basilewsky)	+					+
27			细鳞鲴 *Xenocypris microlepis* (Bleeker)	+					+
28			黑龙江鳑鲏 *Rhoeus sericeus* (Pallas)	+					
29			彩石鳑鲏 *Rhodeus lighti* (Wu,1931)	+					
30			方氏鳑鲏 *Rhodeus fangi* (Miao,1934)	+					
31			大鳍鱊 *Acheilognathus macropterus* (Bleeker)	+					
32			兴凯鱊 *Acheilognathus chankaensis* (Dybowski)	+					
33			东北鳈 *Sarcocheilichthys lacustris* (Dybowski)	+					
34			黑鳍鳈 *Sarcocheilichthys nigripinnis* (Berg)	+					
35			犬首鮈 *Gobio cynocephalus* (Dybowski)	+					

续表

序号	目	科	种类	土著鱼类	引进鱼类	冷水性鱼类	濒危鱼类	特有鱼类	优先保护鱼类
36	鲤形目 Cypriniformes	鲤科 Cyprinidae	唇䱻 Hemibarbus labeo (Pallas)	+					
37			花䱻 Hemibarbus maculatus (Bleeker)	+					
38			条纹似白鮈 Paraleucogobio strigatus (Regan)	+					
39			麦穗鱼 Pseudorasbora parva (Schlegel)	+					
40			高体鮈 Gobio soldatovi (Berg)	+					
41			凌源鮈 Gobio lingyuanensis (Mori)	+				+	+
42			细体鮈 Gobio tenuicorpus (Mori)	+					
43			东北颌须鮈 Gnathopogon mantschuricus (Berg)	+					
44			兴凯银鮈 Squalidus chankaensis (Dybowski)	+					
45			银鮈 Squalidus argentatus (Sauvage et Dabry)	+					
46			棒花鱼 Abbottina rivularis (Basilewsky)	+					
47			突吻鮈 Rostrogobio amurensis (Taranetz)	+					
48			蛇鮈 Saurogobio dabryi (Bleeker)	+					
49			鲤 Cyprinus carpio (Linnaeus)	+					
50			银鲫 Carassius auratus gibelio (Linnaeus)	+					
51			洋氏鳅鮀 Gobiobotia pappenheimi (Kreyenberg)	+					
52			鳙 Aristichthys nobilis (Richardson)		+				
53			鲢 Hypophthalmichthys molitrix (Valenciennes)	+					

续表

序号	目	科	种类	土著鱼类	引进鱼类	冷水性鱼类	濒危鱼类	特有鱼类	优先保护鱼类
54	鲤形目 Cypriniformes	鳅科 Cobitidae	北鳅 *Lefua costata* (Kessler)	+		+			
55			北方须鳅 *Barbatula barbatula* (Sauvage et Dabry)	+		+			
56			花斑副沙鳅 *Parabotia fasciata* (Dabry)	+		+		+	+
57			黑龙江花鳅 *Cobitis lutheri* (Rendahl)	+		+			
58			黑龙江泥鳅 *Misgurnus moloity* (Ognev)	+					
59	鲇形目 Siluriformes	鲇科 Siluridae	鲇 *Silurus asotus* (Linnaeus)	+					
60		鲿科 Bagridae	黄颡鱼 *Pelteobagrus fulvidraco* (Richardson)	+					+
61			光泽黄颡鱼 *Pelteobagrus nitidus* (Sauvage et Dabry)	+					
62			乌苏拟鲿 *Pseudobagrus ussuriensis* (Ognev)	+					+
63	鳕形目 Gadiformes	鳕科 Gadidae	江鳕 *Lota lota* (Linnaeus)	+		+			+
64	鲈形目 Perciformes	鮨科 Serranidae	鳜 *Siniperca chuatsi* (Basilewsky)	+					+
65		塘鳢科 Eleotridae	葛氏鲈塘鳢 *Perccottus glehni* (Dybowski)	+					
66			黄鮒 *Hypseleotris swinhonis* (Gunther)	+					
67		鰕虎鱼科 Gobiidae	波氏栉鰕虎鱼 *Ctenogobius cliffordpopei* (Nichols)	+					
68		鳢科 Channidae	乌鳢 *Channa argus* (Cantor)	+				+	+
合计	6 目	13 科	68 种	66 种	2 种	15 种	5 种	3 种	20 种

附录 6　植物名录

序号	学名	拉丁名
1	水烛	*Typha angustifolia*
2	白茅	*Imperata cylindrica*
3	蓬子菜	*Galium verum*
4	无芒雀麦	*Bromus inermis*
5	碱草	*Elymusdahuricus*
6	山韭	*Allium japonicum*
7	芦苇	*Phragmites australis*
8	艾蒿	*Artemisia argyi*
9	猪毛蒿	*Artemisia scoparia*
10	青蒿	*Artemisia carvilolia*
11	黄花蒿	*Artemisia annua*
12	水莎草	*Juncellus Serotinus*
13	东北薹草	*Scirpus radicans*
14	小蓟	*Cirsium setosum*
15	苍耳	*Xanthium sibiricum*
16	稀脉浮萍	*Lemna perpusilla*
17	乌拉草	*Carex meyeriana*
18	苦荬菜	*Ixeris ploycephala*
19	虎尾草	*Chloris virgata*
20	打碗花	*Calystegia hederacea*
21	菖蒲	*Acorus calamus*
22	拂子茅	*Calamgrostis epigejos*
23	山莴苣	*Lagedium sibiricum*
24	水葱	*Scirpus validus*
25	乌拉草	*Carex meyeriana*
26	野菊	*Dendranthema indicum*
27	葎草	*Humulus scandens*
28	水毛花	*Scirpus triangulatus*
29	牛毛毡	*Heleocharis yokoscensis*
30	浮萍	*Lemna minor*

续表

序号	学名	拉丁名
31	狗尾草	*Setaria viridis*
32	小叶章	*Calamagrostis angustifolia*
33	冰草	*Agropyron cristatum*
34	野火球	*Trifolium lupinaster*
35	灯心草	*Juncus effusus*
36	牛鞭草	*Hemarthria altissima*
37	蒲公英	*Taraxacum mongdicum*
38	小飞蓬	*Conyza canadensis*
39	龙胆	*Gentiana scabra*
40	虎尾草	*Chloris virgata*
41	山野豌豆	*Viciaamoena*
42	毛茛	*Ranunculus japonicus*
43	马齿苋	*Portulaca oleracea*
44	羊草	*Leymus chinensis*
45	大戟	*Euphorbia pekinensis*

参考文献

[1] 尼尔基水利枢纽配套项目黑龙江省引嫩扩建骨干一期工程可行性研究报告[R].哈尔滨:水利部黑龙江省水利水电勘测设计研究院,2011.

[2] 刘彦君,龙显助.北部引嫩工程对环境的影响与水土资源保护措施研究[M].北京:中国科学技术出版社,1999.

[3] 杨志峰,尹静玲,孙涛,等.流域生态需水规律[M].北京:科学出版社,2006.

[4] 王超,王沛芳,等.城市水生态系统建设与管理[M].北京:科学出版社,2004.

[5] SL 395—2007 地表水资源质量评价技术规程[S].

[6] 朱党生,周奕梅,邹家祥.水利水电工程环境影响评价[M].北京:中国环境科学出版社,2006.

[7] 邹家祥.环境影响评价技术手册.水利水电工程[M].北京:中国环境科学出版社,2009.

[8] 赵敏,常玉苗.跨流域调水对生态环境的影响及其评价研究综述[J].水利经济,2009,27(1):1-4.

[9] 东迎欣,石文甲.北部引嫩有坝渠首工程建设对嫩江中游鱼类的影响[J].黑龙江水利科技,2006,34(2):128-130.

[10] 周洪章,周国军,刘艳艳.引嫩扩建骨干一期工程建设对地下水环境的影响[J].黑龙江水利科技,2009,37(4):211-212.

[11] 彭璇,赵双权,李晓初.引嫩扩建骨干一期工程退水及耗排水分析[J].黑龙江水利科技,2007,35(2):97-98.

[12] 张作勇,赵双权,李晓初.引嫩灌区水田灌溉制度设计[J].黑龙江水利科技,2006,34(1):52-53.

[13] 卢玉海,孙士国,于宁,等.北引渠首工程鱼道方案设计[J].黑龙江水利科技,2013,41(8):76-79.

[14] 秦喜文,张树清,李晓峰,等.扎龙自然保护区丹顶鹤巢址的空间分布格局分析[J].湿地科学,2009,7(2):106-110.

[15] 刘胜龙,蔡勇军,逄世良,等.扎龙自然保护区水资源状况对重要水禽的影响[J].东北师大学报:自然科学版,2006,38(3):105-108.

[16] 张大鹏,孙化江.扎龙自然保护区面临的主要生态环境问题及其改善对策建议[J].地质灾害与环境保护,2005,16(1):58-62.

[17] 陈贵龙.扎龙湿地功能评价及生态需水量研究[D].大连:大连理工大学,2006.

[18] 刘开棘.扎龙湿地水资源利用现状分析及对策[D].北京:北京交通大学,2008.

[19] 李延学,王志兴,张晓文.水利工程对扎龙自然保护区的作用[J].黑龙江水专学报,1997(4):56-58.

[20] 王永洁,邓伟.扎龙湿地芦苇恢复与生态补水分析[J].林业调查规划,2005,30(5):27-30.

[21] 殷志强,秦小光,刘嘉麒,等.扎龙湿地的形成背景及其生态环境意义[J].地理科学进展,2006,25(3):32-38.

[22] 姜宝玉,韩玉梅,曹波,等.试论扎龙湿地与水资源优化配置问题与对策[J].黑龙江水利科技,2003(2):5-6.

[23] 董哲人,孙东亚,等.生态水利工程原理与技术[M].北京:中国水利水电出版社,2007.

[24] 李洪远,鞠美庭.生态恢复的原理与实践[M].北京:化学工业出版社,2005.

[25] HJ 2005—2010 人工湿地污水处理工程技术规范[S].

[26] 蔡守华.水生态工程[M].北京:中国水利水电出版社,2005.

[27] 陈凯麒,常仲农,曹晓红,等.我国鱼道的建设现状与展望[J].水利学报,2012,43(2):182-188,197.

[28] 曹庆磊,杨文俊,周良景.国内外过鱼设施研究综述[J].长江科学院院报,2010,27(5):39-43.

[29] 王兴勇,郭军.国内外鱼道研究与建设[J].中国水利水电科学研究院学报,2005,3(3):222-228.

[30] 华东水利学院.水工设计手册——泄水与过坝建筑物[M].北京:水利电力出版社,1982.

[31] 赵敏,常玉苗.跨流域调水对生态环境的影响及其评价研究综述[J].水利经济,2009,27(1):1-4.

[32] 尚玉昌,蔡晓明.普通生态学[M].北京:北京大学出版社,1992.